Handbibliothek für Bauingenieure

Ein Hand- und Nachschlagebuch für Studium und Praxis

Herausgegeben

von

Robert Otzen

Geh. Regierungsrat, Professor an der Technischen Hochschule zu Hannover

II. Teil. Eisenbahnwesen und Städtebau. 9. Band:

Bergbahnen

von

O. Ammann und **C. v. Gruenewaldt**

Springer-Verlag Berlin Heidelberg GmbH

1930

Bergbahnen

Von

O. Ammann und **C. v. Gruenewaldt**

Dr.-Ing., o. Professor a. d. Technischen Hochschule, Karlsruhe

Dr.-Ing., Privatdozent a. d. Technischen Hochschule, Karlsruhe

Mit 205 Textabbildungen
und einer Tafel

Springer-Verlag Berlin Heidelberg GmbH

1930

Springer-Verlag Berlin Heidelberg GmbH

Handbibliothek für Bauingenieure

Ein Hand- und Nachschlagebuch für Studium und Praxis

Herausgegeben von

Robert Otzen

Geheimer Regierungsrat,
Professor an der Technischen Hochschule zu Hannover

Inhaltsverzeichnis.

I. Teil: Hilfswissenschaften.

II. Teil: Eisenbahnwesen und Städtebau.

5. **Band**, Zweiter Teil: **Verschiebebahnhöfe.** Von Prof. Dr.-Ing. O. **Ammann**, Karlsruhe. Erscheint 1931.

6. **Band**: **Eisenbahn-Hochbauten.** Von Regierungs- und Baurat C. **Cornelius**, Berlin. Mit 157 Textabbildungen. VIII und 128 Seiten. 1921. Gebunden RM 6.40

7. **Band**: **Sicherungsanlagen im Eisenbahnbetriebe.** Auf Grund gemeinsamer Vorarbeit mit Prof. Dr.-Ing. M. **Oder** † verfaßt von Geh. Baurat Prof. Dr.-Ing. W. **Cauer**, Berlin. Mit einem Anhang „Fernmeldeanlagen und Schranken" von Regierungsbaurat Dr.-Ing. Fritz **Gerstenberg**, Berlin. Mit 484 Abbildungen im Text und auf 4 Tafeln. XVI und 460 Seiten. 1922. Gebunden RM 15.—

8. **Band**: **Verkehr und Betrieb der Eisenbahnen.** Von Prof. Dr.-Ing. Otto **Blum**, Hannover, Oberregierungsbaurat Dr.-Ing. G. **Jacobi**, Erfurt, und Prof. Dr.-Ing. Kurt **Risch**, Hannover. Mit 86 Textabbildungen. XIII und 418 Seiten. 1925. Gebunden RM 21.—

9. **Band**: **Bergbahnen.** Von Prof. Dr.-Ing. O. **Ammann**, Karlsruhe, und Privatdozent Dr.-Ing. C. v. **Gruenewaldt**, Karlsruhe. Mit 205 Textabbildungen. VIII und 178 Seiten. 1930.

10. **Band**: **Der neuzeitliche Straßenbau. Aufgaben und Technik.** Von Prof. Dr.-Ing. E. **Neumann**, Stuttgart. Mit 210 Textabbildungen. XII und 400 Seiten. 1927. Gebunden RM 29.50

III. Teil: Wasserbau.

1. **Band**: **Der Grundbau.** Von Prof. O. **Franzius**, Hannover. Unter Benutzung einer ersten Bearbeitung von Regierungsbaumeister a. D. O. **Richter**, Frankfurt a. M. Mit 389 Textabbildungen. XIII und 360 Seiten. 1927. Gebunden RM 28.50

2. **Band**: **See- und Seehafenbau.** Von Reg.- und Baurat H. **Proetel**, Magdeburg. Mit 292 Textabbildungen. X und 222 Seiten. 1921. Gebunden RM 7.50

3. **Band**: **Flußbau.**

4. **Band**: **Kanal- und Schleusenbau.** Von Regierungs- u. Baurat Friedrich **Engelhard**, Oppeln. Mit 303 Textabbildungen und einer farbigen Übersichtskarte. VIII und 262 Seiten. 1921. Gebunden RM 8.50

5. **Band**: **Wasserversorgung der Städte und Siedlungen.**

6. **Band**: **Entwässerung der Städte und Siedlungen.** Von Stadtoberbaurat a. D. Professor Wilhelm **Geissler**, Dresden. Erscheint Ende 1932.

7. **Band**: **Kulturtechnischer Wasserbau.** Von Geh. Reg.-Rat Prof. E. **Krüger**, Berlin. Mit 197 Textabbildungen. X und 290 Seiten. 1921. Gebunden RM 9.50

8. **Band**: **Wasserkraftanlagen.** Von Prof. Dr.-Ing. Adolf **Ludin**, Berlin. Erscheint 1931.

IV. Teil: Konstruktiver Ingenieurbau.

1. **Band**: **Statik der Tragwerke.** Von Prof. Dr.-Ing. Walther **Kaufmann**, Hannover. Zweite, ergänzte und verbesserte Auflage. Mit 368 Textabbildungen. VIII und 322 Seiten. 1930. Gebunden RM 19.50

2. **Band**: **Der Holzbau.** Von Dr.-Ing. Th. **Gesteschi**, Berlin. Mit 533 Textabbildungen. X und 421 Seiten. 1926. Gebunden RM 45.—

3. **Band**: **Der Massivbau.** (Stein-, Beton- und Eisenbetonbau.) Von Geh. Reg.-Rat Prof. Robert **Otzen**, Hannover. Mit 497 Textabbildungen. XII und 492 Seiten. 1926. Gebunden RM 37.50

4. **Band**: **Der Eisenbau.** Erster Teil. Von Prof. Martin **Grüning**, Hannover. Mit 360 Textabbildungen. VIII und 441 Seiten. 1929. Gebunden RM 48.—

5. **Band**: **Der Eisenbau.** Zweiter Teil. Von Prof. Martin **Grüning**, Hannover. Erscheint 1931.

ISBN 978-3-662-40816-2 ISBN 978-3-662-41300-5 (eBook)
DOI 10.1007/978-3-662-41300-5

Ursprünglich erschienen bei Julius Springer in Berlin 1930.
Softcover reprint of the hardcover 1st edition 1930

Vorwort.

Die folgenden Kapitel sind von Bauingenieuren für Bauingenieure geschrieben — maschinentechnische Fragen sind daher nur in großen Zügen behandelt. Besonderes Gewicht wurde auf eine eingehende Darstellung der rechnerischen Grundlagen des Baues von Bergbahnen gelegt. Eine große Zahl von Abbildungen veranschaulicht neue Konstruktionen. Sehr ausführliche Literaturnachweise vervollständigen die Arbeit und zeigen, wo sich Angaben über einzelne Bauten finden. Um den Umfang der Arbeit nicht unnötig zu vergrößern, sind Konstruktionen, die nur ein historisches Interesse haben, nur kurz erwähnt, und ist im übrigen auf die entsprechende Literatur verwiesen. Behandelt worden sind nur Bahnen des öffentlichen Verkehrs, nicht aber reine Lastenbahnen, die mehr den Charakter von Fördereinrichtungen tragen — diese Beschränkung schien um so mehr geboten, als über die Lastenbahnen schon vorzügliche neuere Werke vorhanden sind. Es seien hierzu nur genannt: v. Hanffstengel, Die Förderung von Massengütern, und Stephan, Die Drahtseilbahnen.

Karlsruhe i. B., im Dezember 1929.

O. Ammann.
C. v. Gruenewaldt.

Inhaltsverzeichnis.

Verzeichnis der Abkürzungen.

A. E. G. Z.	A. E. G.-Zeitschrift
Allg. Bauzg.	Allgemeine Bauzeitung
Ann. Min.	Annales des Mines
Ann. Ponts Chauss.	Annales des Ponts et Chaussées
Bautechn.	Bautechnik
B. T.	Bautechnik
B. B. C.	B. B. C.-Mitteilungen
B. S. E. V.	Bulletin des Schweizerischen Elektrotechnischen Vereins
B. T. S. R.	Bulletin technique de la Suisse Romande
Bull. Techn. Suisse	Bulletin technique de la Suisse Romande
Dolezalek	Die Eisenbahntechnik der Gegenwart Bd. IV, Abschn. A. — Dolezalek: Die Zahnbahnen.
Dt. Bauzg.	Deutsche Bauzeitung
Dt. Tiefb. Zg.	Deutsche Tiefbau-Zeitung
D. S. K. B. Z.	Deutsche Straßen- und Kleinbahn-Zeitung
EKB	Elektrische Kraftbetriebe und Bahnen
ETZ	Elektrotechnische Zeitschrift
El. Bahnen	Elektrische Bahnen, Elektrischer Betrieb
El. Kraftbetr.	Elektrische Kraftbetriebe und Bahnen
El. u. Maschinenb.	Elektrotechnik und Maschinenbau
Eng.	Engineer
Engg. News	Engineering News
Glasers Annalen	Glasers Annalen für Gewerbe- und Bauwesen
Grz.	Grundzüge für den Bau und die Betriebseinrichtungen der Lokalbahnen.
M. B.	Maschinenbau
M. Inst. C. E.	Minutes of Proceedings. Institution of Civil Engineers.
Organ	Organ für die Fortschritte des Eisenbahnwesens
Organ Fortschr. Eisenbahnw.	Organ für die Fortschritte des Eisenbahnwesens
Proc. Am. Soc. Civ. Engineer	Proceedings of the American Society of Civil Engineers
Rev. BBC	B. B. C.-Mitteilungen (französ. Ausgabe)
Rev. gén. des chemins de fer	Revue générale des chemins de fer
S. A.	Scientific American
Sch. ETZ	Schweizerische Elektrotechnische Zeitschrift
Schweiz. Bauzg.	Schweizerische Bauzeitung
Verkehrstechn.	Verkehrstechnik
Verk. Woche	Verkehrstechnische Woche
Z. ang. Math. Mech.	Zeitschrift für angewandte Mathematik und Mechanik
Z. Arch. Ing. Wes.	Zeitschrift für Ingenieur- und Architektenwesen
Zentralbl. Bauverw.	Zentralblatt der Bauverwaltung
Z. V. Eisenb.-Verw.	Zeitung des Vereins deutscher Eisenbahnverwaltungen
Z. Elektrotchnik	Zeitschrift für Elektrotechnik
Z. V. d. I.	Zeitschrift des Vereins deutscher Ingenieure
Z. Kleinbahnen	Zeitschrift für Kleinbahnen
Z. öst. Ing. V.	Zeitschrift des österreichischen Ingenieur- und Architekten-Vereins.

Einleitung.

1. Neigungsgrenze bei Reibungsbahnen.

Mit dem Eindringen der Eisenbahnen in das Gebirge machte sich frühzeitig der Übelstand geltend, daß eine Reibungsbahn nur bis zu gewissen, nicht sehr bedeutenden Steigungen wirtschaftlich betrieben werden kann; bei noch größeren Steigungen wird schließlich der Betrieb auch technisch undurchführbar: die Reibungslokomotive vermag infolge der lediglich durch die Reibung zwischen Triebrad und Schiene erfolgenden Kraftübertragung nur bestimmte Höchststeigungen zu überwinden; die oberste Grenze dieser Steigungen liegt theoretisch da, wo die Lokomotive gerade noch sich selbst ohne angehängten Zug vorwärts bringen kann. Diese Steigung ergibt sich für den günstigsten Fall, eine Tenderlokomotive, deren sämtliche Achsen angetrieben sind, zu:

$$s_1 = f - w_l ,$$

wo f * der Reibungsbeiwert der gleitenden Reibung zwischen Rad und Schiene ist und w_l der Laufwiderstand der Lokomotive. Soll an die Lokomotive ein Zug vom gleichen Gewicht angehängt werden, so wird:

$$s_2 = \frac{f - (w_l + w_g)}{2} ,$$

wo w_g der Laufwiderstand des Zuges ist; s_2 ist also kleiner als $s_1/2$.

Zahlenmäßig wird bei $f = 200$ kg/t, $w_l = 8$ kg/t und $w_g = 4$ kg/t

$$s_1 = 192\,‰$$

und

$$s_2 = 94\,‰ .$$

Allgemein ergibt sich die größte zulässige Steigung einer Bahn aus den beiden Forderungen, daß einerseits die gewählte Lokomotive unter den ungünstigsten Bedingungen in der Lage sein muß, eine bestimmte Zuglast aufwärts zu befördern und daß andererseits der abwärts fahrende Zug durch Bremsen in einem bestimmten Zeitraum oder auf einer bestimmten Wegstrecke zum Stillstand gebracht werden muß.

Die Zugkraft Z einer Lokomotive am Triebradumfang beträgt in kg:

$$Z = f L_r \cos\alpha , \tag{1}$$

wo f, wie vorstehend, der Reibungsbeiwert der gleitenden Reibung zwischen Rad und Schiene in kg/kg (absolute Zahl), α der Steigungswinkel der Bahn und L_r der auf den Triebrädern lastende Teil des Lokomotivgewichtes L in kg ist;

$$L_r = m L ,$$

* f schwankt in den Grenzen von 0,05 bis 0,33 und wird gewöhnlich zu 0,14 bis 0,20 angenommen — im Mittel zu 0,17; bei Ausrüstung aller Lokomotiven mit guten Sandstreuern wird man auch in Europa ebenso wie in Amerika ohne Bedenken mit einem höheren Werte rechnen können, etwa 0,20 bis 0,25; vgl. hierzu Handbibl. für Bauing. Teil II, Bd. 2, S. 159ff. und für die folgenden Untersuchungen den ganzen Abschnitt IV dieses 2. Bandes.

wenn m angibt, der wievielte Teil des Gesamtgewichtes der Lokomotive auf den Triebachsen liegt ($m \leqq 1$).

Die Zugkraft muß mindestens gleich sein der Summe aller Widerstände, die sich der Fortbewegung des Zuges entgegensetzen:

$$Z \geqq W. \tag{2}$$

Dieser Widerstand ist in kg:

$$\begin{aligned} W = L\left(\sin\alpha + w_l \cos\alpha + c_l \frac{V_2^2 - V_1^2}{2\,g\,l \cdot 3{,}6^2} + w_{k_l}\right) \\ + G\left(\sin\alpha + w_g \cos\alpha + c_g \frac{V_2^2 - V_1^2}{2\,g\,l \cdot 3{,}6^2} + w_{k_g}\right). \end{aligned} \tag{3}$$

In dieser Formel bedeuten:

L = das Gewicht der Lokomotive in kg;
G = das Gewicht des Wagenzuges in kg;
α = den Neigungswinkel der Bahn;
w_l = den Fahrwiderstand der Lokomotive auf der Horizontalen in kg/kg (absolute Zahl);
w_g = den Fahrwiderstand des Wagenzuges auf der Horizontalen in kg/kg;
w_{kl} = den Zusatzwiderstand in Kurven für Lokomotiven in kg/kg;
w_{kg} = den Zusatzwiderstand in Kurven für Wagen in kg/kg;
V_1 = die Fahrgeschwindigkeit in km/st bei Beginn einer Geschwindigkeitsänderung;
V_2 = die Fahrgeschwindigkeit in km/st zu Ende der Geschwindigkeitsänderung;
l = die Wegstrecke, auf der diese Geschwindigkeitsänderung erfolgt, in m;
g = die Erdbeschleunigung in m/sec²;
$\frac{V_2^2 - V_1^2}{2\,g\,l \cdot 3{,}6^2}$ = ist der mittlere spezifische Beschleunigungswiderstand auf der Strecke l; der tatsächliche Beschleunigungswiderstand im einzelnen Moment ist größer oder kleiner als der mittlere und kann bis zum Doppelten des Mittelwertes ansteigen; bei der Möglichkeit, die Lokomotive für kurze Zeit zu überlasten, genügt es, den mittleren Beschleunigungswiderstand der Rechnung zugrunde zu legen.

Der mittlere spezifische Beschleunigungswiderstand in der Zeit t ist:

$$\frac{V_2 - V_1}{g\,t \cdot 3{,}6},$$

c_l = ein Beiwert zur Berücksichtigung der Beschleunigung des Triebwerkes und der Räder der Lokomotive;
c_g = ein Beiwert zur Berücksichtigung der Beschleunigung der Wagenräder.

Es ist allgemein üblich, den Kurvenwiderstand für Lokomotive und Wagen gleichmäßig zu berechnen, also

$$w_{k_l} = w_{k_g} = w_k$$

zu setzen; auch kann im allgemeinen statt

$$c_l \text{ und } c_g$$

ein Wert c gesetzt werden[1], wobei

$$c = 1{,}06 \text{ bis } 1{,}10 \text{ im Mittel } 1{,}08$$

ist.

Der Ausdruck:

$$\frac{v_2^2 - v_1^2}{2\,g\,l}\, c_l L = B_b \tag{a}$$

[1] Will man in oben stehenden Gleichungen bei der Berechnung der Beschleunigungs- bzw. Bremskräfte auch die Massenwirkung der umlaufenden Massen, vor allem des Motorankers, genauer angeben, so werden c_l und c_g einzeln ermittelt.

ist der dem Verzögerungswiderstand der Lokomotive entgegengesetzte Teil der Bremskraft oder der dem Beschleunigungswiderstand entgegengesetzte Teil der Zugkraft.

Um c_l zu bestimmen, geht man von folgender Gleichung aus:

$$E = \frac{M\,(v_2^2 - v_1^2)}{2} + \frac{J\,(\omega_2^2 - \omega_1^2)}{2}. \tag{b}$$

Hier ist:

E = die lebendige Kraft in mkg;
M = die Masse des sich vorwärts bewegenden Körpers (der Lokomotive) in kgsec²/m;
v_1 und v_2 = die lineare Geschwindigkeit in m/sec am Anfang und Ende der Strecke l, auf der die Geschwindigkeit sich ändert;
J = das polare Trägheitsmoment der sich drehenden Masse, bezogen auf die Drehachse in mkgsec²;
ω_1 und ω_2 = die v_1 und v_2 entsprechende Winkelgeschwindigkeit in sec^{-1}.

Die Bremsarbeit zur Überwindung der lebendigen Kraft ist für die Lokomotive:

$$B_b\, l = E, \tag{c}$$

wo, wie oben, B_b den dem Verzögerungswiderstand der Lokomotive entgegengesetzten Teil der Bremskraft und l den Bremsweg darstellen.

Die Winkelgeschwindigkeit ω der sich drehenden Masse (gewöhnlich wird nur der Motor in Betracht gezogen) läßt sich als Funktion der linearen Geschwindigkeit ausdrücken, und zwar ist:

$$\omega_1 = \frac{v_1}{r} \cdot \frac{n_{m_1}}{n_{t_1}}; \quad \omega_2 = \frac{v_2}{r} \cdot \frac{n_{m_2}}{n_{t_2}},$$

wo r der Halbmesser des Triebrades, n_{t_1} und n_{t_2} seine Umdrehungszahlen, n_{m_1} und n_{m_2} die Umdrehungszahlen der umlaufenden Masse sind, deren Wirkung in Betracht gezogen werden soll. Das Verhältnis $\frac{n_m}{n_t}$ — das Übersetzungsverhältnis — ist unabhängig von der Geschwindigkeit konstant

$$\frac{n_{m_1}}{n_{t_1}} = \frac{n_{m_2}}{n_{t_2}} = i.$$

Wird weiter das Gewicht der Lokomotive wie bisher mit L bezeichnet, das Gewicht der umlaufenden Massen mit q_u, so ist:

$$M = \frac{L}{g},$$

$$J = \frac{q_u}{g} \cdot R_t^2,$$

wobei R_t der Trägheitshalbmesser der umlaufenden Massen ist.

Dann wird:

$$B_b = \frac{v_2^2 - v_1^2}{2\,g\,l}\left(L + \frac{q_u\, R_t^2}{r^2} \cdot i^2\right). \tag{d}$$

Sollen mehrere umlaufende Massen in Betracht gezogen werden, so wird analog:

$$B_b = \frac{v_2^2 - v_1^2}{2\,g\,l}\left[L + \frac{q_u'\, R_t'^2}{r^2} \cdot i'^2 + \frac{q_u''\, R_t''^2}{r^2} \cdot i''^2\right]. \tag{e}$$

Durch Gleichsetzen der beiden Werte für B_b aus Gleichung (a) und (c) ergibt sich:

$$\frac{v_2^2 - v_1^2}{2gl} \cdot L \cdot c_l = \frac{v_2^2 - v_1^2}{2gl}\left(L + \sum \frac{q_u\, R_t^2}{r^2}\, i^2\right),$$

woraus

$$c_l = 1 + \frac{\sum \frac{q_u R_t^2}{r^2} i^2}{L}.$$

Ebenso kann auch der Wert c_g für die Wagen berechnet werden, wobei als umlaufende Massen nur die Räder in Betracht kommen, $\frac{n_m}{n} = 1$.

Bei den geringen Neigungswinkeln der Reibungsbahnen ($\alpha < 4^0$, ausnahmsweise bei elektrischen Bahnen mit ausschließlichem Triebwagenverkehr bis $\alpha = 6$ bis 7^0) kann $\cos\alpha = 1$ gesetzt werden und $\sin\alpha = \operatorname{tg}\alpha = s$ (in Promille geteilt durch 1000); die hierdurch entstehenden Ungenauigkeiten kommen gegenüber den durch die Unsicherheit in der Bestimmung der Widerstandswerte entstehenden Ungenauigkeiten nicht in Betracht.

Es kann also nach diesen Vereinfachungen gesetzt werden:

$$W \leqq Z_{\min} = f \cdot m \cdot L = L w_l + G w_g + (L + G)\left(s + c \frac{V_2^2 - V_1^2}{2 g l \cdot 3{,}6^2} + w_k\right), \tag{4}$$

es sei noch $G = n \cdot L$, wobei in der Regel $n > 1$, dann wird

$$s = \frac{m f - \left(w_l + c \cdot \frac{V_2^2 - V_1^2}{2 g l \cdot 3{,}6^2} + w_r\right) - n\left(w_g + c \frac{V_2^2 - V_1^2}{2 g l \cdot 3{,}6^2} + w_k\right)}{1 + n}$$

oder

$$s = \frac{m f - (w_l + n w_g)}{1 + n} - c \frac{V_2^2 - V_1^2}{2 g l \cdot 3{,}6^2} - w_k. \tag{5}$$

Wird ferner, was bei generellen Rechnungen zulässig, noch

$$\frac{w_l + n w_g}{1 + n} = w_q$$

gesetzt, so ergibt sich

$$s = \frac{m f}{1 + n} - w_q - c \frac{V_2^2 - V_1^2}{2 g l \cdot 3{,}6^2} - w_k. \tag{5'}$$

Damit ist die größte zulässige Steigung als Funktion der Reibung, des Zuggewichtes und der Widerstände bei der Bergfahrt bestimmt.

Beispiel: Es seien bei der Lokomotive sämtliche Achsen angetrieben ($m = 1$). Auf welcher Steigung vermag eine solche Lokomotive mit einer gleichmäßigen Geschwindigkeit von 50 km/st einen Zug vom zehnfachen Lokomotivgewicht in einer Kurve mit dem Halbmesser $r = 300$ m zu befördern, wenn der Reibungswert $f = 170$ kg/t beträgt?

Nach der Erfurter Formel ist: $w_q = 2{,}4 + 0{,}08\left(\frac{V}{10}\right)^2$ kg/t.

Nach der Röcklschen Formel: $w_k = \frac{650}{R - 55}$ kg/t.

Es ist dann:

$$s = \frac{1 \cdot 170}{11} - \left[2{,}4 + 0{,}08\left(\frac{50}{10}\right)^2\right] - \frac{650}{300 - 55} = 8{,}40\,‰.$$

Bei der Talfahrt ist die zum Anhalten des Zuges erforderliche Bremskraft in kg

$$B = (L + G)\left(s + c \frac{V^2}{2 g l \cdot 3{,}6^2} - w_k\right) - L w_l - G w_g. \tag{6}$$

Hierbei ist der Zuwachs an lebendiger Kraft, welchen der Zug durch die Bewegung nach abwärts auf dem Bremsweg erhält, wegen seiner verhältnismäßig sehr geringen Größe außer acht gelassen.

Die Größe der erreichbaren Bremskraft ist:

$$B = f' k (L + G), \tag{7}$$

wo k der auf die Bremsachsen entfallende Teil des Zuggewichtes ist und f' ein Reibungsbeiwert.

Es wird also bei $G = nL$:

$$f' k (1 + n) = (1 + n) \left(s + c \frac{V^2}{2gl \cdot 3{,}6^2} - w_r\right) - w_l - n w_g,$$

woraus

$$s = f' k - c \cdot \frac{V^2}{2gl \cdot 3{,}6^2} + w_r + \frac{w_l + n w_g}{1 + n} \tag{8}$$

oder bei

$$\frac{w_l + n w_g}{1 + n} = w_q$$

$$s = f' k + w_q + w_k - c \frac{V^2}{2gl \cdot 3{,}6^2}. \tag{8'}$$

Bei den geringen Geschwindigkeiten, wie sie in der Regel auf Steilbahnen vorkommen, kann f' mit genügender Genauigkeit gleich f gesetzt werden. In der Regel gestattet die Rücksicht auf das Bremsen bei der Talfahrt stärkere Steigungen, als wegen der verfügbaren Zugkraft bei der Bergfahrt möglich sind.

Außer vom Reibungsgewicht der Lokomotive ist die Zugkraft auch noch von der Leistung der Lokomotive abhängig. Es ist:

$$Z = \frac{270 N}{V},$$

wo N die am Triebradumfang gemessene Leistung in PS, daher nach Gleichung (4):

$$\frac{270 N}{V} = L \left[\left(s + w_l + c \frac{V_2^2 - V_1^2}{2gl \cdot 3{,}6^2} + w_k\right) + n \left(s + w_g + c \frac{V_2^2 - V_1^2}{2gl \cdot 3{,}6^2} + w_k\right)\right],$$

woraus sich ergibt:

$$s = \frac{270 N}{L \cdot V (1 + n)} - \frac{w_l + n w_g}{1 + n} - c \frac{V_2^2 - V_1^2}{2gl \cdot 3{,}6^2} - w_k, \tag{9}$$

oder bei

$$\frac{w_l + n w_g}{1 + n} = w_q$$

$$s = \frac{270 N}{L \cdot V (1 + n)} - w_q - c \frac{V_2^2 - V_1^2}{2gl \cdot 3{,}6^2} - w_k. \tag{9'}$$

Hierbei ist zu beachten, daß die Lokomotivleistung N nicht konstant ist, sondern mit der Fahrgeschwindigkeit bis zu einem Höchstwert steigt, um bei noch größerer Fahrgeschwindigkeit wieder zu fallen.

Die Geschwindigkeit für den Höchstwert der Lokomotivleistung wird in der Regel eine höhere sein als die Reibungsgeschwindigkeit, d. h. die Geschwindigkeit, bei der die Zugkraft aus der Maschinenleistung gleich der Reibungszugkraft, der Höchstzugkraft, wird. Es ist daher, weil auf der Maximalsteigung im allgemeinen mit der Reibungsgeschwindigkeit gefahren wird, die in die Gleichung (9) einzusetzende Leistung N nicht die Höchstleistung der Lokomotive, sondern ein um 10 bis 20% niedrigerer Wert.

Da eine gewisse Beziehung zwischen der Leistung einer Lokomotive und ihrem Gewicht besteht, kann man auch setzen:

$$N = \frac{L}{q},$$

wobei unter N die Leistung bei der Reibungsgeschwindigkeit verstanden wird. q ist das Gewicht der Lokomotive in t je PS. Dieser Wert schwankt in recht weiten Grenzen. Als Mittelwert kann angenommen werden:

bei Dampflokomotiven . . . . . 90 bis 100 kg/PS,
„ elektr. Lokomotiven . . . . . 60 „ 80 kg/PS.

Nach dieser Substitution kann die Gleichung (9′) geschrieben werden:

$$s = \frac{270}{q\,V\,(1+n)} - w_q - c\,\frac{V_2^2 - V_1^2}{2\,g\,l \cdot 3{,}6^2} - w_k. \tag{9''}$$

Durch Gleichsetzen der Formeln (9″) und (5′) ergibt sich:

$$\frac{270}{q\,V} = m\,f. \tag{10}$$

Hieraus läßt sich einer der Werte m, f, q und V bestimmen, wenn die anderen gegeben sind. Es ist z. B. die Reibungsgeschwindigkeit V einer Lokomotive, für die $m = 1$ (alle Achsen angetrieben) und $q = 0{,}090$ t/PS ist, für $f = 150$ kg/t:

$$V = \frac{270}{q \cdot m \cdot f} = \frac{270}{0{,}09 \cdot 1 \cdot 150} = 20 \text{ km/st}.$$

2. Mittel zur Überwindung stärkerer Bahnneigungen.

Die geringe zulässige Neigung bei Reibungsbahnen[1] bedingt bei einigermaßen gebirgigem Gelände sehr ausgedehnte und kostspielige Längenentwicklungen und Kunstbauten, die nur bei Hauptbahnen gerechtfertigt erscheinen, bei Bahnen von mehr lokaler Bedeutung aber einen wirtschaftlichen Betrieb unmöglich machen. Es liegt daher nahe, Mittel und Wege zu suchen, um die Reibung zu erhöhen oder die Fortbewegung der Fahrzeuge von der Reibung ganz unabhängig zu gestalten.

Sogenannte Dreischienenbahnen[2], bei denen außer den Laufschienen noch eine dritte glatte Schiene vorhanden ist, an die ein Räderpaar in wagrechter Richtung mittels Federkraft (Fell) oder Luftdruck (Hanscotte) angepreßt wird, haben nur vereinzelt Anwendung gefunden[3]. Sehr interessant ist auch ein in letzter Zeit von Benoit vorgeschlagenes System, welches die Anwendung besonderer keilförmiger Schienen und diese umfassender Triebräder vorsieht, wobei auf den Steilstrecken die Reibungskraft durch die Keilwirkung erhöht wird. Die ungleiche Abnützung der Keilschiene und Keilräder einerseits, der Laufschiene und Laufräder andererseits wird hier allerdings Schwierigkeiten machen, die aber wohl überwunden werden können.

Das weitaus am häufigsten angewandte und sehr gut durchgebildete System zur Überwindung stärkerer Steigungen ist die Zahnradbahn, bei welcher das Triebfahrzeug mittels eines Zahnrades an einer zwischen oder selten neben den Schienen verlegten Zahnstange herauf- und herunterklettert.

Auch die Zahnradbahnen haben eine obere Neigungsgrenze, die sich aus konstruktiven und wirtschaftlichen Gründen ergibt, auf die im folgenden näher eingegangen werden soll — in der Regel werden Zahnradbahnen mit einer

[1] Handbibliothek Teil II, Bd. 2, S. 202ff.

[2] Vgl. Enzykl. d. E. W. Dreischienenbahnen u. Handb. d. Ing.-W. Teil V, Bd. 8.

[3] Fell: Mont-Cenis-Bergbahn während der Erbauung des Mont-Cenis-Tunnels 1868 bis 1871 (80‰), zwei weitere Anwendungen in Brasilien und Neuseeland. Hanscotte: Auf der Bahn Clermont—Ferrand—Puy-de-Dôme, 1907. Für die Furkabahn sind von der Lokomotivfabrik Winterthur Parallelentwürfe für eine Hanscotte- und eine Zahnradlokomotive ausgearbeitet worden — hierbei ergab sich eine bedeutende Überlegenheit der Zahnradlokomotive.

Höchststeigung von 250‰ gebaut; größere Steigungen, die technisch durchaus möglich wären, kommen nur selten vor und verlangen dann z. T. Sonderkonstruktionen (die Pilatusbahn mit 480‰ Steigung hat eine liegende Zahnstange).

Sollen größere Steigungen überwunden werden, was bisher nur bei kurzen Bahnen der Fall war, so verläßt man das Prinzip des automotorischen Triebfahrzeuges und bewegt den Zug durch eine ortsfeste Antriebsmaschine mittels eines Seils; hierbei können natürlich beliebige Steigungen überwunden werden (der Grenzfall ist der senkrechte Aufzug).

Bei diesen Seilbahnen werden je nach der Art der Fahrbahn unterschieden:

Standseilbahnen, bei denen der Wagen auf Schienen läuft, die in der Regel in ähnlicher Weise ausgebildet und verlegt sind wie die Schienen der Reibungs- und Zahnradbahnen, und

Schwebebahnen, bei denen die Wagen an einer besonderen Konstruktion unter der Fahrbahn hängen; die Fahrbahn besteht bei diesen Bahnen in der Regel aus einem Drahtseil; nur in einem Fall, der Loschwitzer Bergbahn, ist ein starrer Träger als Fahrschiene verwandt worden[1].

Die Schwebebahnen für Personenverkehr[2] sind stets Einzelkonstruktionen, während die Zahnradbahnen und Standseilbahnen sowohl als selbständige Einheiten wie auch im Zuge von Reibungsbahnen gebaut werden — in letzterem Falle pflegt man von einem gemischten Betriebssystem zu sprechen.

Die im Betriebe unbequemen Seilbahnstrecken zwischen Reibungsbahnen kommen heutzutage nur noch ganz vereinzelt vor, doch sei darauf hingewiesen, daß der Seilantrieb im Verschiebedienst ausgedehnte Anwendung findet und daß neuerdings wieder Stimmen laut werden, die einer Anwendung von Seilrampen im Zuge von Reibungsbahnen unter besonderen Umständen das Wort reden[3].

Die Einschaltung von Zahnradstrecken in Reibungsbahnen ist etwas sehr Gebräuchliches — derartiger Strecken sind sehr viele seit Jahrzehnten im Betrieb. Mit der Vervollkommnung der Lokomotiv- und Bremstechnik und der zunehmenden Verwendung der Elektrizität als Triebkraft macht sich aus Gründen der einfacheren Betriebsführung in letzter Zeit das Bestreben geltend, Zahnradstrecken mit verhältnismäßig geringer Neigung (bis etwa 60‰) auszumerzen und den Reibungsbetrieb durchgehend zu gestalten. (Ilmenau—Schleusingen, Freudenstadt—Reichenbach durchgeführt, Höllentalbahn geplant.) Die Erfahrung muß erst lehren, wieweit solche Maßnahmen wirtschaftlich gerechtfertigt sind, da bei der Überwindung größerer Steigungen durch Reibung sehr starke und schwere Lokomotiven erforderlich werden.

---

[1] Derartige Ausführungen finden in Industriebetrieben als Hängebahnen eine ausgedehnte Anwendung, vielfach in Verbindungen mit anderen Förderarten.

[2] Bei Werksbahnen gibt es Wagenkonstruktionen, die sowohl als Hängebahnwagen dienen, wie auch auf gewöhnlichen Standschienen verkehren können; hierbei wird aber natürlich viel totes Gewicht mitgeschleppt.

[3] Bäseler: Zg. V. Eisenb.-Verw. 1923 und Verk. Woche 1924, S. 345ff.

I. Zahnradbahnen.

1. Historische Entwicklung.

Die Zahnstange ist so alt wie die Eisenbahn selbst. Schon im Jahre 1812 führte Blenkinsop eine solche für eine Kohlenbahn in Middleton bei Leeds aus; die Verzahnung war hier außen an einer Laufschiene angebracht, eine Anordnung, die keine Wiederholung gefunden hat[1]. Diese Bahn ist bis 1838 im Betrieb gestanden und hat gut funktioniert, ihre Höchststeigung betrug 66‰.

Diese erste Anwendung der Zahnstange war in der Hauptsache auf eine Unterschätzung der Reibungszugkraft zurückzuführen. Nachdem die Größe dieser Kraft richtig erkannt war, wurden längere Zeit keine Zahnbahnen mehr gebaut. Erst im Jahre 1847 verwandte Cathcart auf der Bahn Madison—Indianopolis wieder eine Zahnstange, und zwar auf einer rd. 2 km langen Steilrampe von 59‰ Steigung. Die auf einer Langschwelle befestigte gußeiserne Zahnstange war hier bereits in der Mitte zwischen den Laufschienen angeordnet und unterscheidet sich grundsätzlich nur wenig von den später angewandten Zahnstangen von Strub, Telfener und anderen. Die Verzahnung war eine Evolventenverzahnung.

Eine neue Form der Zahnstange, die mit manchen Abänderungen für eine große Reihe von Bahnen vorbildlich werden sollte, schuf im Jahre 1866 Marsh für die Bahn auf den Mount Washington, die eine größte Steigung von 377‰ hat, eine Steigung, die für Zahnradbahnen mit stehender Zahnstange in der Folge nicht mehr angewandt worden ist. Diese Zahnstange bestand aus zwei Winkeleisen, zwischen denen Rundeisen als Zähne eingenietet waren. Die durch die Anwendung der Rundstäbe gegebene Punktverzahnung ist nicht wiederholt worden, da sie äußerst empfindlich gegen Änderungen der Eingriffstiefe ist.

Die eigentliche Entwicklung der Zahnradbahnen beginnt mit der Erbauung der Rigibahn durch Riggenbach im Jahre 1870. Die Zahnstange von Riggenbach ist der von Marsh konstruktiv ähnlich und unterscheidet sich von ihr hauptsächlich durch die Trapezform der Zähne (Evolventenverzahnung), dann auch durch die Form der Wangen, die aus [- statt aus L-Eisen gebildet sind. Die Riggenbachsche Zahnstange hat eine sehr große Verbreitung gefunden; schon im Jahre 1905 war sie auf 29 Bahnen mit 180 km Länge im Gebrauch. Sie hat verschiedene Abänderungen und Verbesserungen erfahren, so von Klose[2], Bissinger[2], den L. von Rollschen Eisenwerken in Bern; mit solchen abgeänderten Riggenbachschen Zahnstangen — Leiterzahnstangen — waren zum gleichen Zeitpunkt 15 Bahnen mit rd. 180 km Länge versehen. Die neue bayerische Zugspitzbahn soll eine Leiterzahnstange nach Klose erhalten.

Eine wichtige Neuerung bildete im Jahre 1882 die Einführung der mehrteiligen Stufen- oder Lamellenzahnstange von Abt[3], die in der Folge

[1] Ähnlich bei der Straßenbahn Trait—Planches.

[2] Z. B. Zahnstange Klose-Bissinger auf der Höllentalbahn 1888 bei der erstmaligen Anwendung dieser Bauart auf einer vollspurigen Hauptbahn.

[3] Erste Anwendung auf der Harzbahn 1885, gleichzeitig erste große Anwendung der Zahnstange auf einer vollspurigen Nebenbahn (bisher nur Kleinbahnen).

weitaus am meisten angewandt wurde (1925 mehr als 70 Bahnen mit über 1700 km). Diese Zahnstange besteht aus zwei bis drei Flacheisen, aus denen die trapezförmigen Zähne ausgefräst sind und die durch Bolzen zusammengehalten werden; diese Zahnstangen ruhen auf besonderen Stühlen. — Ihr Hauptvorzug ist neben der einfachen Herstellung die Möglichkeit, mehrteilige Zahnräder zu verwenden und also mehrere Zähne gleichzeitig zum Eingriff zu bringen. Ausnahmsweise werden auch einlamellige Abtsche Zahnstangen verwendet, die dann eine gewisse Ähnlichkeit mit der Cathcartschen Zahnstange haben.

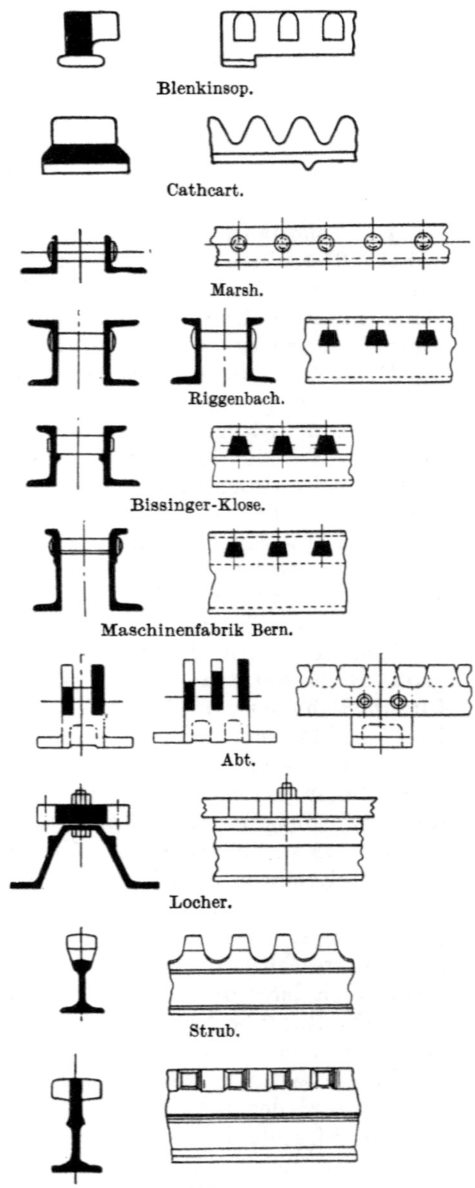

Abb. 1. Zahnstangenbauarten.

Für den Wettbewerb der Jungfraubahn entwarf 1896 Strub eine Zahnstange, die aus einer Breitfußschiene bestand, aus deren besonders gestaltetem Kopf die Zähne ausgefräst wurden. Wegen ihrer sehr einfachen Herstellung und Verlegung hat diese Zahnstange großen Anklang gefunden und ist neuerdings vielfach angewandt worden. (1927 — 26 Bahnen mit rd. 30 km Zahnstangen.)

Neben diesen drei Grundformen von Riggenbach, Abt und Strub sind noch verschiedene andere Konstruktionen entworfen worden, die teils nicht über das Versuchsstadium gediehen sind, teils nur einmalige Anwendung gefunden haben, wie die Zahnstange von Telfener[1].

Eine interessante Lösung zur Behebung der bei stehenden Zahnstangen auf starken Steigungen vorhandenen Auftriebsgefahr stellt die im Jahre 1885 auf der Pilatusbahn bei 480‰ Steigung angewandte liegende Zahnstange von Locher dar, bei der ein Aufsteigen der Zähne unmöglich ist. Eine Wiederholung dieser Konstruktion, die viele Vorzüge besitzt, ist aber nicht erfolgt, hauptsächlich wohl aus dem Grunde, daß bei so starken, meist nur auf kurzen Strecken vorkommenden Steigungen die Seilbahnen in Bau und Betrieb bedeutend billiger sind.

Neuerdings hat Peter eine Zahnstange mit wagrechter Verzahnung patentieren lassen, bei der die Zähne aus dem Kopf einer Breitfußschiene ausgefräst sind.

Hand in Hand mit der Entwicklung der Zahnstange ist auch die Entwicklung der Triebfahrzeuge — Lokomotiven und Triebwagen —, deren Trieb- und

[1] In Vallombrosa.

Bremszahnräder in die Zahnstangen des Gleises eingreifen, gegangen. Die neueren Zahnradmaschinen sind sehr vollkommene Konstruktionen und genügen allen an sie zu stellenden Anforderungen.

Während anfangs auf den Zahnradbahnen nur Dampfmaschinen verwendet wurden, findet später der elektrische Antrieb immer größere Verbreitung, weil der Antriebsmechanismus sich durch Verwendung getrennter Motoren für den Reibungs- und Zahnbetrieb wesentlich einfacher gestalten läßt, und weil auch gerade im Gebirge mit seinen reichen Wasserkräften elektrische Energie meist mit verhältnismäßig geringen Kosten gewonnen werden kann. Aber auch die Dampflokomotiven finden noch ausgedehnte Anwendung, besonders auf Bahnen mit gemischtem Betrieb, bei denen die Reibungsstrecken überwiegen.

2. Die Grundlagen von Bau und Betrieb.

a) Betrieb.

Man unterscheidet Bahnen mit

1. reinem Zahnradbetrieb und mit
2. gemischtem Zahnrad- und Reibungsbetrieb.

Erstere haben durchweg Zahnstangenoberbau; es sind meist kurze Linien mit vorwiegendem Personenverkehr (auf Bergwerksbahnen dieses Systems, z. B. in Braunkohlengruben, soll hier nicht eingegangen werden).

Die Bahnen für gemischten Zahnrad- und Reibungsbetrieb weisen abwechselnd Zahnstangen- und Reibungsstrecken auf, wobei das Längenverhältnis beider Strecken durch die Anpassung an das vorhandene Gelände bestimmt wird.

Sowohl bei den reinen Zahnradbahnen wie bei den Bahnen mit gemischtem Betrieb dienen zur Zugförderung Lokomotiven oder Triebwagen.

Auf den reinen Zahnradbahnen wird die Zugkraft allein durch das in die Zahnstange eingreifende Zahnrad übertragen, die Laufräder dienen nur zur Übertragung des Gewichtes der Fahrzeuge auf die Schienen und zur Führung im Gleis — eine Ausnutzung der Reibung für die Zugkraft findet nicht statt. Das Triebfahrzeug befindet sich bei reinen Zahnradbahnen stets auf der Talseite des Zuges, der mit dem Triebfahrzeug nicht gekuppelt sein muß, da nur Druck-, aber keine Zugkräfte zu übertragen sind. Die Wagen dürfen auch nicht an die Lokomotive gekuppelt werden, damit bei einem Entgleisen oder Durchgehen der Lokomotive die Wagen nicht in Mitleidenschaft gezogen werden. Durch Außerachtlassen dieser Regel sind schon verschiedene Unfälle entstanden[1]. Die Lokomotive wie die Wagen sind hier mit besonderen Bremszahnrädern ausgerüstet, die gleichfalls in die Zahnstange eingreifen. Die Fahrgeschwindigkeit beträgt meist 6 bis 12 km/st oder 1,7 bis 3,3 m/sec, die Beschleunigung beim Anfahren 0,25 bis 0,30 m/sec².

Auf den gemischten Bahnen wechseln Reibungsstrecken mit Zahnstrecken ab, wobei verschiedene Betriebsarten möglich sind:

1. Der Zug wird auf der Reibungsstrecke von einer Reibungslokomotive gezogen, auf der Zahnstrecke von einer Zahnradlokomotive geschoben; es findet Lokomotivwechsel statt, was nur dann angängig ist, wenn dieser Wechsel selten vorgenommen werden muß.

2. Die Reibungslokomotive befördert den Zug auch über die Zahnstrecke und wird hierbei durch eine schiebende Zahnradlokomotive unterstützt, was nur dann zweckmäßig erscheint, wenn wenige und geschlossene Zahnstrecken bei vorwiegenden Reibungsstrecken zu überwinden sind.

3. Findet öfterer Wechsel zwischen Zahnrad- und Reibungsstrecken statt, so erfolgt der Betrieb durch vereinigte Reibungs- und Zahnradlokomotiven,

[1] Vgl. Dolezalek: S. 83.

bei denen auf der Reibungsstrecke nur die glatten Reibungstriebräder angetrieben werden, auf der Zahnradstrecke außerdem noch die Zahntriebräder.

Mit diesen Lokomotiven wird der Zug je nach der Steigung und den dadurch bedingten Zugkräften entweder gezogen oder geschoben[1]. Die Geschwindigkeit beträgt beim gemischten Betrieb auf der Reibungsstrecke 15 bis 60 km/st, auf der Zahnstrecke 7 bis 15 km/st.

b) Zahnrad und Zahnstange.

Bei nahezu allen Zahnradbahnen — eine Ausnahme macht nur die von Marsh erbaute Mount-Washington-Bahn mit Punktverzahnung — wurde Evolventenverzahnung[2] gewählt. Hierbei sind die Radzähne durch Evolventen, die Stangenzähne durch gerade Linien begrenzt. Die Evolvente ist der geometrische Ort eines Punktes einer Geraden, die sich, ohne zu gleiten, auf einem Kreise, dem Grundkreis, abwälzt (Abb. 2). Die Gerade berührt in jeder Stellung den Grundkreis und steht gleichzeitig senkrecht zur Evolvente. Bei der Zahnstange ist der Halbmesser des Grundkreises unendlich groß; ihre Zähne werden daher durch Gerade begrenzt, die senkrecht zur Richtung der von dem Berührungspunkte zwischen Radzahn und Stangenzahn nach dem Grundkreis des Zahnrades gezogenen Tangente stehen (Abb. 3).

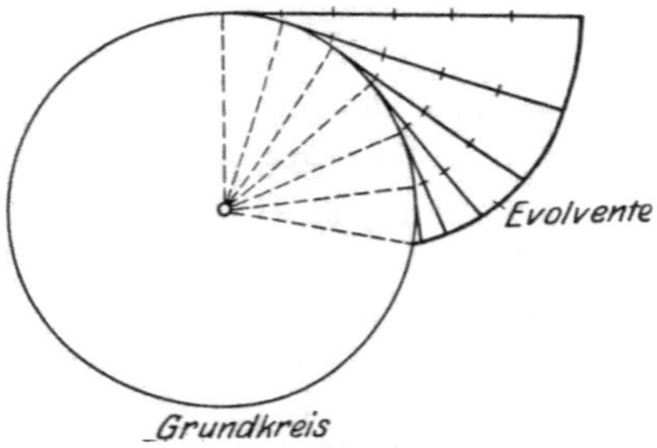

Abb. 2. Konstruktion der Evolvente.

Vorteilhaft ist bei der Evolventenverzahnung, daß sich auch bei veränderter Eingriffstiefe — als Folge der Abnützung von Laufrädern und Schienen — das Zahnrad auf der Zahnstange richtig abrollt, daß die nach Evolventen begrenzten Radzähne günstige Formen bezüglich ihrer Beanspruchung ergeben und daß die geradlinig begrenzten Zähne der Zahnstange einfach herzustellen sind.

Der Grundkreis (Radius $= r_1$) des Zahnrades, der Kreis, nach dem die Evolventen der Radzahnflanken konstruiert sind, bildet gleichzeitig die innere Begrenzung der nutzbaren Zahnfläche. Der Abstand der Zähne — die Teilung t — wird für das Zahnrad auf dem Teilkreis (Radius r), für die Zahnstange auf der Teillinie gemessen (Teilkreisdurchmesser = Zahnraddurchmesser). Die Teilung t muß selbstverständlich in einem ganzzahligen Verhältnis zum Teilkreisumfang stehen. Das Zahnrad rollt, ohne zu gleiten, mit dem Teilkreis auf der Teillinie der Zahnstange. Der Berührungspunkt von Teilkreis und Teillinie heißt Zentralpunkt, der durch diesen Punkt gehende Durchmesser des Kreises die Zentrallinie.

Die Gerade, welche im Berührungspunkt der Zähne senkrecht zu den Flanken der Rad- und Stangenzähne und tangential zum Grundkreis steht, nennt man die Eingriffslinie; ist der Winkel zwischen ihr und der Zentrallinie β (gleich dem Winkel der Flanke des Stangenzahnes mit der Teillinie[3]) der Halbmesser des Teilkreises r, so ist der Halbmesser des Grundkreises:

$$r_1 = r \cdot \sin\beta\,, \tag{11}$$

der Winkel γ zwischen der Eingriffslinie und der Teillinie der Zahnstange ist:

$$\gamma = 90^0 - \beta\,.$$

[1] Bei schiebender Lokomotive darf bei Hauptbahnen der durch die Puffer übertragene Druck bis zu 14 t betragen.

[2] Siehe Hütte 24. Aufl., Bd. 1, S. 1085ff.

[3] Die Zentrallinie ist senkrecht zur Teillinie, die Zahnflanke senkrecht zur Eingriffslinie.

Bei Zahnbahnen wird in der Regel $\operatorname{tg} \beta$ in den Grenzen von 4 und 3,6 gewählt — es sind dann

$$\sphericalangle \beta = \text{rd. } 76^0 \text{ bis } 74^0\,30',$$
$$\sphericalangle \gamma = \text{rd. } 14^0 \;\;,, \;\; 15^0\,30'.$$

Die Schnittpunkte der Eingriffslinie mit der Oberkante der Stangenzähne a und deren Unterkante b bzw. dem Kopfkreise des Zahnrades begrenzen die

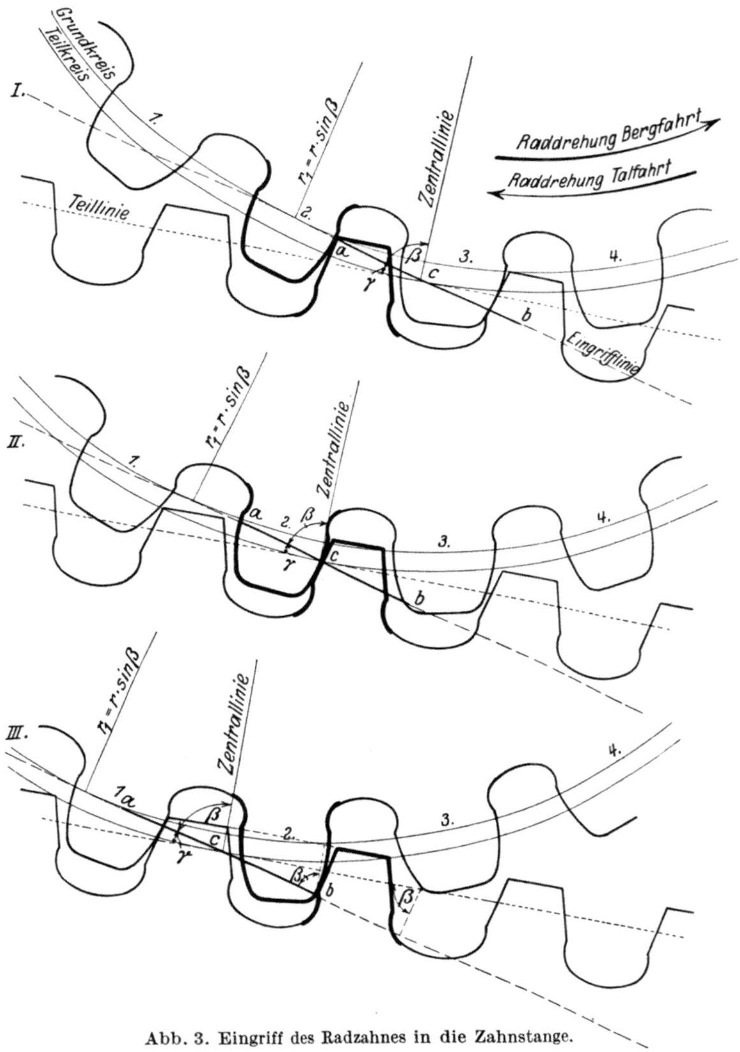

Abb. 3. Eingriff des Radzahnes in die Zahnstange.

Eingriffsstrecke, auf der eine Berührung der Zähne von Rad und Stange erfolgen kann. Die Länge der Eingriffsstrecke ist $e = \frac{h}{\cos \beta}$ (wo h die Zahnhöhe, s. Abb. 3). Die Eingriffsstrecke ist die Projektion des Eingriffsbogens auf die Eingriffslinie. Der Eingriffsbogen (bei der Zahnstange, wo $R = \infty$, eine Gerade) ist der Weg des Zentralpunktes auf der Teillinie während des Eingriffs eines Zahnes.

Der Eingriffsbogen b ist daher gleich der Eingriffsstrecke geteilt durch $\sin \beta$:

$$b = \frac{e}{\sin \beta} = \frac{2h}{\sin 2\beta}.$$

Damit mindestens ein Zahn im Eingriff steht, muß der Eingriffsbogen größer als die Teilung sein. Die Zahl der im Mittel gleichzeitig im Eingriff stehenden Zähne wird gegeben durch das Verhältnis:

$$d = \frac{\text{Eingriffbogen}}{\text{Teilung}} > 1.$$

Man nennt diese Zahl den Überdeckungsgrad oder die Eingriffsdauer.

$$d = \frac{e}{\sin\beta} : t = \frac{2h}{t \cdot \sin 2\beta}. \tag{12}$$

Da nach Gleichung (11) $\sin\beta = \frac{r_1}{r}$, kann man auch schreiben:

$$d = \frac{e}{t} \cdot \frac{r}{r_1}.$$

Um eine möglichst große Eingriffsdauer, damit geringe Reibung und sanften Gang zu erzielen, ist es wünschenswert, den Raddurchmesser möglichst groß, die Teilung hingegen möglichst klein zu wählen. Auch mit Rücksicht auf die Sicherheit des Betriebes ist das gleichzeitige Eingreifen mehrerer Zähne erwünscht. Da aber einerseits der Raddurchmesser durch die Konstruktion der Lokomotive bedingt ist und sich in der Regel in den Grenzen von 500 bis 1100 mm bewegt, andererseits die Stärke der Zähne eine gewisse Größe der Teilung verlangt, die meist mit $t = 80$ bis 110 mm ausgeführt wird, so kommt man je nach dem Durchmesser des Zahnrades nur zu 17 bis 35 Zähnen bei Durchmessern der Zahnräder von 0,55 bis 1,10 m. (Das Zahnrad nach Abb. 3 hat 22 Zähne und einen Durchmesser von 700 mm.)

Bei $d = 1$ beginnt ein Zahn erst in dem Moment zu arbeiten, wenn der vorhergehende außer Eingriff ist, bei $d = 2$ sind stets zwei Zähne gleichzeitig im Eingriff und bei $2 > d > 1$ zeitweise zwei Zähne, sonst nur ein Zahn. Bei den ausgeführten Zahnradbahnen beträgt die Eingriffsdauer $d = 1{,}08$ bis 1,44 (in der Abb. 3 ist $d = 1{,}29$; bei Stellung *I* und *III* stehen hier zwei Zähne in Eingriff, bei Stellung *II* nur einer; zeitweilig wird also die ganze Kraft durch einen einzigen Zahn übertragen.

(Das Fehlen eines Zahnes in der Zahnstange bei sonst guter Anlage ist erfahrungsgemäß im allgemeinen nur wenig zu spüren und beeinträchtigt die Sicherheit des Betriebes nicht.)

Bei der Bergfahrt wie bei der Talfahrt stützt sich die abwärts gerichtete Flanke des Radzahnes auf die aufwärts gerichtete Flanke des Stangenzahnes — diese Flanke ist die gleiche bei der Bergfahrt wie bei der Talfahrt —, es ist daher auch versucht worden, Zähne mit unsymmetrischen Flanken zu verwenden, um die Teilung t kürzer zu machen, doch hat diese Anordnung keine Verbreitung gefunden.

Bei der Bergfahrt beginnt der Eingriff am Fuße des Radzahnes und am Kopfe des Stangenzahnes, um am Fuße des Stangenzahnes und am Kopfe des Radzahnes zu enden; bei der Talfahrt ist das Umgekehrte der Fall. Die nach der Evolvente gekrümmten Flanken der Radzähne wälzen sich hierbei auf den geraden Flanken der Stangenzähne ab: da gleichzeitig ein Rollen des Teilkreises auf der Teillinie erfolgt, findet auch ein Gleiten der Zähne aneinander statt, und zwar gleiten die Radzähne vom Beginn des Eingriffes bis zum Eingriff im Zentralpunkt *C* (dem Berührungspunkt von Teilkreis und Teillinie) nach abwärts, von da bis zur Beendigung des Eingriffs nach aufwärts. Bei gleichzeitigem Eingriff zweier Zähne ist ihre Gleitbewegung entgegengesetzt gerichtet. Der Zentralpunkt *C* (der Schnittpunkt von Zahnflanke und Teillinie) ist die Grenze für das Auf- und Abwärtsgleiten der Zähne.

Durch die Lagerung des Zahnradmechanismus in dem auf den Laufschienen stehenden Fahrgestell wird die Eindringungstiefe der Zahnräder in die Lücken der Zahnstange begrenzt. Durch Abnützung der Laufräder und der Schienen wird die Eingriffstiefe vergrößert, weswegen die Radzähne höher ausgeführt werden als ursprünglich notwendig wäre; diese Erhöhung ist aber durch die Konstruktion der Zahnstange beschränkt.

Je größer die Eingriffsdauer, desto kürzer ist der Gleitweg.

Um die Abnützung der Zahnräder zu vermindern, werden die Ecken und Kanten der Zähne abgerundet, wodurch die Eingriffsstrecke etwas verkürzt wird (s. Abb. 3).

Durch Fehler und Ungleichmäßigkeiten in der Teilung wird ein richtiger Eingriff behindert; es erfolgen Stöße und die Gefahr des Aufsteigens des Rades auf die Zahnstange wird erhöht. Es ist daher besonderes Gewicht auf große Genauigkeit der Zahnteilung zu legen.

c) Der Zahndruck.

Die Zähne der Zahnstange, wie die der Zahnräder werden durch eine Kraft Z beansprucht, die in der Richtung der Teillinie, also der Bahnneigung wirkt und von der Bahnneigung, den Zugwiderständen und der Brems- bzw. Beschleunigungskraft abhängig ist (Abb. 4), ferner durch eine senkrecht gerichtete Kraft q, den auf dem Zahnrad lastenden Teil des Lokomotiv- (oder Triebwagen-) Gewichtes; diese senkrecht gerichtete Kraft muß groß genug sein, um den Auftrieb oder das Ausgleiten des Zahnes zu verhindern (s. weiter S. 16ff.).

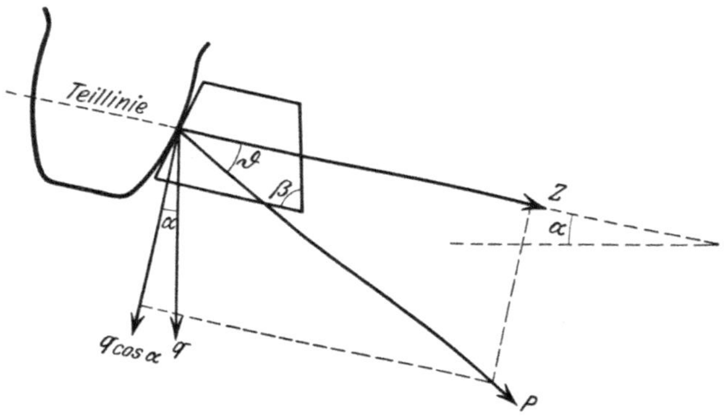

Obwohl vielfach zwei Triebzahnräder vorhanden sind, auch ein Zahnrad meist, bei der mehrlamelligen Zahnstange stets, mit mehr als einem Zahn eingreift, ist es aus Sicherheitsgründen üblich, die Rechnung so durchzuführen, als müßte die gesamte Last von einem Zahn aufgenommen werden.

Bei reinem Zahnradantrieb ist die Kraft:

$$Z = Z_l + Z_g\,, \tag{13}$$

worin Z_l die Zugkraft für die Bewegung der Lokomotive in kg, Z_g die Zugkraft für die Bewegung des Wagenzuges in kg darstellt. Bekanntlich ist:

$$Z_l = L\left(\sin\alpha \pm w_l \cos\alpha + c\cdot\frac{v^2}{2gl}\right), \tag{14}$$

$$Z_g = G\left(\sin\alpha \pm w_w \cos\alpha + c\cdot\frac{v^2}{2gl}\right). \tag{15}$$

Es ist hier:

v = die Fahrgeschwindigkeit in m/sec (= der Fahrgeschwindigkeit V in km/st geteilt durch 3,6).

Diese Gleichungen bedeuten mit dem Pluszeichen vor dem zweiten Klammergliede $w_l \cos\alpha$ bzw. $w_w \cos\alpha$ die erforderliche Zugkraft beim Anfahren (von 0 bis v) auf der Bergfahrt, mit dem Minuszeichen die erforderliche Bremskraft bei der Talfahrt; sollte bei der Talfahrt eine Zugkraft erforderlich sein, so sind in der Gleichung für die Bremskraft die Vorzeichen zu ändern.

Der Ausdruck $c\frac{v^2}{2gl}$ stellt den mittleren Wert der Verzögerungs- bzw. Beschleunigungskraft dar; beim Bremsen steigt diese Kraft von 0 bis $2 \cdot c \cdot \frac{v^2}{2gl}$ an, es ist also in den Gleichungen (14) (15) besser statt $c \cdot \frac{v^2}{2gl}$ zu setzen $c \cdot \frac{v^2}{gl}$. Bei Bestimmung der Lokomotivleistung kann nach wie vor mit $c\frac{v^2}{2gl}$ gerechnet werden. Während bei Reibungsbahnen mit ihren großen Geschwindigkeiten die Änderung der Zugkraft infolge von Geschwindigkeitsänderungen (Beschleunigung oder Verzögerung) in Betracht gezogen werden muß, kann bei den auf Zahnradbahnen üblichen geringen Geschwindigkeiten bei der Fahrt auch bei veränderlicher Geschwindigkeit die Kraft $c \cdot \frac{v_2^2 - v_1^2}{2gl}$ außer acht gelassen werden; ebenso wird der Zuwachs an lebendiger Kraft infolge der Abwärtsbewegung bei der Berechnung der Bremskraft vernachlässigt (vgl. oben S. 4).

Bei dem geringen Einfluß, den der Fahrwiderstand im Vergleich zum Steigungswiderstand ausübt und in Anbetracht der Unbestimmtheit dieses Wertes (der für reine Zahnradlokomotiven von 0,016 bis 0,030, bei gemischten Lokomotiven von 0,008 bis 0,020, bei Wagen von 0,004 bis 0,008 schwankt) ist es zur Vereinfachung der Rechnung bei reinen Zahnradbahnen üblich $w_l = w_w = w$ zu setzen (als Zahlenwert für w wird bei reinen Zahnradbahnen vielfach 0,010 angenommen); wegen der Ungenauigkeit von w und wegen der Kleinheit des Winkels α wird ferner noch $\cos\alpha = 1$ gesetzt, so daß die gesamte vom Zahn aufzunehmende Zugkraft den Wert

$$\boldsymbol{Z = (L + G)\left(\sin\alpha \pm w + c \cdot \frac{v^2}{gl}\right)} \tag{16}$$

annimmt.

Genauer ist es natürlich, den mittleren Fahrwiderstand aus der Gleichung $w_w = \frac{L \cdot w_l + G\, w_w}{L + G}$ zu ermitteln.

Der Fahrwiderstand der Zahnradlokomotiven w_l läßt sich auf folgende Art bestimmen: Der Reibungswiderstand zwischen Rad und Zahnstange beträgt 0,01 bis 0,02 des Zahndrucks P [s. Gl. (17)] der Widerstand des Vorgeleges 0,02 bis 0,03 des Zahndrucks, der Gesamtwiderstand des Zahnantriebs also 0,03 bis 0,05 des Zahndrucks. Ist der Zahndruck gegeben, so ermittelt man zunächst den Widerstand des Zahnantriebs und darauf den Fahrwiderstand der Reibungsräder der Lokomotive nach den für Reibungsbahnen üblichen Formeln. Bei der Bestimmung des auf den Reibungsachsen liegenden Gewichts ist zu beachten, daß ein Teil des Lokomotivgewichts vom Zahnrad getragen wird, und zwar mindestens

$$q = \frac{P\cos(\beta - \varphi)}{\cos\alpha}$$

(vgl. S. 18).

Beispiel: Reine Zahnradlokomotive. Lokomotivgewicht: $L = 17{,}6$ t, $Z = 8{,}0$ t, $q \approx q\cos\alpha = 4{,}26$ t.

$$P = \sqrt{8^2 + 4{,}26^2} = 9{,}1 \text{ t},$$

dann ist

$$w_l = \frac{(L - q) \cdot 0{,}003 + P \cdot 0{,}04}{L} = \frac{13{,}34 \cdot 0{,}003 + 9{,}1 \cdot 0{,}04}{17{,}6} = 0{,}023.$$

Lokomotive mit gemischtem Antrieb $(B + 1Z)$. Spurweite 1000 mm. $L = 23{,}4$ t, $Z = 7{,}5$ t, $q \approx q\cos\alpha = 4$ t:

$$P = \sqrt{7{,}5^2 + 4^2} = 8{,}5 \text{ t}.$$

Bei $V = 10$ km/st ist

$$w_l = \frac{(L - q)\frac{3{,}82 + 0{,}0015\,V^2}{1000} + P \cdot 0{,}04}{L} = \frac{19{,}4 \cdot 0{,}00397 + 8{,}5 \cdot 0{,}04}{23{,}4} = 0{,}0178.$$

Lokomotive mit gemischtem Antrieb ($1C + 2Z$). Spurweite 1435 mm. $L = 53,2$ t, $Z = 7,0$ t, $q \approx q \cos\alpha = 3,72$ t, $V = 15$ km/st:

$$P = \sqrt{7^2 + 3,72^2} = 7,93 \text{ t},$$

$$w_t = \frac{(L-q)\dfrac{4,5 + 0,00225 \cdot 15^2}{1000} + P \cdot 0,04}{L} = \frac{49,5 \cdot 0,005 + 7,93 \cdot 0,04}{53,2} = 0,0106.$$

Der Anteil des Lokomotivgewichtes, der unmittelbar auf den Zahn entfällt — q — ist in seine Komponenten in der Richtung zur Bahnneigung

$$q \sin\alpha$$

und senkrecht dazu

$$q \cos\alpha$$

zu zerlegen. Die Kraft $q \sin\alpha$ ist schon in Z enthalten; vermehrend auf den Zahndruck wirkt nur die zur Bahnneigung senkrechte Komponente des Lokomotivgewichtsanteils $q \cos\alpha$ ein.

Wie aus der Abb. 4 ohne weiteres ersichtlich, ist der Zahndruck

$$P = \sqrt{Z^2 + (q \cos\alpha)^2} = \frac{Z}{\cos\vartheta}. \tag{17}$$

Ferner ist:

$$\operatorname{tg}\vartheta = \frac{q \cos\alpha}{Z}. \tag{18}$$

ϑ ist der Winkel zwischen Zahndruckrichtung und Teillinie.

Der spezifische Zahndruck soll nicht mehr als 60 bis höchstens 100 kg/mm Zahnbreite betragen; da diese zwischen 15 und 100 mm schwankt und nur ausnahmsweise größer gewählt wird, so könnte der Zahndruck im Maximum 10000 kg erreichen; man ist jedoch bisher selten über 8000 kg gegangen.

d) Der Auftrieb.

Ein einwandfreier Betrieb der Zahnbahn ist nur möglich, wenn der Eingriff des Radzahnes in die Zahnstange tatsächlich in vollem Maße erfolgt und das Abwälzen der Zähne aneinander ohne Störung vor sich geht. Hierbei findet stets ein Gleiten der Zähne aneinander statt (vgl. S. 13) und es entstehen Kräfte, welche die ordentliche Bewegung der Zähne zu verhindern bestrebt sind; diese Kräfte setzen sich verschieden zusammen, je nachdem der Radzahn abwärts (Abb. 5) oder aufwärts gleitet (Abb. 6). Sie können einen Auftrieb des Radzahnes bewirken, d. h. im ersten Falle sein Eindringen in die Zahnstange verhindern, im anderen ein Ausgleiten des Radzahnes aus der Zahnstange nach oben hervorrufen. Diesen Kräften muß der Teildruck q des Lokomotivgewichtes, der auf dem Radzahn lastet, entgegenwirken.

Die Summe der der Bewegung des Radzahnes längs der Zahnflanke entgegengerichteten Kräfte sei A, ihre Richtung fällt mit der Zahnflanke zusammen. Es muß dann jeweils die in die Richtung der Zahnflanke fallende Komponente der Kraft q

$$q \cos\alpha \sin\beta \geqq A \tag{19}$$

sein (siehe Abb. 5 und 6).

q und A sind wie folgt zu ermitteln:

Die Zugkraft Z sei in zwei Komponenten T und N zerlegt, T in der Neigung der Zahnflanke:

$$T = Z \cos\beta$$

(diese Kraft ist stets aufwärts gerichtet) und N senkrecht dazu:

$$N = Z \sin\beta.$$

Die Kraft N erzeugt einen Reibungswiderstand $N \operatorname{tg} \varphi$, der der Gleitbewegung des Zahnes entgegenwirkt.

Es bringt somit die Zugkraft Z eine aufwärts gerichtete Kraft, einen Auftrieb A', hervor,

$$A' = T \pm N \operatorname{tg} \varphi, \tag{20}$$

die durch die Komponente von q in Richtung der Zahnflanke — $q \cos \alpha \sin \beta$ — überwunden werden muß. Nun erzeugt aber die zur Zahnflanke senkrechte Komponente von $q \cos \alpha$, d. i. $q \cos \alpha \cos \beta = n$, gleichfalls einen der Bewegung des Zahnes entgegengesetzt gerichteten Reibungswiderstand $\pm n \operatorname{tg} \varphi$, der

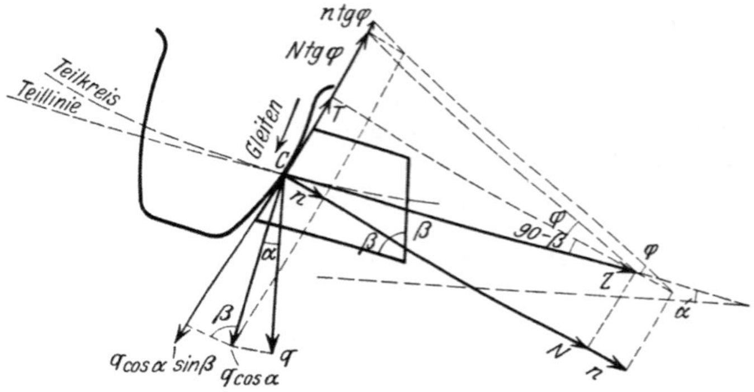

Abb. 5. Kräfteplan am Ende des Gleitens des Radzahnes nach unten.

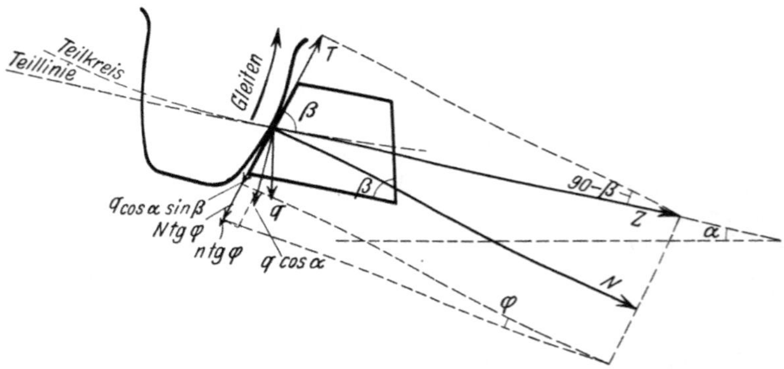

Abb. 6. Kräfteplan bei Beginn des Gleitens des Radzahnes nach oben.

auch durch die Kraft $q \cos \alpha \sin \beta$ aufgehoben werden muß. Die Bedingung zur Verhinderung des Auftriebes lautet also:

$$q \cos \alpha \sin \beta \geqq A = T \pm N \operatorname{tg} \varphi \pm n \operatorname{tg} \varphi, \tag{21}$$

wobei die Pluszeichen dem Abwärts-, die Minuszeichen dem Aufwärtsgleiten des Zahnes entsprechen. Nach Einsetzen der Werte für T, N und n ergibt sich:

$$\boldsymbol{q \cos \alpha \sin \beta \geqq Z \cos \beta \pm Z \sin \beta \operatorname{tg} \varphi \pm q \cos \alpha \cos \beta \operatorname{tg} \varphi .} \tag{22}$$

Für den Fall des Gleichgewichts wird:

$$q \cos \alpha = Z \frac{\cos \beta \pm \sin \beta \operatorname{tg} \varphi}{\sin \beta \pm \cos \beta \operatorname{tg} \varphi} = Z \cdot \frac{\cos \beta \cos \varphi \pm \sin \beta \sin \varphi}{\sin \beta \cos \varphi \pm \cos \beta \sin \varphi} = \frac{Z}{\operatorname{tg} (\beta \mp \varphi)} \tag{23}$$

und aus $q \cos \alpha \sin \beta = A$

$$A = \frac{Z \sin \beta}{\operatorname{tg} (\beta \mp \varphi)}. \tag{24}$$

Aus Gleichung (23) ist zu ersehen, daß bei $q \cos\alpha < \frac{Z}{\operatorname{tg}(\beta - \varphi)}$ ein Auftrieb des Zahnes beim Abwärtsgleiten desselben erfolgen kann — das Eindringen des Radzahnes in die Zahnstange wird verhindert —. bei $q \cos\alpha < \frac{Z}{\operatorname{tg}(\beta + \varphi)}$ erfolgt beim Aufwärtsgleiten ein Ausrutschen des Radzahnes aus der Zahnstange; da nun

$$\frac{Z}{\operatorname{tg}(\beta - \varphi)} > \frac{Z}{\operatorname{tg}(\beta + \varphi)},$$

so muß $q \cos\alpha \geqq \frac{Z}{\operatorname{tg}(\beta - \varphi)}$ sein, um den Auftrieb in jedem Fall zu verhindern.

Das Maximum der talwärts gerichteten Kraft Z ergibt sich meist bei plötzlichem Bremsen auf der Talfahrt.

Beim Abwärtsgleiten des Zahnes (dem ungünstigsten Fall) wächst das erforderliche q mit Z, mit α und φ. Beim Aufwärtsgleiten des Zahnes wird q mit zunehmendem φ kleiner, doch, da hierbei viel geringere Werte von q notwendig sind als beim Abwärtsgleiten, ist es zweckmäßig, um die Auftriebsgefahr zu verringern, den Reibungswert φ möglichst klein zu halten; das wird durch sorgfältige Schmierung des Zahnrades und der Zahnstange erreicht[1]. Der Anteil des Lokomotivgewichtes q, der auf den Zahn entfällt, wird aber trotzdem zur größeren Sicherheit für einen hohen Reibungsbeiwert (trockene Zähne) bemessen.

Aus Gleichung (23) läßt sich nun auch der Winkel ϑ des Zahndrucks mit der Bahnneigung, bei der ein richtiger Zahneingriff möglich ist, und weiter die Größe P des Zahndrucks bestimmen.

$$\operatorname{tg}\vartheta = \frac{q\cos\alpha}{Z} = \frac{1}{\operatorname{tg}(\beta \mp \varphi)}, \qquad (18')$$

$$\vartheta = 90 - (\beta \mp \varphi), \qquad (25)$$

$$P = \frac{Z}{\cos\vartheta} = \frac{Z}{\sin(\beta \mp \varphi)}. \qquad (17')$$

Im folgenden sind die Werte für $q\cos\alpha$, P und ϑ, für den Fall des Aufwärts- (Gefahr des Ausgleitens) und Abwärtsgleitens (Gefahr des Nichteindringens) des Zahnes für verschiedene Werte von φ zusammengestellt. Die Neigung β der Zahnflanke zur Bahnebene ist hierbei zu 76° angenommen.

$\beta = 76^0$.

$\mu = \operatorname{tg}\varphi =$	0,25 (1/4)	0,20 (1/5)	0,143 (1/7)	0,10 (1/10)	0,05 (1/20)	0
$\varphi =$	14°	11° 19′	8° 8′	5° 43′	2° 50′	0°
Abwärtsgleiten des Zahnes.						
$q\cos\alpha = \frac{Z}{\operatorname{tg}(\beta - \varphi)}$	0,532 Z	0,473 Z	0,407 Z	0,358 Z	0,303 Z	0,249 Z
$P = \frac{Z}{\sin(\beta - \varphi)}$	1,132 Z	1,11 Z	1,08 Z	1,06 Z	1,045 Z	1,03 Z
$\vartheta = 90 - (\beta - \varphi)$	28°	25° 19′	22° 8′	19° 43′	16° 50′	14°
Aufwärtsgleiten des Zahnes.						
$q\cos\alpha = \frac{Z}{\operatorname{tg}(\beta + \varphi)}$	0	0,046 Z	0,103 Z	0,146 Z	0,197 Z	0,249 Z
$P = \frac{Z}{\sin(\beta + \varphi)}$	Z	Z	1,005 Z	1,01 Z	1,02 Z	1,03 Z
$\vartheta = 90 - (\beta + \varphi)$	0	2° 41′	5° 52′	8° 17′	11° 50′	14°

Diese Tabelle zeigt deutlich die überwiegende Bedeutung der Sicherung des Zahneingriffs beim Abwärtsgleiten des Zahnes.

[1] Die Schmierung hat auch zur Folge, daß die Abnutzung der Zahnstange äußerst gering ist. Die Zahnabnützung am Zahnrad beträgt etwa 0,3 bis 0,5 mm je 1000 km. Die Kosten der Schmierung der Zahnstange belaufen sich auf etwa 100 RM jährlich je km.

e) Die Standsicherheit.

Auf starken Steigungen besteht die Gefahr des Kippens der Lokomotive um den unteren Stützpunkt (Abb. 7 Punkt O)[1]. Diese Gefahr ist am größten bei plötzlichem Bremsen auf der Talfahrt (Verringerung der Geschwindigkeit von v auf 0). Das Kippmoment um den Punkt O ist dann (s. Abb. 7):

$$\mathfrak{M} = Z_l h + Z_g h_1. \quad (26)$$

Diesem Moment muß das Moment der senkrecht zur Bahnneigung gerichteten Komponente des Lokomotivgewichtes $L \cos\alpha \cdot b$ entgegenwirken, soweit diese Kraft noch nicht zur Überwindung des Auftriebes verbraucht ist (der Auftrieb vergrößert das Kippmoment). Dieser Kraftanteil beträgt $q \cdot \cos\alpha$, sein Hebelarm ist a; es muß also sein:

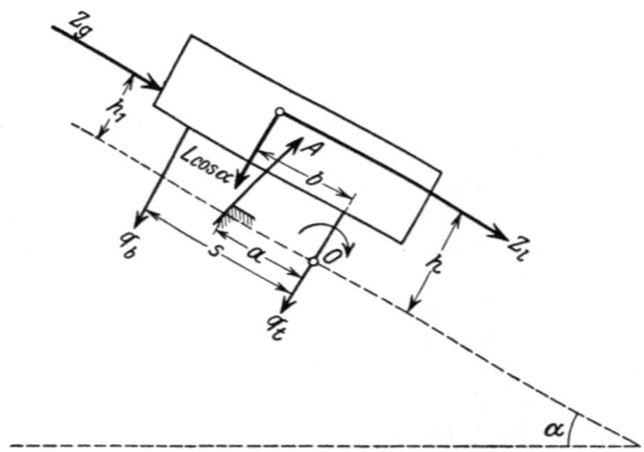

Abb. 7. Standsicherheit des Triebfahrzeugs.

$$L \cos\alpha \cdot b - q \cos\alpha \cdot a \geqq Z_l h + Z_g h_1$$

oder

$$L \cos\alpha \cdot b \geqq q \cos\alpha \cdot a + Z_l h + Z_g h_1 .$$

Die Standsicherheitsbedingung lautet also:

$$L \cos\alpha \cdot b = k\,(q \cos\alpha \cdot a + Z_l h + Z_g h_1), \quad (27)$$

hier ist k ein Sicherheitskoeffizient, der gewöhnlich zwischen 1,1 und 3 angenommen wird. Aus dieser Gleichung läßt sich auch die erforderliche Schwerpunktslage der Lokomotive bestimmen. Bei angenommenem h ergibt sich:

$$b = \frac{k\,(q \cos\alpha \cdot a + Z_l h + Z_g h_1)}{L \cos\alpha},$$

oder nach Einsetzen der Werte für $q \cos\alpha$, Z_l und Z_g

$$b = \frac{k\left(\sin\alpha - w + \frac{c \cdot v^2}{g l}\right)\left[(L+G)\frac{a}{\operatorname{tg}(\beta \mp \varphi)} + Lh + Gh_1\right]}{L \cos\alpha}.$$

Bei Lokomotiven mit einem Zahnrad und zwei Laufachsen, wo q_b der in der geneigten Lage der Lokomotive auf die bergseitige Laufachse entfallende Gewichtsanteil und s der Radstand ist, kann $L \cos\alpha \cdot b$ durch $q_b \cdot s$ ersetzt werden (vgl. Abb. 7), dann ergibt sich:

$$q_b = \frac{k}{s}\,(q \cos\alpha \cdot a + Z_l h + Z_g h_1), \quad (28)$$

d. h. der auf die obere Achse entfallende Teil der zur Bahnneigung senkrechten Komponente des Lokomotivgewichtes muß bei der Stellung der Lokomotive auf der Neigung einen Mindestwert haben, der durch die rechte Seite der Gleichung (28) bestimmt wird.

---

[1] Um die Kippgefahr zu verringern, ordnet man die Puffer der Lokomotiven und Wagen möglichst niedrig an (h_1 — möglichst klein).

Der Anteil der oberen Achse am Lokomotivgewicht bei horizontaler Lage der Lokomotive und unbelastetem Zahnrad beträgt:

$$q_{b_h} = \frac{L \cdot b}{s} = \frac{k\,(q \cos\alpha \cdot a + Z_l h + Z_g h_1)}{s \cos\alpha}. \tag{29}$$

Werden in der Gleichung (28) die Werte für $q \cos\alpha$, Z_l und Z_g aus den Gleichungen (23), (14) und (15) (letztere nach (16) vereinfacht) eingesetzt, so finden wir:

$$q_b = \frac{k}{s}\left[\frac{Z}{\operatorname{tg}(\beta \mp \varphi)} \cdot a + Z_l h + Z_g h_1\right],$$

$$q_b = \frac{k}{s}\left(\sin\alpha - w + c\frac{v^2}{g\,l}\right)\left[(L+G)\frac{a}{\operatorname{tg}(\beta \mp \varphi)} + L h + G h_1\right]; \tag{30}$$

wird q_b durch $m_1 \cdot L$ und G durch $n \cdot L$ ersetzt, so ist:

$$m_1 = \frac{k}{s}\left(\sin\alpha - w + c\frac{v^2}{g\,l}\right)\left[(1+n)\frac{a}{\operatorname{tg}(\beta \mp \varphi)} + h + n h_1\right]. \tag{31}$$

Bei Gegensteigungen müssen die Zahnradlokomotiven gewendet werden.

3. Linienführung.

a) Die Neigungsgrenze.

Für die untere Neigungsgrenze[1] der Zahnbahnen lassen sich keine allgemein gültigen Angaben machen — in jedem einzelnen Fall ist unter Berücksichtigung aller in Betracht kommenden Verhältnisse (Geländebeschaffenheit, Verkehr usw.) zu ermitteln, ob eine Reibungs- oder Zahnradbahn, bzw. eine gemischte Bahn am zweckmäßigsten ist, es kommen hier vor allem wirtschaftliche Erwägungen in Betracht (vgl. weiter unten S. 69). Die obere Grenze[2] läßt sich für gegebene Lokomotiv- und Zuggewichte, sowie für gegebenen zulässigen Zahndruck aus den vorstehend entwickelten Formeln bestimmen, wenn in ihnen $\sin\alpha$ bzw. $\operatorname{tg}\alpha$ als Unbekannte betrachtet wird.

Für die Talfahrt ergibt sich aus Gleichungen (30):

$$\sin\alpha = \frac{m_1 \cdot L \cdot s}{k\left[(L+G)\frac{a}{\operatorname{tg}(\beta (\mp) \varphi)} + L h + G h_1\right]} + w - c\frac{v^2}{g\,l}. \tag{32}$$

Für die Bergfahrt im Beharrungszustand $\left(c \cdot \frac{v^2}{g\,l} = 0\right)$ wird nach Einführen eines Sicherheitsfaktors k_1 entsprechend den Gleichungen (23) und (16):

$$q = k_1 (L+G)(\sin\alpha + w)\frac{1}{\cos\alpha \operatorname{tg}(\beta \mp \varphi)} \tag{33}$$

oder bei $q = m_2 L$

$$\frac{m_2 L}{k_1 (L+G)} \operatorname{tg}(\beta (\mp) \varphi) = \operatorname{tg}\alpha + \frac{w}{\cos\alpha},$$

woraus sich nach Einsetzen von w für $\frac{w}{\cos\alpha}$ ergibt:

$$\operatorname{tg}\alpha = \frac{m_2 L}{k_1 (L+G)} \operatorname{tg}(\beta (\mp) \varphi) - w. \tag{34}$$

Soll auf dieser Steigung angefahren werden, so ermäßigt sie sich um $-\frac{c\,v^2}{g\,l}$.

---

[1] In der Regel werden Zahnstangen bei Steigungen von 40 bis 50‰ aufwärts verwandt, ausnahmsweise aber auch bei geringeren Steigungen.

[2] Grz. § 21. 1. Bei Zahnstangenbahnen, auf welche Fahrzeuge der Hauptbahnen auf eigenen Rädern übergehen, soll die Längsneigung nicht mehr als 100‰ und bei Zahnstangenbahnen, auf welche Fahrzeuge der Hauptbahnen nicht übergehen, in der Regel nicht über 250‰ betragen.

Es sei z. B. (vgl. Abb. 7):

das Lokomotivgewicht . . . . $L = 36$ t
das Wagengewicht . . . . $G = 36$ t
der Fahrwiderstand . . . . $w = 0{,}010$
der Bremsweg . . . . $l = 20$ m
die Schwerpunktshöhe der Lokomotive . . . . . $h = 1{,}5$ m
$\operatorname{tg}(\beta - \varphi) = 2$
$q_b/L = m_1 = 0{,}5$
$q/L = m_2 = 0{,}4$
die Fahrgeschwindigkeit . . . . $v = 3{,}33$ m/sec (12 km/st)
der Radstand . . . . $s = 3{,}0$ m
die Pufferhöhe . . . . $h_1 = 0{,}5$ m
der Abstand des Zahneingriffs vom talwärts gelegenen Laufrad . . . . $a = 1{,}50$ m
$c = 1{,}10$
der Sicherheitsfaktor . . . . $k = k_1 = 2$.

Dann wird nach Gleichung (36) für Bremsen auf der Talfahrt:

$$\sin\alpha = \frac{0{,}50 \cdot 36 \cdot 3{,}0}{2\left[72 \cdot \frac{1{,}50}{2} + 36 \cdot 1{,}50 + 36 \cdot 0{,}50\right]} + 0{,}010 - 1{,}10 \frac{11{,}1}{9{,}81 \cdot 20}$$

$$\sin\alpha = 0{,}214 \div 0{,}010 - 0{,}062 = 0{,}162$$

und

$$\operatorname{tg}\alpha = 0{,}164.$$

Nach Gleichung (38) ergibt sich für den Beharrungszustand auf der Bergfahrt:

$$\operatorname{tg}\alpha = \frac{0{,}4 \cdot 36}{2 \cdot 72} \cdot 2 - 0{,}010 = 0{,}19.$$

Soll auf dieser Steigung angefahren werden, so ermäßigt sie sich um $\frac{c\,v^2}{g\,l}$ oder mit dem für die Talfahrt ermittelten Zahlenwert um 0,06, es wird also

$$\operatorname{tg}\alpha = 0{,}13.$$

Tatsächlich wird eine Steigung von über $250\,^0/_{00}$ nur ganz ausnahmsweise angewandt (z. B. bei über 70 Bahnen mit Abtscher Zahnstange nur einmal bei der Schafberg-Bahn $255\,^0/_{00}$; bei diesem System kommen Steigungen über $200\,^0/_{00}$ auch bloß achtmal vor, meist bei älteren Anlagen. Die Strubsche Zahnstange ist einmal auf einer Steigung von $370\,^0/_{00}$ angewandt worden (Montmartre—Sacré Coeur in Paris) bei einer Länge von 200 m. Steigungen über $250\,^0/_{00}$ kommen auch bei diesem System sonst nur noch zweimal vor, und zwar $266\,^0/_{00}$ auf der 300 m langen Bahn Monte Carlo—La Turbie und $255\,^0/_{00}$ auf einem Teil der 4100 m langen Zahnstrecke der Rittnerbahn bei Bozen. Bei der Berechnung der Höchstneigung ist auch der größte zulässige Zahndruck in Betracht zu ziehen, da die Dimensionen der Zähne nur in engen Grenzen veränderlich sind (s. unten S. 37).

Allen diesen Berechnungen wird die ungünstigste Annahme zugrunde gelegt, daß der gesamte Zahndruck von einem einzigen Zahn aufgenommen wird.

Kurze starke Steigungen sind bei den Zahnradbahnen ebenso wie bei den Reibungsbahnen nach Möglichkeit zu vermeiden, da sie den Betrieb stark verteuern — es gelten hier die gleichen Erwägungen über die maßgebende Steigung wie bei den Reibungsbahnen[1], bei den geringen Geschwindigkeiten auf den Zahnradbahnen kommen allerdings sogenannte Anlaufsteigungen nicht in Betracht.

Vor und nach den Stationen sollen keine starken Steigungen angelegt werden.

---

[1] Vgl. Handbibliothek Teil II, Bd. 2, S. 167ff.

Nach den vorstehenden Gleichungen läßt sich auch für angenommene Werte L und α das Zuggewicht G bestimmen.

Bei Bahnen für gemischten Reibungs- und Zahnradbetrieb kann bei gegebenen Verhältnissen der Reibungsstrecke und bei bekannter Zugkraft und bekanntem Fahrwiderstand auf der Zahnstrecke die größte zulässige Steigung der Zahnstrecke für gleiche Zugbelastung bestimmt werden.

Es sei wie bisher:

$$\frac{L w_1 + G w_g}{L + G} = w_r;$$

dann gilt auf der Reibungsstrecke im Beharrungszustand für die Reibungszugkraft die Gleichung:

$$Z_r = L_r \cos \alpha f = (L + G)(w_r + s_r),$$

wo s_r die maßgebende Steigung auf der Reibungsstrecke ist.

Es sei nun:

Z_z = die Zugkraft des Zahnradtriebwerkes,
Z'_r = die Reibungszugkraft auf der Zahnstrecke,
w_z = der Fahrwiderstand auf der Zahnstrecke,
s_z = die Steigung auf der Zahnstrecke,
α_1 = der entsprechende Neigungswinkel in ^{0},

dann ist die gesamte Zugkraft auf der Zahnstrecke:

$$Z'_r + Z_z = L_r \cos \alpha_1 f + Z_z = (L + G)(w_z + s_z); \tag{35}$$

$\cos \alpha_1$ kann wie $\cos \alpha$ mit ausreichender Genauigkeit gleich 1 gesetzt werden, dann wird $Z'_r = Z_r$ und

$$\frac{Z_r + Z_z}{Z_r} = \frac{w_z + s_z}{w_r + s_r}, \quad \text{woraus bei} \quad \frac{Z_r + Z_z}{Z_r} = z'$$

$$s_z = z' s_r + (z' w_r - w_z); \tag{36}$$

z', und damit auch angenähert das Verhältnis $\frac{s_z}{s_r}$, bewegt sich in der Regel in den Grenzen von 2 bis 3,0 (besser noch 2,4 bis 2,7), nur selten nimmt es größere oder kleinere Werte an, da sonst der Betrieb teurer werden würde.

Zum Beispiel:

Bezeichnung der Bahn	Größtneigung der Reibungsstrecken s_r ‰	Größtneigung der Zahnstrecken s_z ‰	Zahnstange	$\frac{s_z}{s_r}$
Harzbahn.	25	60	Abt	2,4
Eisenerz-Vordernberg.	26	71	„	2,73
Tiszolcz-Zolyombrézo	20	50	„	2,5
Ilmenau-Schleusingen	25	60	„	2,4
Höllentalbahn	25	55	Bissinger-Klose	2,2
Freudenstadt-Reichenbach . . .	20	55	Klose	2,75
Boppard-Castellaun	20	60	Klose	3,0

b) Krümmungen.

Die Wahl des Krümmungshalbmessers der Gleisbögen wird bei den Zahnradbahnen zunächst durch die gleichen Faktoren bestimmt wie bei den Reibungsbahnen, durch Radstand und Spurweite; doch tritt hier noch ein drittes Element hinzu — die Zahnstange, deren Einfluß auf die Gestaltung der Bögen allerdings gering ist.

Bezeichnet in Abb. 8 B die Bogenachse mit dem Halbmesser R, δ den der Länge einer Zahnstange (meist 3,0 m) entsprechenden Zentriwinkel, l die Breite der Zahnstange (bzw. den Wangenabstand), t, t_i und t_a die Teilung in der Mitte und an den beiden Flanken der Zahnstange, so beträgt die Verlängerung bzw. Verkürzung der äußeren oder inneren Zahnflanke bei einer Zahnstange:

$$\varDelta B = \pm \frac{l}{2} \frac{\delta \pi}{180} \qquad (37)$$

oder angenähert:

$$\varDelta B = \pm \frac{l}{2} \operatorname{tg} \delta , \qquad (37')$$

ein sehr kleiner Wert.

tg δ ist angenähert gleich

$$\operatorname{tg} \delta = \frac{B}{R}, \quad \text{also} \quad \varDelta B = \pm \frac{l \cdot B}{2R};$$

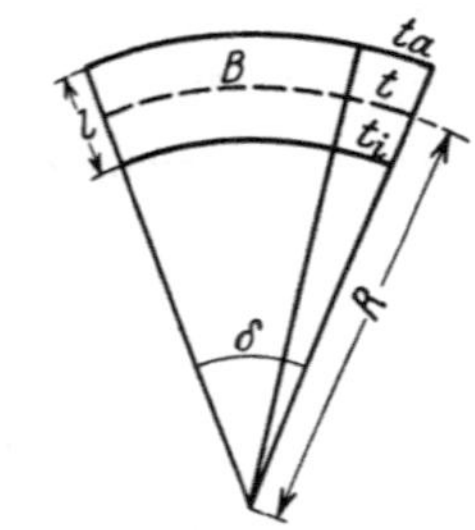

Abb. 8. Längenunterschied der inneren und äußeren Teilung.

entsprechend ist:

$$\left.\begin{aligned} t_i &= t\left(1 - \frac{l}{2R}\right) \\ t_a &= t\left(1 + \frac{l}{2R}\right) \end{aligned}\right\} \qquad (38)$$

und

$$t_a - t_i = \frac{l t}{R}. \qquad (39)$$

Bei einer Strubschen Zahnstange, z. B. mit $t = 100$ mm, $l = 60$ mm und dem sehr kleinen Halbmesser $R = 30$ m $= 30000$ mm, wäre $t_a - t_i = \frac{100 \cdot 60}{30000}$ $= 0{,}2$ mm, ein Wert, der gegenüber den Ungenauigkeiten der Verlegung und Abnützung nicht in Betracht kommt.

Stärker bemerkbar macht sich der Umstand, daß bei zwei Zahnrädern mit festem Radstand s_1 die Zähne der Zahnstange sich im Bogen radial einstellen, die des Rades jedoch nicht, so daß ungünstige Beanspruchungen der Kanten durch diese Schrägstellung des Zahnrades zur Zahnstange entstehen können. Der Abstand zwischen Radzahnkante und Stangenzahnflanke sei nach Abb. 9 x, dann ist genau genug

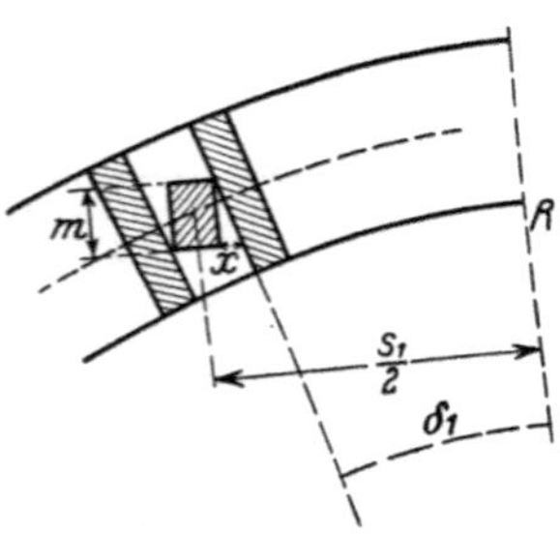

Abb. 9. Zahnstellung im Bogen.

$$\operatorname{tg} \delta_1 = \frac{s_1}{2R}$$

und

$$\operatorname{tg} \delta_1 = \frac{x}{m},$$

woraus

$$x = \frac{s_1 \cdot m}{2R}. \qquad (40)$$

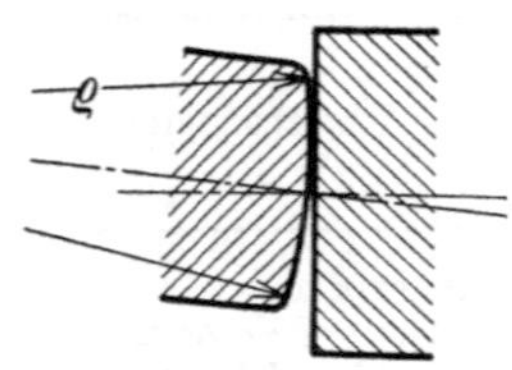

Abb. 10. Abrundung der Zahnflanken.

Der Wert x kann bei scharfen Krümmungen bis zu 2 mm betragen; um übertriebene Kantenpressungen zu vermeiden, werden nicht nur die Kanten, sondern auch die ganzen Zahnflanken abgerundet (Abb. 10); der Krümmungshalbmesser dieser Ausrundung ϱ wird zu 1,5 bis 3,0 m gewählt.

Bei den Zahnstangen mit Wangen (Riggenbach und Nachfolger) ist noch darauf zu achten, daß der Spielraum zwischen Radzahn und Wange so groß ist, daß ein Auflaufen auf die Wange oder ein Schleifen an ihr verhindert wird; in der Regel genügt hierzu der schon in der Geraden vorhandene Spielraum (etwa 26 mm), der dem Seitenspiel zwischen den Laufrädern und Laufschienen entspricht, so daß in den Gleisbögen eine besondere Vergrößerung des Wangenabstandes nicht erforderlich ist[1].

Bei Bahnen mit gemischtem Betrieb werden auf der Zahnstrecke meist die gleichen Krümmungshalbmesser angewandt, wie auf der Reibungsstrecke, auf reinen Zahnbahnen geht man bei Geschwindigkeiten von 6 bis 8 km/st ungern unter 80 m Radius, bei 12 bis 15 km/st möglichst nicht unter 100 m herunter, da sonst die Abnützung zu groß wird; doch sind auch Halbmesser von 60 m keine Seltenheit, besonders in Bahnhöfen, ja, man ist schon auf 35 m (Mont Salève, Abt) und 30 m (St. Gallen—Gais, Klose) heruntergegangen.

Ursprünglich wurden bei den reinen Zahnradbahnen wie bei den Bahnen für gemischten Betrieb in den Krümmungen weder Spurerweiterungen[2], noch Überhöhungen[3] des äußeren Stranges angeordnet. Neuerdings erfolgt bei den Bahnen für gemischten Betrieb beides.

Abt hat hierbei folgende Spurerweiterungen angewandt, wobei die Zahnstange stets in der Mitte bleibt:

bei	Bögen	von	500 m	Halbmesser	0 mm
„	„	„	350—500 m	„	7 mm (innere Schiene)
„	„	„	250—340 m	„	14 mm (je 7 mm innere u. äußere Schiene)
„	„	„	250 m	„	21 mm (14 mm innere Schiene)

Größere Spurerweiterungen sind zu vermeiden, sie sind auch nicht erforderlich[3].

Reine Zahnradbahnen bleiben auch heute noch ohne Spurerweiterung.

Für Vollspurbahnen mit gemischtem Betrieb und einer Geschwindigkeit von rd. 15 km/st werden folgende Überhöhungen empfohlen:

90 mm	für	Bögen	von	150 m	Halbmesser
75 mm	für	„	„	200 m	„
50 mm	für	„	„	300 m	„
25 mm	für	„	„	400 m	„
10 mm	für	„	„	500 m	„

Bei reinen Zahnradbahnen übersteigt die Überhöhung, wenn sie überhaupt angewandt wird, selten das Maß von 30 bis 40 mm.

Die Ausrundung der Gefällsbrüche soll bei reinen Zahnradbahnen mit mindestens 500 m Radius erfolgen, bei gemischten Bahnen mit mindestens 2000 m Radius.

c) Spurweite.

Die Spurweite der gemischten Reibungs- und Zahnradbahnen ist naturgemäß die gleiche wie die des Reibungsbahnnetzes, von dem sie einen Teil bilden — es kommen hier Spurweiten von 750[4] bis 1676 mm vor.

Die Spurweite der reinen Zahnradbahnen bewegt sich in den Grenzen von 750[4] mm bis 1435 mm. Die Vollspur ist nur bei den ersten Zahnradbahnen angewandt worden, die neueren Bahnen sind fast durchweg mit 1000 mm Spurweite ausgeführt, so auch die neue bayerische Zugspitzbahn (einige Schweizer Bahnen haben eine Spurweite von 800 mm).

---

[1] Vgl. Dolezalek: S. 34, 35.

[2] Grz. § 2. 4. Die Spurerweiterung in Krümmungen von Zahnstangenbahnen ist nur am inneren Schienenstrange anzuordnen und soll 14 mm nicht überschreiten, um einen genügenden Abstand zwischen den Seitenflächen der Zahnräder und Zahnstangen zu sichern.

[3] Vgl. Bäseler: Z. V. deutscher Eisenb.-Verw.

[4] Bei nicht dem öffentlichen Verkehr dienenden Bahnen auch weniger — Oertelsbruch-Bahn 690 mm, Rima-Murany (Ungarn) 635 mm.

4. Unter- und Oberbau.

a) Unterbau.

Der Unterbau der Zahnradbahnen weist gegenüber den Reibungsbahnen keine Besonderheiten auf — er entspricht dem Unterbau bei Bergbahnen, nur daß in der Regel die Bauwerke wesentlich einfacher ausfallen, da sich die Zahnradbahn mit ihren starken Steigungen dem Gelände weit besser anpassen kann als die Reibungsbahn. Man sucht eiserne Brücken zu vermeiden, die viel Unterhaltung erfordern, und wendet lieber massive Bauwerke an.

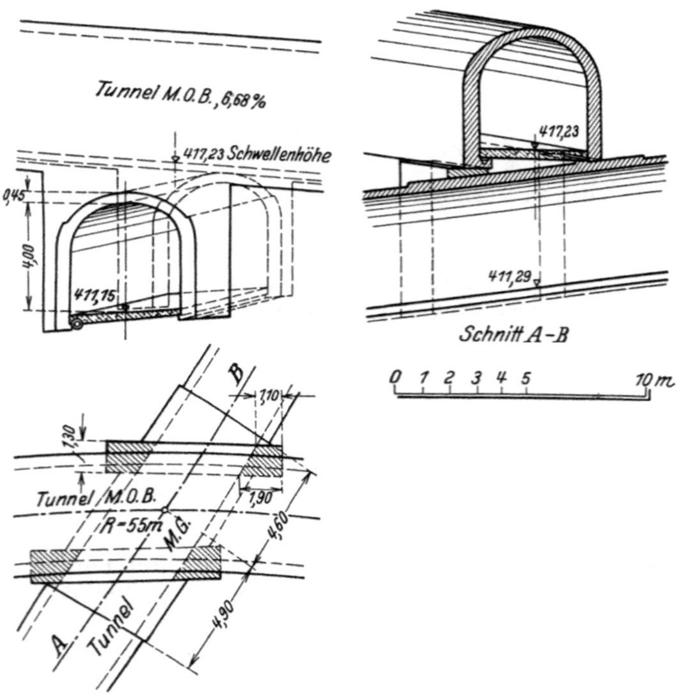

Immerhin kommen auch bei Zahnradbahnen zuweilen recht schwierige Bauwerke vor — es sei in dieser Hinsicht z. B. auf die Bahn Montreux-Glion[1] hingewiesen, die Tunnelkreuzungen, schwierige Unterfangungen von Häusern, Viadukte und Stützmauern aufweist (s. Abb. 11, 12, 13).

Große Schwierigkeiten verursacht natürlich auch die Erbauung hochalpiner Bahnen, wie die Jungfraubahn oder die bayerische Zugspitzbahn, die zu einem großen Teil im Tunnel verlaufen und bei denen die Baustellen schwer zugänglich sind.

Die Abb. 14 zeigt das Zugspitzmassiv mit der eingezeichneten Trasse: vom Punkt M bis zur Spitze

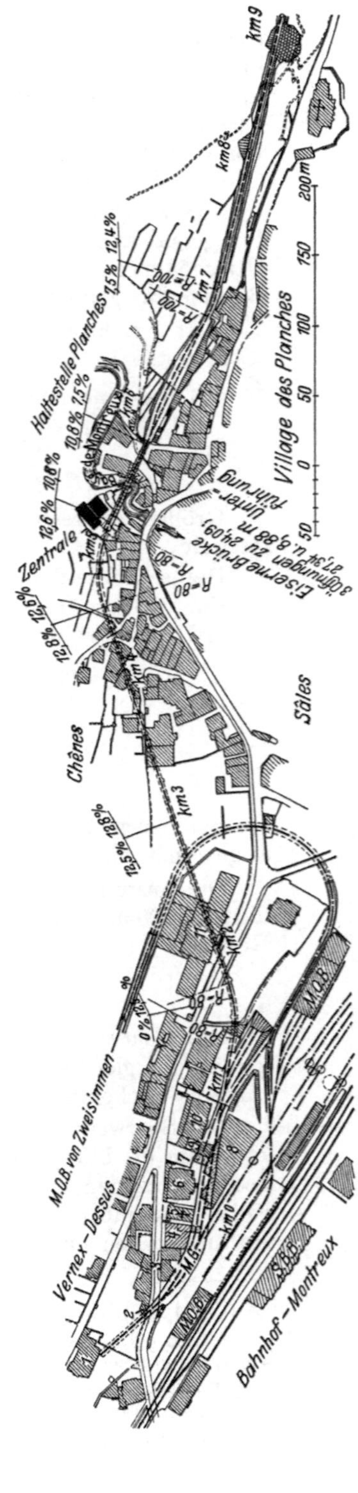

Abb. 11. Lageplan von km 1 der Zahnradbahn Montreux-Glion (Schw. Bauz.).

[1] Schweiz. Bauz. Bd. 54. 1909.

verläuft die Bahn im Tunnel; bei der Seilbahnbergstation befindet sich ein Barackenlager, zu dem vom Eibsee aus die Bleichertsche Pendelseilbahn führt und von wo die einspurigen Seilbahnen zu den Fenstern *1*, *3* und *4* führen (Abb. 15). Die Abb. 16 zeigt einen Wagen der Seilbahn zum Fenster *3* während der Fahrt.

Abb. 13. Unterfahrung der Standseilbahn Territet-Glion (Schw. Bauz.).

Auf starken Steigungen muß das Gleis gegen Talwärtswandern unterstützt werden. Früher erfolgte dies durch Abstützen einzelner Schwellen (in 50 bis 200 m Abstand) gegen Klötze aus Beton oder Mauerwerk. Neuerdings verwendet man zu diesem Zwecke I-Träger, die in den Fels oder besondere Betonklötze eingelassen sind (Abb. 17, 18). Zwischen I-Trägern und Schwelle werden häufig Flacheisen eingekeilt, um so einen gewissen Spielraum für etwa erforderlich werdendes Ausrichten des Gleises zu erhalten. Bei Steigungen unter 70‰ ist

Abb. 14. Trasse der Zugspitzbahn.

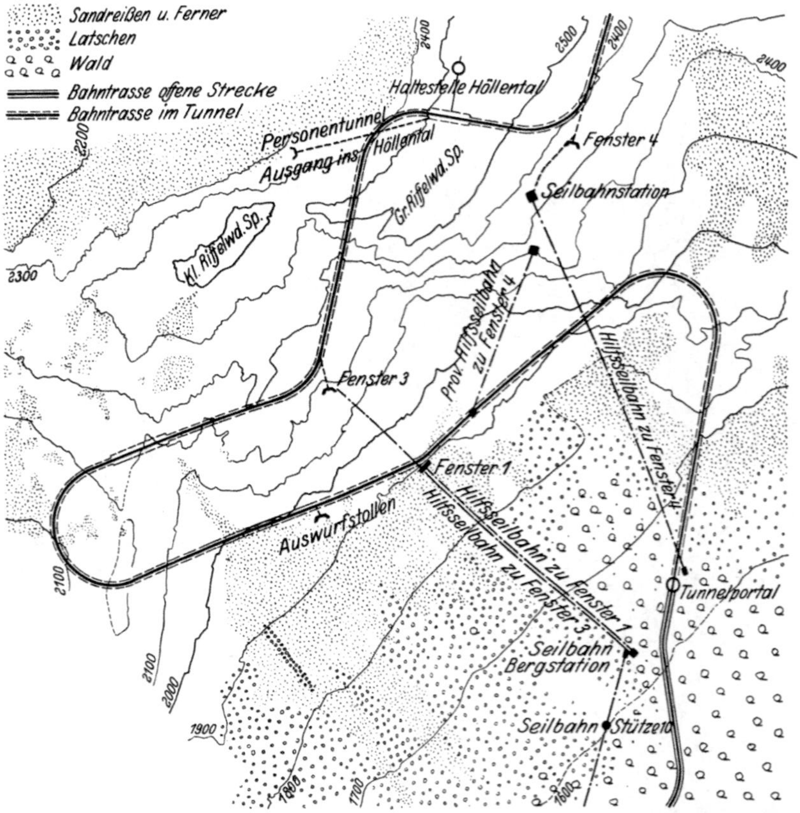

Abb. 15. Lageplan der Tunnelangriffstellen der Zugspitzbahn.

Abb. 16. Seilbahn zum Fenster 3 des Zugspitzbahn-Tunnels.

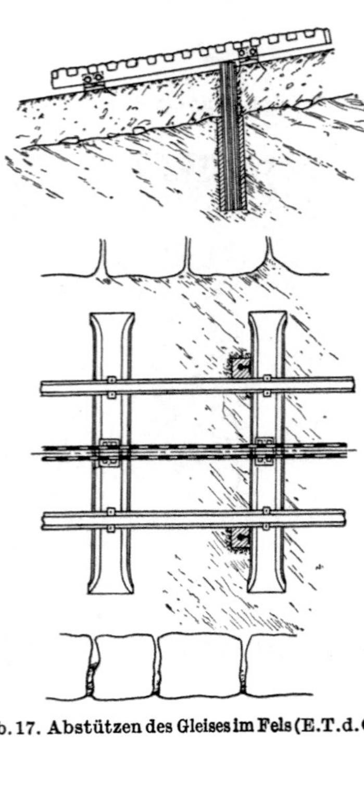

Abb. 17. Abstützen des Gleises im Fels (E.T.d.G.).

eine Abstützung meist nicht erforderlich; bei Steigungen über 180 ‰ wird der Abstand der Verankerungen selten größer als 50 m gewählt.

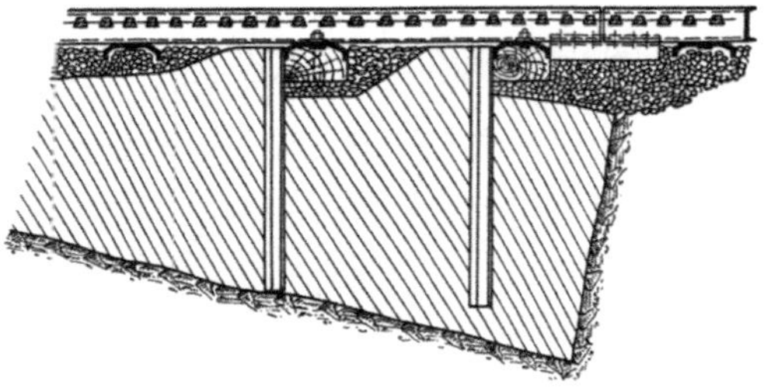

Abb. 18. Abstützen des Gleises in einem Betonklotz (E.T. d. G.).

b) Oberbau.

Der Oberbau der Zahnradbahnen unterscheidet sich von dem der Reibungsbahnen nur durch das Vorhandensein der mittleren Zahnstange, die ebenso wie die Laufschienen durch Schrauben — oder seltener Keilverbindung[1] — auf den jetzt allgemein üblichen Querschwellen befestigt wird[2]. Wegen der sehr großen auftretenden Längskräfte empfiehlt sich ein besonders kräftiger Oberbau in guter Bettung[3], die auf steilen Strecken meist

---

[1] Erster Oberbau der Harzbahn (vgl. Abb. 36).

[2] Mit Rücksicht auf die Zahnstange und das Zahnrad sind gewisse Änderungen der Umgrenzung des lichten Raumes und der Fahrzeuge vorgesehen: Grz. § 23. 5. Für vollspurige Lokalbahnen mit Zahnradbetrieb kann für die Zahnstange der lichte Raum über Schienenoberkante bis zu 100 mm Höhe und 500 mm Breite eingeschränkt werden. Auf Bahnen ohne Zahnstange jedoch, auf welche Fahrzeuge mit Zahnrädern übergehen, soll auf vorbemerkte Breite eine Erhöhung über Schienenoberkante nicht vorkommen (Abb. 19). Grz. § 49. 3. Unter 100 mm über Schienenoberkante sollen selbst bei kleinster noch zulässiger Stärke der Radreifen, abgesehen von den Rädern, nur die Gegengewichte der Räder, die Bahnräumer, Bremsklötze, Sandstreuer, Sicherheitsketten, Kupplungen und die beweglichen, dem Federspiele nicht folgenden Lokomotivteile herabreichen, und zwar die durch die Radreifen gedeckten Teile bis auf 50 mm, die übrigen vorbezeichneten Teile bis auf 60 mm über Schienenoberkante. Die Zahnräder dürfen bei reinen Zahnstangenbahnen auch unter, bei Reibungs- und

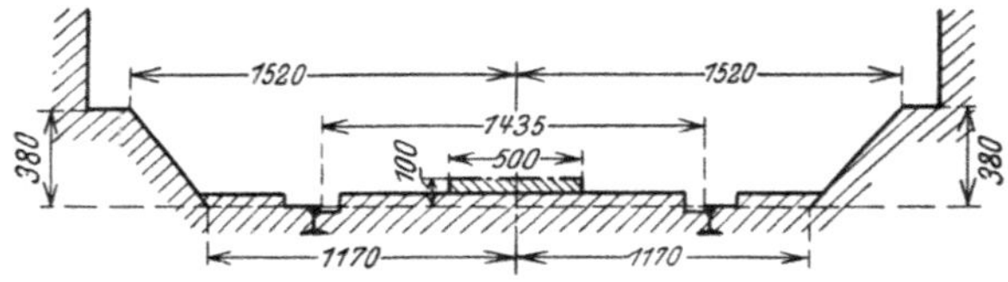

Abb. 19. Unterer Teil der Umgrenzung des lichten Raumes für Zahnstangenbahnen.

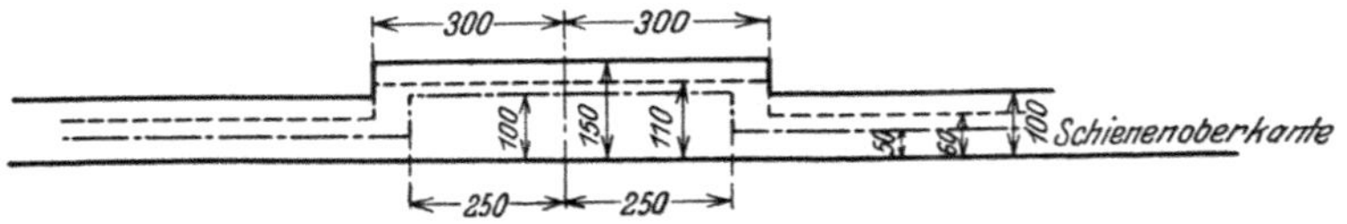

Abb. 20. Einschränkung für die Umgrenzung von Lokomotiven und Tendern, die auf Zahnstangenbahnen übergehen sollen.
– – – – – Umgrenzung für die dem Federspiel nicht folgenden Teile, die Sicherheitsketten und Kupplungen.
–·–·– Umgrenzung des lichten Raumes.

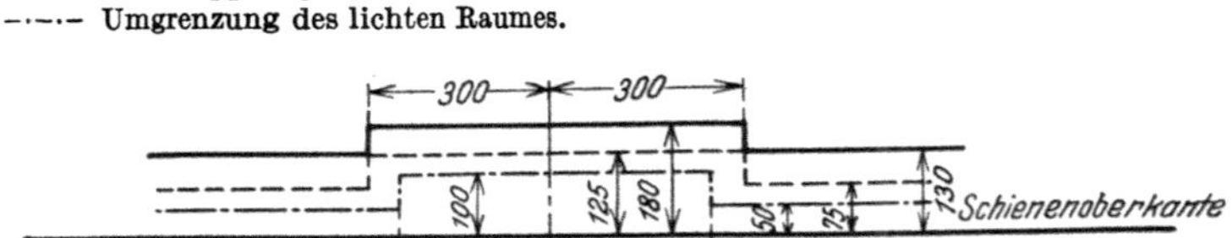

Abb. 21. Einschränkung für die Umgrenzung von Wagen, die auf Zahnstangenbahnen übergehen sollen.
– – – – – Umgrenzung für die Sicherheitsketten und Kupplungen.
–·–·–·– Umgrenzung des lichten Raumes.

Zahnstangenbahnen dagegen nur bis 15 mm über Schienenoberkante herabreichen. Für vollspurige Lokomotiven, die auf Zahnstangenbahnen übergehen sollen, ist die untere Umgrenzung nach Abb. 20 einzuschränken. (Bei Wagen nach Abb. 21.)

[3] Grz. § 3. Bei vollspurigen Bahnen auf eigenem Bahnkörper soll die Bettung mindestens 130 mm, bei schmalspurigen Bahnen mindestens 100 mm unter Schwellenunterkante hinabreichen; eine größere Bettungstiefe wird empfohlen. Bei Zahnstangenstrecken soll die Höhe

durch Steinbankette eingefaßt wird; bei schlechtem Untergrunde wird auf besonders steilen Strecken über 150‰ auch der ganze Oberbau in Pflaster oder Mauerwerk verlegt.

Wegen der Notwendigkeit, das Gleis sehr genau zu verlegen, um einen gleichmäßig sicheren Zahneingriff zu erhalten, werden fast ausschließlich eiserne Querschwellen[1] verwandt, die sich nicht so verändern wie Holzschwellen, und auch gegen Verschiebungen besser Widerstand leisten.

Wie schon angeführt, werden jetzt noch Leiter-Zahnstangen nach Riggenbach und ähnliche, Zahnstangen von Strub und vor allem die Stufenzahnstangen von Abt verwandt.

Die Zahnstange von Riggenbach wird durch zwei Wangen aus [-Eisen gebildet, in welche die mit trapezförmigem Querschnitt gewalzten Zähne kalt eingenietet sind (Abb. 22).

Die Zapfen der Zähne sind abgedreht und zur Verhinderung von Drehungen im Loch oben und unten abgeplattet; die Löcher in den Wangen müssen daher gestanzt werden.

Die Ausbildung des Querschnitts der Zähne (Abb. 22) ist vom Zahndruck und der Zahnlänge abhängig. In der Regel bewegen sich die Abmessungen in folgenden Grenzen[2]:

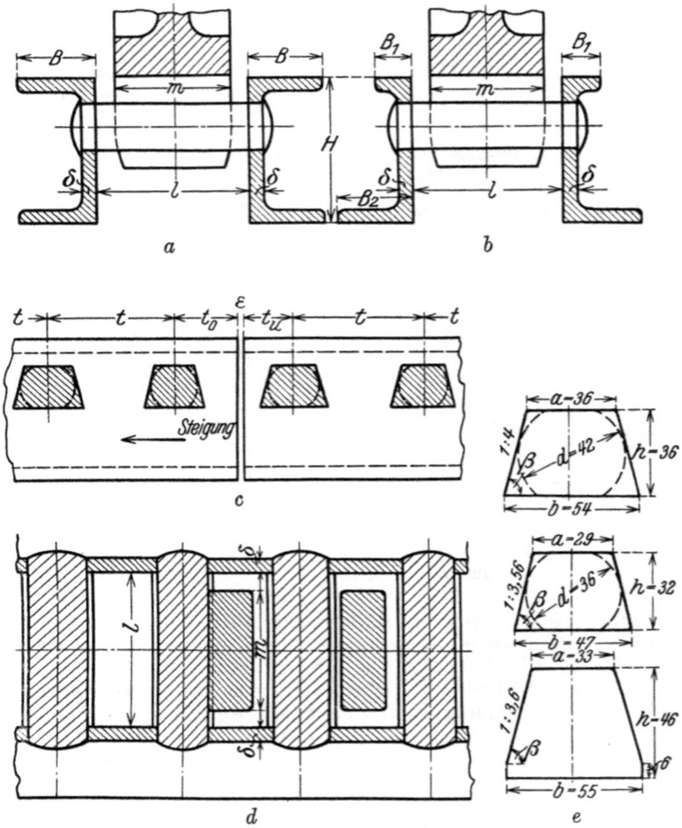

Abb. 22. Riggenbach-Zahnstange.
a Querschnitt mit gleich breiten Flanschen der Wangeneisen.
b Querschnitt mit ungleich breiten Flanschen der Wangeneisen.
c Längsschnitt durch die Zahnstange.
d Waagerechter Schnitt durch die Zahnstange. *e* Zahnformen.

Zahnstärke am Kopf	$a =$	29— 36 mm
Zahnstärke am Fuß	$b =$	46— 55 mm
Zahnhöhe	$h =$	32— 46 mm
Durchmesser des Zahnzapfens . . .	$d =$	35— 42 mm
Zahnlänge	$l =$	100—140 mm
Breite des Radzahnes	$m =$	60—100 mm

Die oberen und unteren Flansche der Wangeneisen wurden zuerst gleich breit gewählt, später wurde der untere Flansch breiter gemacht als der obere,

der Bahnbettung unter Schwellenunterkante mindestens 200 mm betragen. Die Bettung soll durchlässig sein und nachteilige Einflüsse von Nässe und Frost ausschließen. Besonders bei Zahnstangenbahnen soll nur eine Bettung, die nicht zu Staubbildung neigt, zugelassen werden.

[1] Grz. § 10. 6. Bei Zahnstangenstrecken sind eiserne Querschwellen den Holzschwellen vorzuziehen.

[2] Nach Dolezalek: S. 28.

der bei einigen Ausführungen sogar ganz fortgelassen wurde. Gewöhnliche Flanschenbreiten sind: bei gleichen Flanschen $B = 50$ bis 70 mm, bei ungleichen — oben $B_1 = 30$ bis 50 mm, unten $B_2 = 50$ bis 70 mm. Die Stegdicke beträgt 10 bis 15 mm, meist jedoch nicht unter 12 mm.

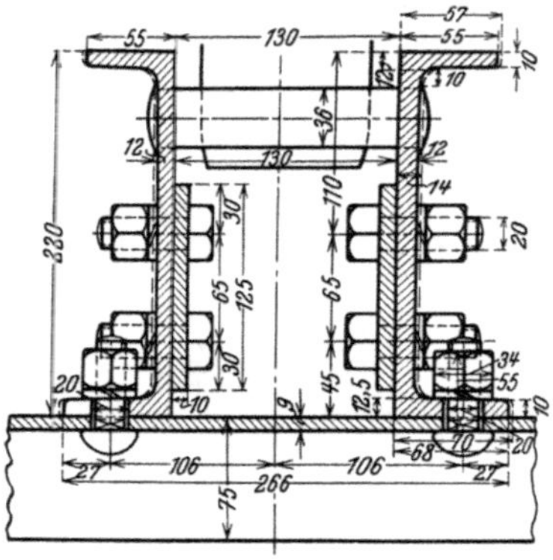

Abb. 23. Riggenbach-Zahnstange der Brünigbahn.

Die Höhe der Wangen wird vor allem durch das Erfordernis genügender Steifigkeit und Biegungsfestigkeit bedingt, sowie durch die Rücksicht auf gute Vernietungsmöglichkeit der Zähne, ferner aber durch die Notwendigkeit, die Zahnräder in genügender Höhe über den Laufschienen und der Bettung zu halten (meist 30 bis 90 mm Abstand von Zahnkopf zu Laufschiene), vor allem bei Bahnen mit gemischtem Betrieb; die Höhe der Wangen bewegt sich in den Grenzen von 110 bis 220 mm (Brünigbahn, Abb. 23). Um die recht kostspieligen hohen Zahnstangen zu vermeiden, wird diese selbst häufig niedriger ausgeführt und auf besondere Sättel verlegt (Abb. 24, 25), doch ist diese Ausführung nicht so fest wie die erste, dafür hat sie den Vorzug, daß sich der Schnee usw. leicht aus ihr entfernen läßt.

Die Länge der Zahnstangenstücke wird, um nur kleine und wenig veränderliche Stoßlücken zu erhalten, da andere die Regelmäßigkeit der Teilung un-

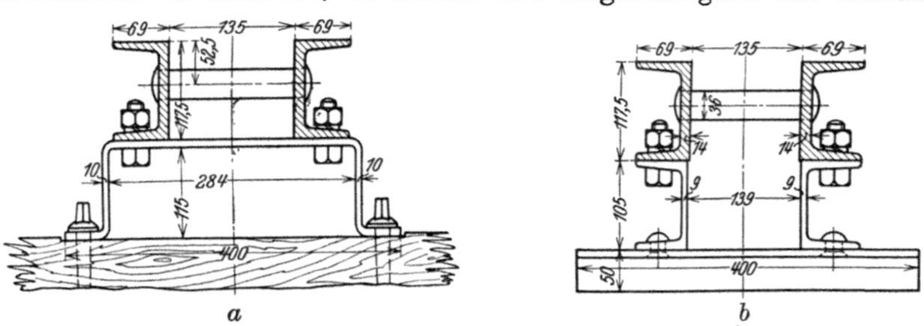

Abb. 24. Riggenbach-Zahnstange auf Sätteln der Berner-Oberland-Bahn.
a Zwischensattel. *b* Stoßsattel.

günstig beeinflussen würden, nur kurz gewählt, meist 3,0 bis 3,5 m; bei dieser Länge beträgt die erforderliche Stoßlücke für eine Temperaturänderung von 50^0 C rd. 2 mm. Wegen der Gefahr des Ausreißens des unteren Wangenloches werden die Zahnstangen nicht symmetrisch hergestellt, sondern die Teilung wird an den Stößen so ausgeführt, daß am oberen Ende der unteren Wange nur so viel Material übrig ist, daß das Stanzen des Lochs und die Vernietung des Zahnzapfens noch gut ausgeführt werden kann; die hierdurch gewonnene Länge kommt dem unteren Ende der oberen Wange zugute: es ist nach Abb. 22 die Teilung im Stoß:

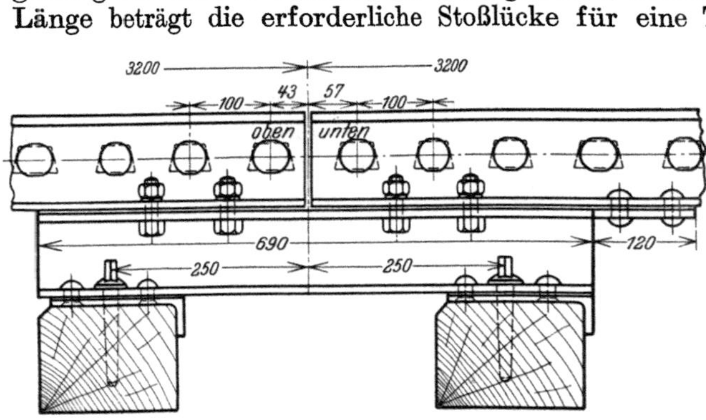

Abb. 25. Stoß der Zahnstange Abb. 24.

$$t = t_o + t_u + \varepsilon . \tag{41}$$

In der Regel wird bei $\varepsilon = 2$ mm $t_o = 55$ mm und $t_u = 43$ mm gewählt, so daß sich $t = 100$ mm ergibt.

Diese Anordnung hat den Nachteil, daß die Zahnstangen nicht umgekehrt werden können, sondern stets in der gleichen Richtung verlegt werden müssen, ebensowenig lassen sich auch bei gleichem Halbmesser Kurvenstücke (die in

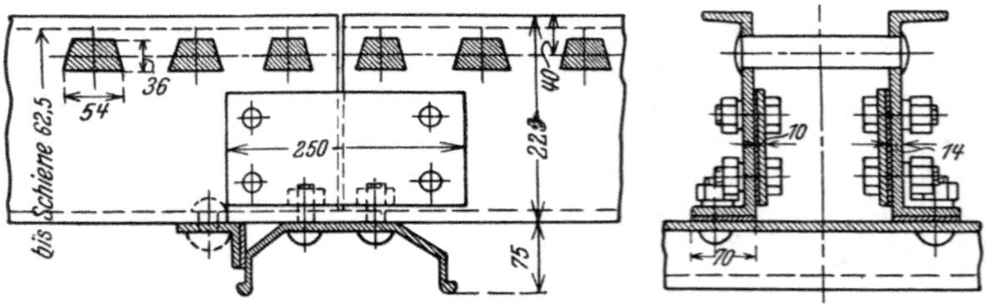

Abb. 27. Sicherung der Zahnstange gegen Wandern.

fertigem Zustande gebogen werden) für Rechts- und Linksbogen miteinander vertauschen.

Als Zahnstangenlaschen dienen [- und [-Eisen, meist in Verbindung mit Flacheisen, um doppelschnittige Schraubenverbindungen zu erzielen (Abb. 26).

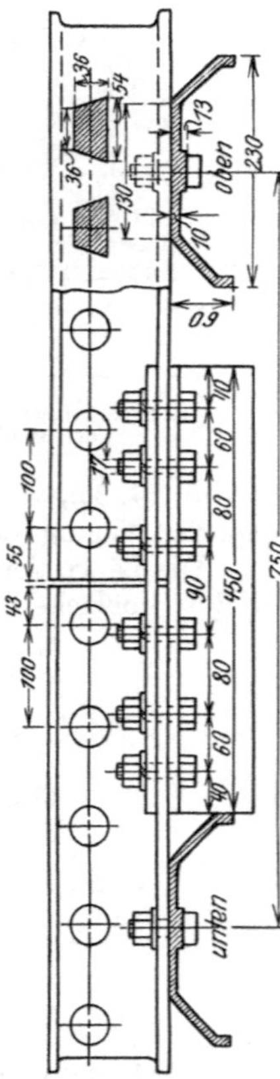

Abb. 26. Doppelschnittiger Stoß einer Riggenbach-Zahnstange.

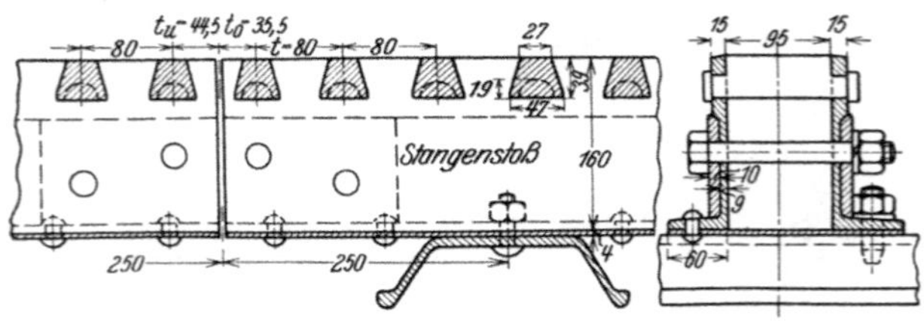

Abb. 28. Riggenbach-Zahnstange für Straßenbahnen.

Gegebenenfalls dienen die Stoßsättel gleichzeitig als Verlaschung (Abb. 25, 26).

Bei steilen Bahnen werden die Zahnstangen gegen die Schwellen abgestützt (Abb. 25, 27), um sie gegen Wandern zu sichern.

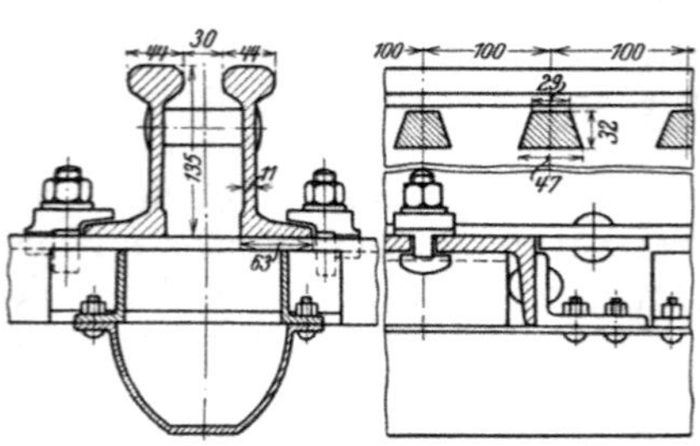

Abb. 29. Zahnstange der Straßenbahn Trait—Planches.

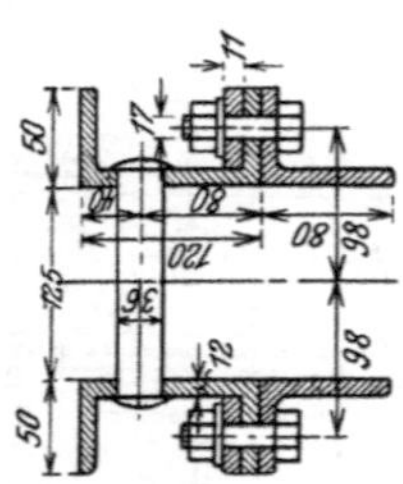

Bei Straßenbahnen werden für die Zahnstange besondere Ausführungen gewählt, die ein gutes Überfahren derselben durch die Straßenfuhrwerke ermöglichen sollen: meist werden die Zähne, die hierbei verstärkt sind, bündig mit der Wangenoberkante ausgeführt (Abb. 28). Eine ungewöhnliche Anordnung zeigt die Straßenbahn Trait-Planches in Montreux, wo die eine Laufschiene als Wange der Zahnstange benützt wird (Abb. 29); diese Ausführungsform ist aber wegen des einseitigen Angriffs der Zugkraft ungünstig.

Die Riggenbachsche Zahnstange ist durch die Maschinenbauanstalt Bern verbessert worden, und zwar durch Verkürzung der Zahnlänge, wobei zur Erzielung eines genügenden Spielraumes zwischen Radzahn und Wangen diese oben abgeschrägt wurden (Abb. 30, 31). Die Stegdicke ist dabei oben stärker als unten; die Stangenzähne sind unten abgekantet, wodurch die Kantenpressung und damit die Abnützung der Zähne verringert wird.

Beim Bau der Höllentalbahn wandten Bissinger und Klose eine Zahnstange an, die den in Abb. 32 gezeigten Querschnitt hat. Die Zähne stützen sich hier mit ihrer Fußfläche auf einen Vorsprung der Wange, infolgedessen sind sie gegen Drehung gesichert, so daß eine Abplattung der Zapfen nicht erforderlich ist und die Zapfenlöcher daher gebohrt werden können, was die Herstellung

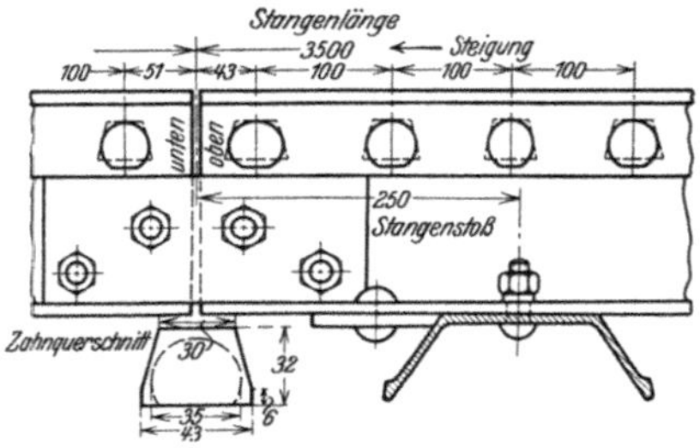

Abb. 30. Leiterzahnstange der Maschinenbauanstalt Bern.

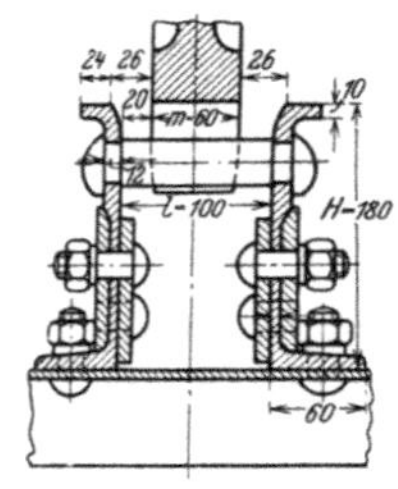

Abb 31. Querschnitt der Leiterzahnstange der Maschinenbauanstalt Bern.

wesentlich vereinfacht und verbessert. Die Zähne werden mit den Wangen nicht vernietet, sondern lose eingesteckt, die Wangen werden nur an den Stößen durch einige Zähne mit Gewindezapfen zusammengehalten.

Die Stoßlaschen am Steg greifen auf jeder Seite über zwei Zähne heraus; die hierdurch erzielte größere Festigkeit des letzten Wangenstückes ermöglicht es, die Teilung am oberen und unteren Wangenende gleich zu gestalten, so daß die Zahnstangenstücke umkehrbar sind und auch die Verwendung der gleichen Stücke in Rechts- und Linksbogen möglich ist.

Diese Zahnstange ruht auf gußeisernen Stühlen, welche sich seitlich gegen die Schwelle stützen, so daß ein Wandern der Zahnstange verhindert wird.

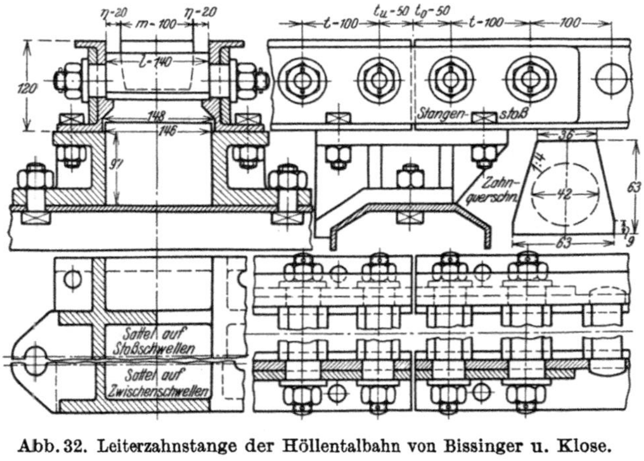

Abb. 32. Leiterzahnstange der Höllentalbahn von Bissinger u. Klose.

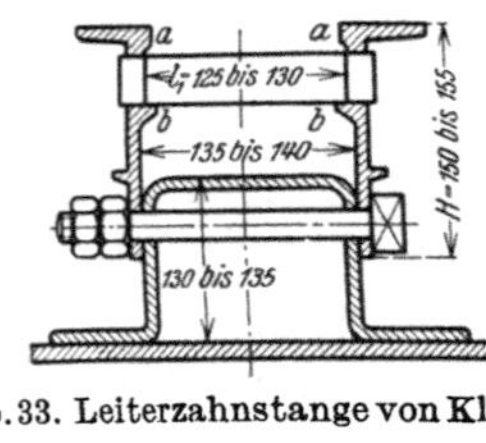

Abb. 33. Leiterzahnstange von Klose.

Aus der Zahnstange von Bissinger und Klose ist die Zahnstange von Klose hervorgegangen, welche kompliziert und weniger zu empfehlen ist (Abb. 33).

Die Zahnstange von Strub ist aus einem von der Jungfraubahn veranstalteten Wettbewerb hervorgegangen und nachher vielfach angewandt worden. Sie besteht aus einem schienenartig geformten Träger, aus dessen Kopf die Zähne gefräst sind. Die Zahnlücken sind nach den Seiten zu abgeschrägt, sodaß Fremdkörper (Schnee, Eis) leicht herausgedrückt werden können. Der Schienenkopf ist keilförmig, so daß die Zangenbremse gut angreifen kann. Die Befestigung der Zahnstange auf den Schwellen, sowie die Verlaschung in den Stößen erfolgt in gleicher Weise wie bei gewöhnlichen Schienen (Abb. 34).

Die Zahnstange wird in zwei Profilen von 170 und 190 mm Höhe, in Längen von 3 bis 4 m durch die Gießerei Bern der L. von Rollschen Eisenwerke hergestellt.

Besondere Laschen und bei Holzschwellen auch winkelförmige Unterlagsplatten verhindern ein Wandern der Zahnstange. Die Stange ist umkehrbar.

Die Zahnstange von Abt besteht aus zwei oder seltener drei Lamellen[1], die um eine halbe oder eine Drittelteilung gegeneinander versetzt sind. Diese Lamellen ruhen auf Stühlen und werden hier durch Bolzen zusammengehalten (Abb. 35, 36, 37)[2]. Die gegeneinander versetzten Zahnplatten sind zwischen den Stößen

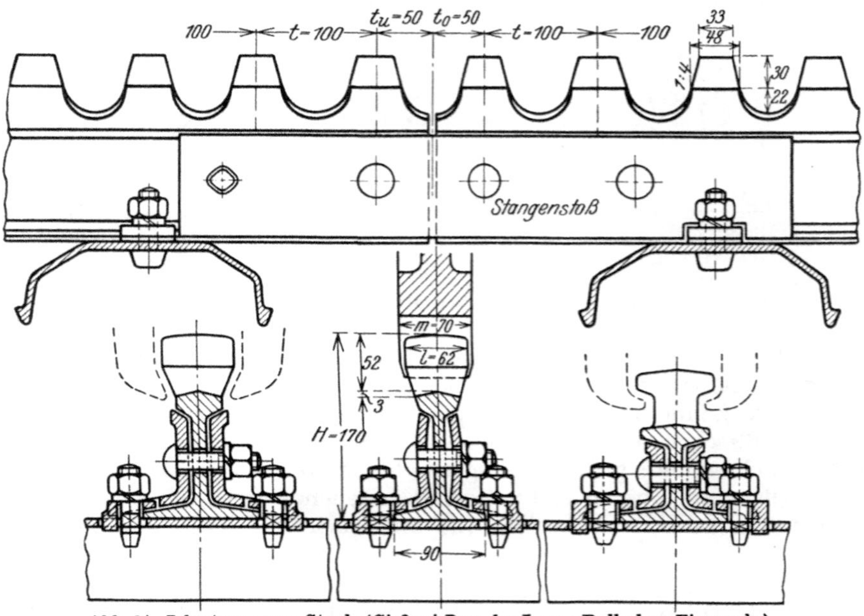

Abb. 34. Zahnstange von Strub (Gießerei Bern der L. von Rollschen Eisenwerke).

[1] Die erste Ausführung war drei-lamellig — bald erwies es sich aber, daß zwei Lamellen in der Regel vollkommen ausreichen.

[2] Die folgende der Hütte (25. Aufl., III., S. 942) entnommene Tabelle zeigt die Gewichte und Maße eines Oberbaus mit Abtscher Zahnstange.

Gewichte des Oberbaues mit Zahnstange „Bauart Abt" für eine Schienenlänge von 11,16 m (Furkabahn).

Stückzahl	Bezeichnung	Stückgewicht kg	Gesamtgewicht kg
2	Vignoles-Schienen $l = 11154$ mm, $h = 112$ mm	278,85	557,7
15	Trogschwellen $l = 1800$ mm	35	525
60	Klemmplättchen	0,35	21
60	Hakenschrauben $l = 56$ mm	0,3	18
4	Laschen, innere Länge 540 mm Laschen, äußere Länge 640 mm	2·5,5 2·6,5	24
12	Laschenbolzen $l = 83$ mm	0,3	3,6
12	Federscheiben	0,025	0,3
15	Zahnstangenstühle	7,5	112,5
30	Zahnstangenstuhlschrauben $l = 60$ mm	0,3	9
2	Zahnlamellen $l = 2040$ mm, $h = 125$ mm	36	72
8	Zahnlamellen $l = 2280$ mm, $h = 125$ mm	40	320
10	Zahnstangenlaschen $l = 130$ mm	0,4	4
30	Zahnstangenlaschenbolzen $l = 125$ mm	0,54	16,2
60	Federscheiben	0,025	1,55
	Gesamtgewicht für 1 Schienenlänge		1685 kg
	Gewicht für 1 lfd. m		151 kg

ein- bis zweimal festgehalten, so daß die Wärmedehnung nach beiden Richtungen erfolgen kann, die Temperaturlücken also klein bleiben. Bei der geringen Ein-

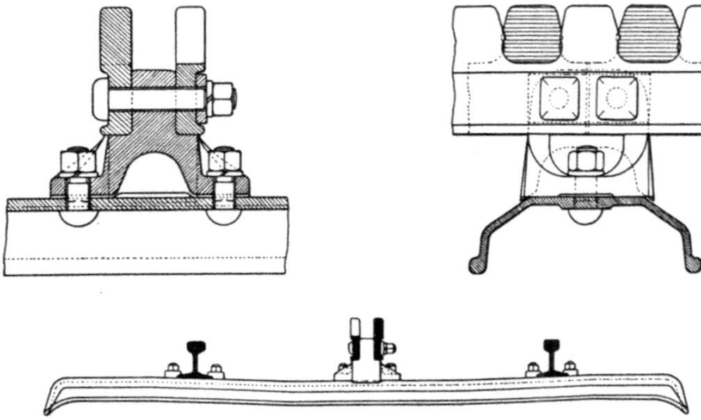

Abb. 35. Zweilamellige Abtsche Zahnstange.

griffsdauer der Zahnräder (kaum größer als 1, vgl. S. 13) ist auf sehr genaue Teilung und sorgfältige Ausführung besonders zu achten. Um einen gleich-

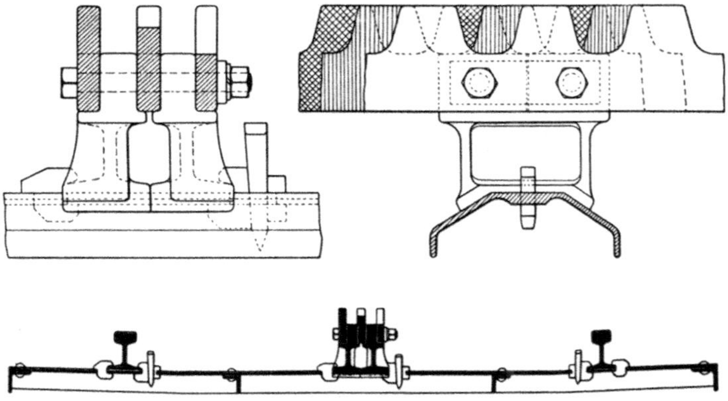

Abb. 36. Dreilamellige Abtsche Zahnstange (Harzbahn).

zeitigen Eingriff der Zahnräder zu sichern, sind die einzelnen Radscheiben oft gegeneinander gefedert.

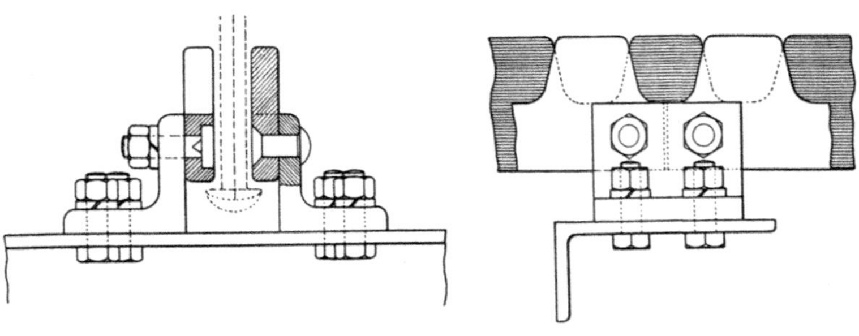

Abb. 37. Zweilamellige Abtsche Bremszahnstange für Standseilbahnen.

Die Länge der Zahnstangenplatten ist ein Vielfaches der Teilung und beträgt nach Abzug der Stoßlücke meist 1796 mm für zweiteilige und 2636 mm für dreiteilige Zahnstangen. Die Länge der Teilung beträgt dabei $t = 120$ mm (Platte 15 und $22 \cdot t$). Die Zahnplatten sind umkehrbar. Die Verlaschung erfolgt teils durch die Stoßstühle, teils durch besondere Flachlaschen. Die Abb. 38, 39 zeigen Streckenbilder mit zwei- und dreiteiliger Zahnstange. In der Regel liegt die Zahnstangenoberkante um 50 bis 100 mm über der Schienenoberkante.

Abb. 38. Zweilamellige Zahnstange der Eulengebirgsbahn.

Abb. 39. Dreilamellige Zahnstange der Transandenbahn.

Bei der Pilatusbahn mit ihrer starken Steigung von 480‰ wandte Locher eine Zahnstange mit liegenden Zähnen an, bei der ein Aufsteigen des Zahnrads nicht möglich ist (vgl. oben S. 9). Bei dieser Zahnstange ist naturgemäß die Eingriffstiefe unabhängig von der Abnutzung der Laufräder und Schienen.

Die Konstruktion der Zahnstange ist aus Abb. 40 ersichtlich. Sie hat sich in den 40 Jahren ihres Bestehens gut bewährt, bisher aber noch keine weitere Anwendung gefunden.

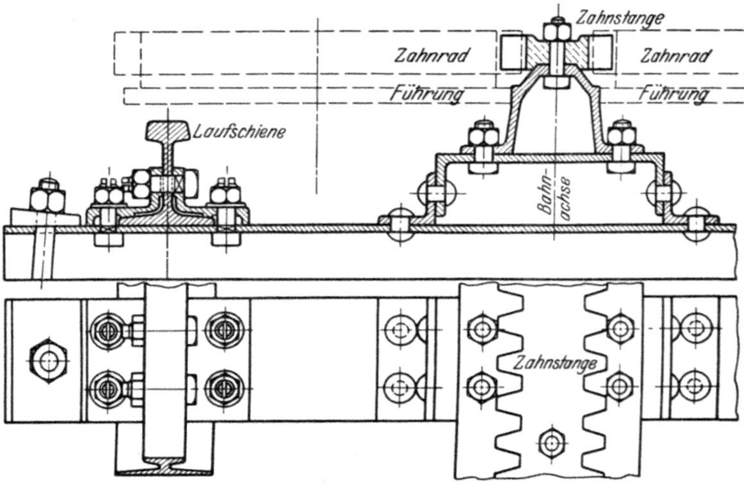

Abb. 40. Zahnstange von Locher mit liegenden Zähnen (Pilatusbahn).

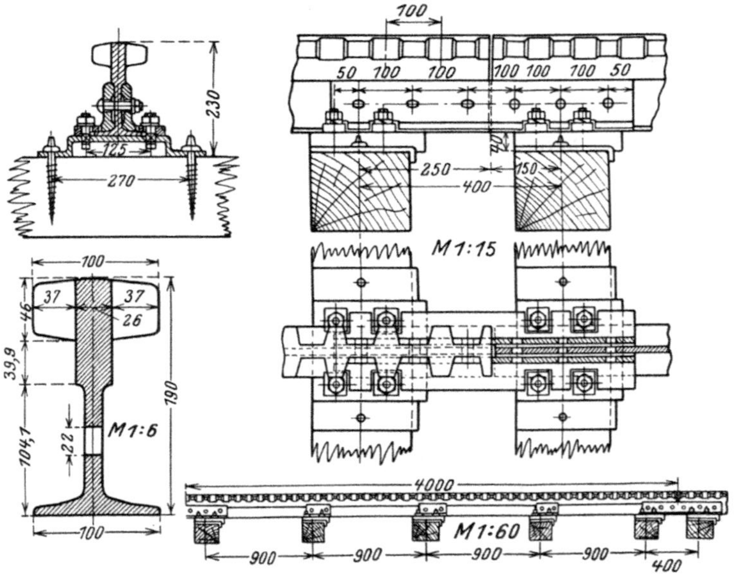

Abb. 41. Zahnstange von Peter mit liegenden Zähnen.

Abb. 42. Stoß der Zahnstange von Peter.

Eine zweite Zahnstange mit liegender Verzahnung ist die von **Peter**, die ebenso wie die Zahnstange von **Strub** schienenartig gewalzt ist, und bei der die Zähne seitlich ausgefräst sind. Ihre Konstruktion ist aus Abb. 41, 42 ersichtlich. Für gemischten Betrieb sind besondere Einfahrstücke vorgesehen.

c) Beanspruchung der Zahnstangen und Radzähne[1].

Die Zähne der Zahnstangen und Zahnräder werden durch den Zahndruck P [siehe Gleichung (17) und (17′)] auf Biegung und Abscherung beansprucht, wegen der stets vorhandenen Exzentrizität des Angriffs auch noch auf Drehung.

Die Zähne der Leiterzahnstangen können hierbei als beiderseitig halb eingespannte Träger aufgefaßt werden. Es ist dann das Biegungsmoment in der Zahnmitte:

$$M = \frac{P}{48\,l}(3\,l - m)^2 + \frac{P\,\delta}{8}, \tag{42}$$

wo l die Stangenzahnbreite, m die Radzahnbreite und δ die Wangenstärke ist. Die Scherkraft ist $\frac{P}{2}$ und das Drehmoment:

$$M_\delta = \frac{P}{2}\,\varepsilon, \tag{43}$$

wo ε — das Maß der Exzentrizität des Angriffs darstellt.

Auf die Wangenlöcher wird der Druck $\frac{P}{2}$ übertragen. Bei ungleichmäßiger Ausführung oder in Kurven verteilt sich der Druck nicht gleichmäßig auf die Zahnbreite, so daß sowohl die Scherkraft wie der Lochleibungsdruck größere Werte als $\frac{P}{2}$ annehmen können, was bei der Berechnung zu berücksichtigen ist.

Die Zähne der Zahnräder sowie der Zahnstangen von **Strub** und **Abt** können als einseitig eingespannter Kragträger aufgefaßt werden, an dem die Kraft P unter dem Winkel ϑ angreift.

Die Komponente von P in der Richtung der Bahnneigung Z ruft ein Biegungsmoment um die y-Achse hervor, das gleich ist:

$$M_1 = Z\,h \tag{44}$$

(siehe Abb. 43).

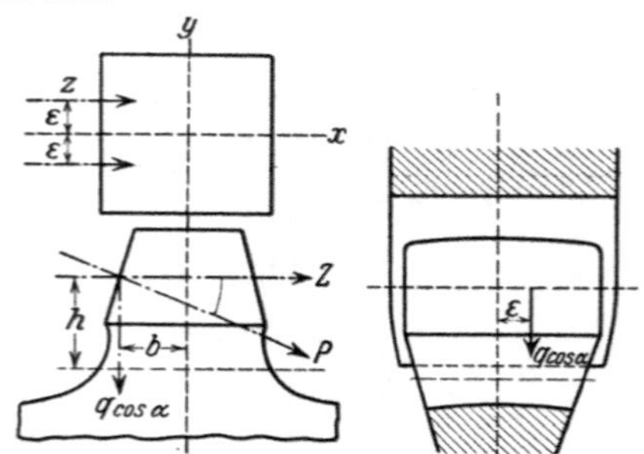

Abb. 43. Angriff des Zahndrucks an einem Zahn der Zahnstange von Strub.

Die Komponente von P senkrecht zur Bahnneigung $q\,\cos\alpha$ [vgl. Gleichung (18′)] ruft um die gleiche Achse ein Moment:

$$M_2 = -\,q\cos\alpha \cdot b \tag{45}$$

hervor.

Die Kraft $q\cos\alpha$ wirkt außerdem noch senkrecht zum gefährlichen Querschnitt und ruft dort eine Spannung

$$\sigma_v = \frac{q\cos\alpha}{F} \tag{46}$$

hervor, die zu den Biegungsspannungen hinzuzufügen ist. Bei einer Exzentrizität des Kraftangriffs erzeugt die Kraft $q\cos\alpha$ noch ein Drehmoment um die x-Achse:

$$M_3 = q\cos\alpha \cdot \varepsilon. \tag{47}$$

Die Scherkräfte sind von $q\cos\alpha$ unabhängig; es ist die Querkraft $= Z$ und das Drehmoment:

$$M_\delta = Z \cdot \varepsilon. \tag{48}$$

Nach diesen Gleichungen lassen sich die Spannungen in den Zähnen berechnen.

[1] Vgl. hierzu **Dolezalek**: S. 65ff.

Eine Berechnung der Zahnstange selbst ist äußerst schwierig und unsicher, da die verschiedenen Einflüsse auf die Zahnstange, wie Nachgiebigkeit der Schwellen und Bettung u. a. m., nicht genau bestimmt werden können. Grundsätzlich ist hier in gleicher Weise vorzugehen, wie bei Berechnung der normalen Eisenbahnschienen.

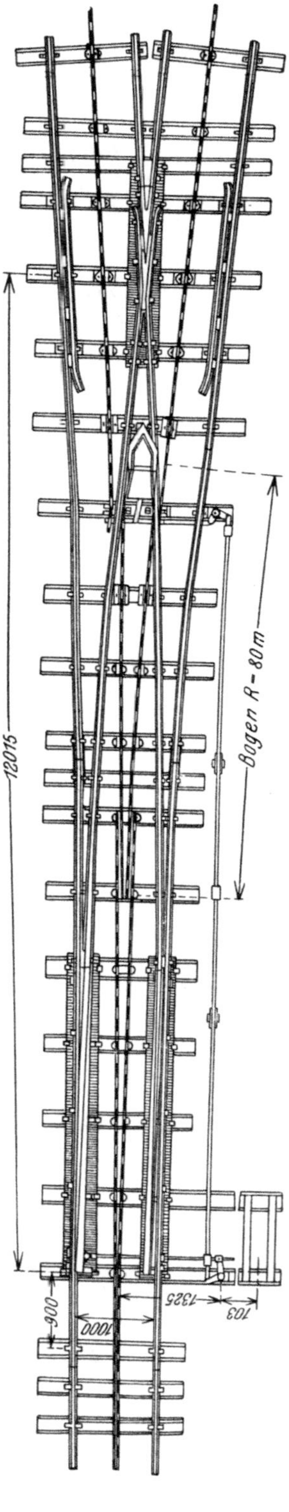

Abb. 46. Abtsche Weiche mit unterbrochener Zahnstange und beweglichen Zungen (Gornergrat-Bahn).

d) Gleisverbindungen.

Zur Verbindung der Zahnbahngleise wurden ursprünglich Drehscheiben, später Schiebebühnen be-

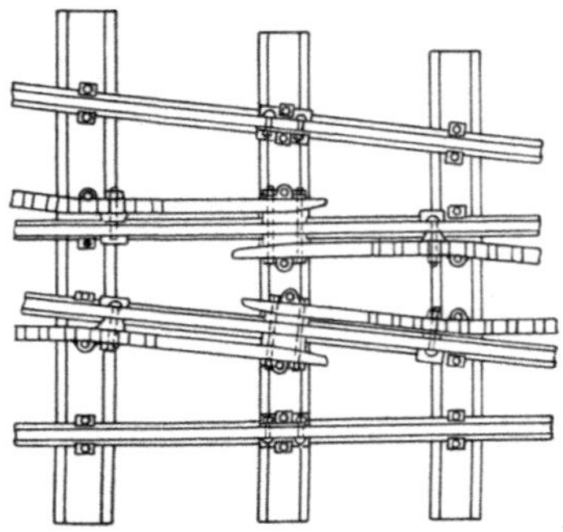

Abb. 44. Weiche der Zahnstange von Riggenbach (Wengernalp-Bahn).

nützt. Die großen Kosten, verbunden mit der Unsicherheit und Schwerfälligkeit dieser Anlagen, die zudem nur für ganz kurze Züge verwendbar waren,

Abb. 45. Abtsche Weiche mit unterbrochener Zahnstange (Santiago-Bahn).

führte bald zu ihrem Ersatz durch Weichen (nur bei den Bahnen mit liegender Zahnstange ist die Schiebebühne beibehalten, doch dürfte es hier wohl auch möglich sein, geeignete Weichenkonstruktionen zu finden).

Nach Möglichkeit werden natürlich die komplizierten Zahnstangenweichen vermieden und die Weichen in der Reibungsstrecke verlegt; wo dies nicht angeht, z. B. bei reinen Zahnradbahnen (ohne Reibungsantrieb) müssen Zahnstangenweichen angewandt werden, doch werden sie nicht in starken Steigungen verlegt — nicht mehr als ein Drittel der Höchststeigung. —

Bei der Zahnstangenweiche treten zu den bei Reibungsbahnweichen vorhandenen Teilen noch die besonderen Einrichtungen für die Zahnstange hinzu, vor allem mußte die Kreuzung der Zahnstange mit den Laufschienen ausgebildet werden.

Es lassen sich im ganzen drei Typen von Zahnstangenweichen unterscheiden: bei der ersten wird die

Abb. 47. Abtsche Weiche (Generosobahn).

Abb. 48. Bewegliche Zahnstangenzungen der Abtschen Weiche (Bex—Gryon—Villars).

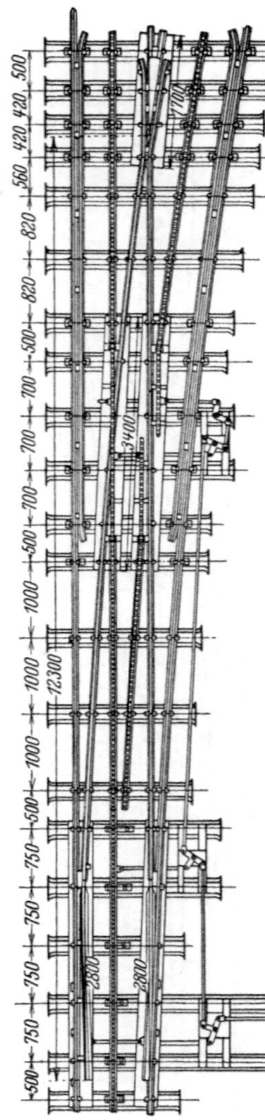

Abb. 49. Weiche mit Zahnstange von Strub.

Zahnstange bei der Kreuzung mit den Laufschienen einfach unterbrochen, so daß hier kein Eingriff stattfinden kann; bei Verwendung solcher Weichen müssen daher stets zwei Zahnräder vorhanden sein, deren Abstand größer ist als die Unterbrechung der Zahnstange (Abb. 44, 45).

Abt wendet eine Weiche an, bei der die Zahnstange in der Weiche so geteilt ist, daß jede Lamelle für sich geführt wird (Abb. 46); bei der Kreuzung mit den Laufschienen werden die Zahnstangen dicht an die zu kreuzende Laufschiene herangedrückt, so daß das breitere Zahnrad ohne Unterbrechung des Eingriffs von einer Zahnstange auf die andere übergehen kann; hierbei findet natürlich ein Wechsel von der einen Zahnscheibe des Rades auf die andere statt. An der anderen Schiene sind diese Zahnstangenenden so weit abgerückt, daß die Laufräder frei hindurchgehen können (Abb. 47 bis 48).

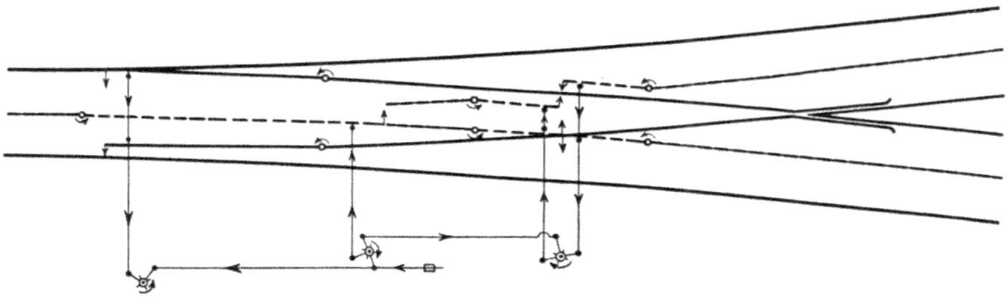

Abb. 50. Schema der Strubschen Weiche (gestrichelt = bewegliche Teile der Zahnstange).

Bei neueren Ausführungen, insbesondere bei der Zahnstange von Strub werden diese beweglichen Zahnstangenenden über die Laufschiene durchgeführt, so daß die Zahnstange keine Unterbrechung mehr erleidet (Abb. 49, 50, 51).

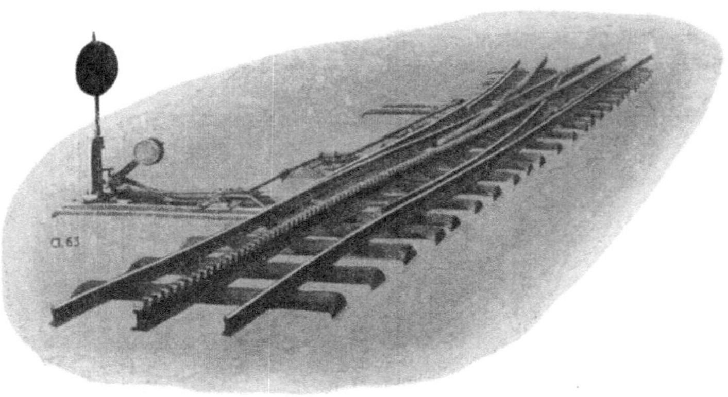

Abb. 51. Strubsche Weiche (Gießerei Bern).

Hier ist auch noch an der Weicheneinfahrt ein bewegliches Zahnstangenstück angeordnet, das den Anschluß zu dem einen oder anderen Gleis herstellt. Manche Weichen sind noch so ausgebildet, daß sie von der Lokomotive aufgeschnitten werden können.

e) Zahnstangeneinfahrt.

Beim Übergang von Reibungs- zu Zahnstrecken, hauptsächlich also bei gemischten Bahnen, sind besondere bewegliche Zahnstangenstücke erforderlich, um den richtigen Eingriff des Zahnrades ohne Beschädigung von Rad und Stange zu ermöglichen. Diese 1876 von Abt erfundenen[1] Zahnstangeneinfahrten sind um eine wagerechte Achse beweglich (Wurzelende) und ruhen auf Federn (Wagen- oder meist Pufferfedern). Das Zungenende der Zahnstangeneinfahrten ist niedriger als das Wurzelende (Abb. 52). Das anlaufende Zahnrad drückt die Federn herunter und rollt auf einem größeren Kreise (dem Kopfkreise) ab, hier-

[1] Bei älteren Ausführungen war entweder der Zahnradmechanismus der Lokomotive oder die Zahnstangeneinfahrt vertikal beweglich, die Lokomotive mußte also so auf die Zahnstange aufgestellt werden, daß der Eingriff zwischen Zahnrad und Zahnstange gleich genau erfolgte, was natürlich nur durch Hin- und Herfahren und Probieren gelang, also umständlich und zeitraubend war.

durch wird bald eine Stellung erreicht, bei der die Teilung des Zahnrads mit derjenigen der Stange übereinstimmt, so daß der Eingriff erfolgt, wobei die Zahnstangeneinfahrt durch die Federn hochgedrückt wird. Bei einigen Leiterzahnstangen ist zur Erleichterung des Eingriffs die Teilung der beweglichen Zahnstange zuerst größer als beim Rade (zum Wurzelende zu abnehmend).

Die Zahnstangeneinfahrt ist nicht im Gefällsbruchpunkt, sondern so weit früher anzuordnen, daß das Zahnrad schon im vollen Eingriff steht, wenn der Zug gerade auf die steilere Steigung kommt (Abb. 53).

Abb. 52. Zahnstangeneinfahrt bei Abtscher Zahnstange (Bex—Gyron—Villars).

In dieser Abbildung bedeuten R und T Halbmesser und Tangente des Ausrundungsbogens, l die Horizontalprojektion der Bogenlänge — genau genug ist:

$$l = R\,(\operatorname{tg}\alpha_1 - \operatorname{tg}\alpha) \tag{49}$$

und

$$T = \frac{l}{2}. \tag{50}$$

L ist die Länge des Zuges, E die Länge des Einfahrstückes und n die Länge eines weiteren Zahnstangenstückes (5 bis 10 m), auf dem die Zahnradmaschine

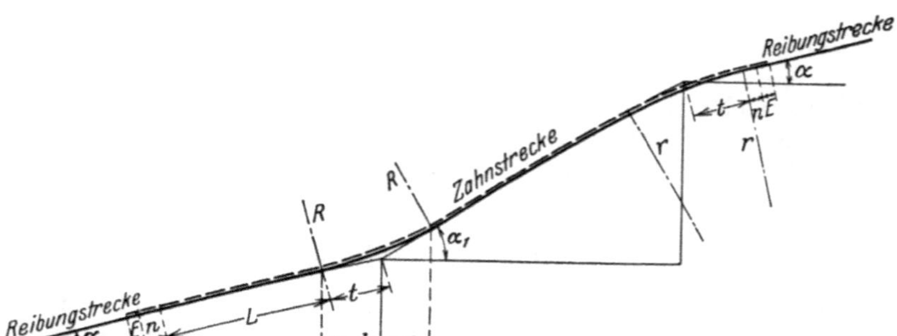

Abb. 53. Zahnstangeneinfahrt und Gefällsausrundungen.

zur vollen Wirkung gelangt; das Einfahrstück ist also bei schiebender Lokomotive um das Maß $E + n + L + T$ vor dem unteren und um $E + n + T$ nach dem oberen Gefällsbruch anzulegen.

Wird der Zug gezogen, so ist auch am oberen Ende der Seilstrecke beim Übergang auf eine flache Strecke die Zahnstange über den Gefällsbruchpunkt um das Maß $E + n + L + T$ hinauszuführen. Bei der Einfahrt in die Zahnstange ist die Fahrgeschwindigkeit zu ermäßigen[1].

[1] Grz. § 104, 2.

f) Ausstattung der Bahnanlage.

Die Bahnhöfe der Zahnradbahnen unterscheiden sich grundsätzlich nicht von den Bahnhöfen der Reibungsbahnen — die Gleisanordnung kann allerdings in Einzelheiten eine andere sein, entsprechend besonderen Aufgaben, wie Ab- und Ankuppeln von Zahnradlokomotiven und dergleichen mehr.

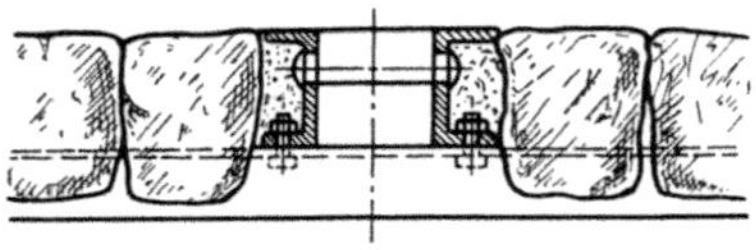

Abb. 54. Übergang über eine Riggenbachsche Zahnstange.

Die Anlagen der freien Strecke sind ebenfalls die gleichen wie bei Reibungsbahnen — nur bei den Straßenkreuzungen in Schienenhöhe ist noch darauf zu achten, daß die Fahrzeuge bequem über die Zahnstange hinweggehen, ohne sie zu beschädigen, und daß Wasser und Schmutz gut von ihr abgeleitet werden.

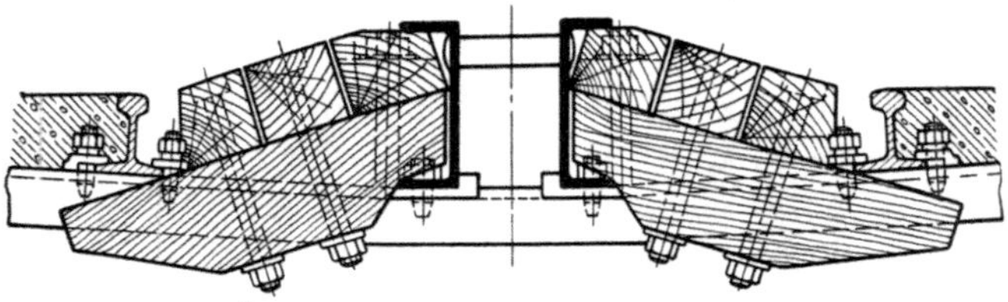

Abb. 55. Übergang über eine Riggenbachsche Zahnstange.

Die Abb. 54 bis 57 zeigen einige Ausführungen von Übergängen über Zahnradbahnen.

Im allgemeinen sucht man aber schienengleiche Übergänge nach Möglichkeit zu vermeiden, was oft ohne allzu große Schwierigkeiten und Kosten möglich ist.

Die Signal- und Sicherungsanlagen sind bei Zahnradbahnen die gleichen wie bei Reibungsbahnen.

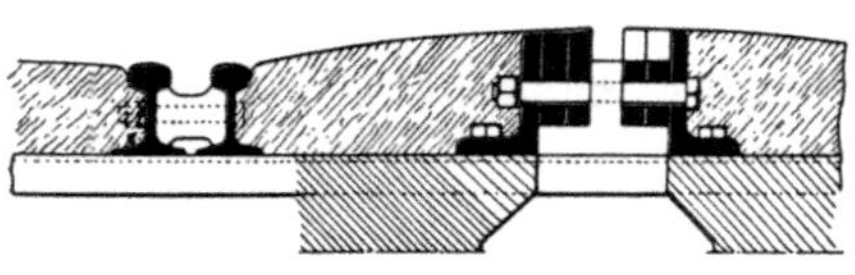

Abb. 56. Übergang über eine Abtsche Zahnstange.

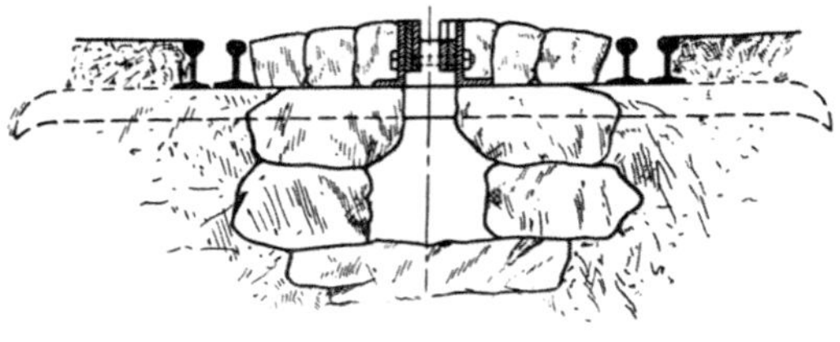

Abb. 57. Übergang über eine Abtsche Zahnstange.

5. Betriebsmittel.

Auf den Zahnradbahnen verkehren ebenso wie auf den Reibungsbahnen Lokomotiven und Triebwagen, Güter- und Personenwagen etc.

a) Lokomotiven und Triebwagen.

Die Hauptgruppen, in die sich die Triebfahrzeuge für Zahnradbahnen einteilen lassen, sind:

1. Fahrzeuge für reinen Zahnradbetrieb,
2. Fahrzeuge für gemischten Betrieb.

Die Fahrzeuge für gemischten Betrieb sind wesentlich komplizierter als für reinen Zahnradbetrieb, da bei ihnen entweder zwei Antriebe vorhanden sein müssen oder die Zahnräder mit den Reibungstriebrädern gekuppelt sind; beim gemischten Betrieb sind in der Regel verschiedene Geschwindigkeiten auf der Reibungs- und Zahnstrecke üblich, was auch besondere Maßnahmen bedingt.

In der ersten Zeit wurden die Zahnradbahnen ausschließlich mit Dampf betrieben, doch schon früh fand hier der elektrische Betrieb Eingang (Mont Salève — 1891 Triebwagen, Jungfrau- und Gornergratbahn 1897 — Lokomotiven), später sind viele ursprünglich als Dampfbahnen gebaute Zahnbahnen auf elektrischen Betrieb umgestellt worden. Gleichzeitig haben sich aber die Zahnraddampflokomotiven alle Fortschritte der Reibungsdampflokomotiven zu eigen gemacht: Anwendung von Heißdampf, Verbundmaschinen, Drehachsen, Deichsel- und Drehgestelle und dergleichen mehr.

Vorausberechnung der Lokomotivleistung und des Lokomotivgewichtes.

Das Verhältnis der Leistung zum Gewicht einer Zahnradlokomotive ist ein Wert, der sich nur in geringen Grenzen ändert und für vorläufige Berechnungen als konstant angesehen werden kann; und zwar ist das Gewicht je PS Dauerleistung der Lokomotive bei

Dampflokomotiven nach Dolezalek $q = 90$ bis 95 kg/PS

Dampflokomotiven nach der Hütte $q = 110$ bis 150 kg/PS

als Mittelwert wird man wohl mit 100 kg/PS rechnen können.

Elektrischen Lokomotiven

Gleichstrom $q = 54$ bis 67 kg/PS im Mittel 65 kg/PS

Drehstrom $q = 45$ bis 67 kg/PS im Mittel 60 kg/PS.

An der Hand dieser Werte lassen sich für eine gegebene Steigung und ein gegebenes angehängtes Zuggewicht G Leistung N und Gewicht L der Lokomotive bestimmen.

Bekanntlich ist

$$N = \frac{Z \cdot V}{270} \text{ PS}, \tag{51}$$

wo Z die Zugkraft am Triebradumfang in kg und V die Geschwindigkeit in km/st ist. Im Beharrungszustand ist bei der Bergfahrt:

$$Z = L\,(w_l + s) + G\,(w_w + s); \tag{52}$$

bei dem verhältnismäßig geringen Einfluß des Laufwiderstandes w im Vergleich zu s kann gesetzt werden:

$$w_l = w_w = w$$

(vgl. S. 15), und es wird

$$Z = (L + G)\,(w + s). \tag{52'}$$

Nach vorstehendem ist:

$$N = \frac{L}{q}; \tag{53}$$

ferner kann gesetzt werden

$$G = n\,L. \tag{54}$$

Hiernach ergibt sich:

$$\frac{L}{q} = L\,(1 + n)\,(w + s)\,\frac{V}{270}, \tag{55}$$

woraus

$$n = \frac{270}{q\,V\,(w + s)} - 1 = \frac{G}{L} \tag{56}$$

und

$$L = \frac{G\,q\,V\,(w + s)}{270 - q\,V\,(w + s)} \tag{57}$$

und

$$N = \frac{G\,V\,(w + s)}{270 - q\,V\,(w + s)}; \tag{58}$$

L und G sind in vorstehenden Gleichungen in kg gemessen.

Bei Lokomotiven für gemischten Betrieb erfolgt die Berechnung in der gleichen Weise, nur ist das Gewicht der Lokomotive q_1 kg/PS bei getrenntem Antriebe des Zahn- und Reibungsmechanismus größer anzunehmen (nach der Hütte 120 bis 150 kg/PS).

Ferner ist:

$$Z = Z_z + Z_r\,,$$

wo Z_z die Zugkraft des Zahnrades, Z_r die Zugkraft der Reibungstriebräder ist.

Vom Gewicht L der Lokomotive entfalle der Teil mL auf die Reibungstriebräder, dann ist die Zugkraft der Reibungsmaschine:

$$Z_r = f\,m\,L\cos\alpha\,, \tag{59}$$

wo f der Reibungsbeiwert. Bei gemischten Bahnen kann $\cos\alpha = 1$ gesetzt werden.

Die Gesamtleistung ist wie bei der reinen Zahnradlokomotive

$$N = \frac{L}{q_1} = [L\,(s + w_l') + G\,(s + w_w)]\,\frac{V}{270}, \tag{60}$$

wobei w_l' wegen des verhältnismäßig geringeren Einflusses des Zahndrucks meist einen niedrigeren Wert hat als w_l bei der reinen Zahnradmaschine.

Aus $\frac{L\,w_l' + G\,w_w}{L + G}$ ermittelt man w', so daß die Gleichung (60) geschrieben werden kann:

$$N = \frac{L}{q_1} = L\,(1 + n)\,(w' + s)\,\frac{V}{270}. \tag{60'}$$

Aus dieser Gleichung (60′) wird die Gesamtleistung N und das Lokomotivgewicht L in der gleichen Weise wie für die reine Zahnradmaschine bestimmt.

Die Leistung des Zahnradantriebs allein ist bei Doppelantrieb:

$$N_z = L\,[(1 + n)\,(w' + s) - m\,f]\,\frac{V}{270}. \tag{61}$$

Die Zugkraft der Dampflokomotiven beträgt für reine Zahnradbahnen:

$$Z = p_i\,\frac{d^2\,l}{D_z}\cdot i\,, \tag{62}$$

und für Bahnen mit gemischtem Betrieb bei getrennten Triebwerken:

$$Z = Z_r + Z_z = 0{,}96\,p_{i_1}\,\frac{d_1^2\,l_1}{D_a} + 0{,}85\,p_{i_2}\,\frac{d_2^2\,l_2}{D_z}\cdot i\,. \tag{63}$$

Die Zugkraft der elektrischen Lokomotiven für reine Zahnradbahnen ist:

$$Z = \eta\cdot 194{,}6\,\frac{\mathfrak{B}\cdot J}{n\,D_z}\cdot i\,, \tag{64}$$

und für Bahnen mit gemischtem Betrieb:

$$Z = Z_r + Z_z = \eta\cdot 194{,}6\,\mathfrak{B}\left(\frac{J_1\,i_1}{n_1\,D_a} + \frac{J_2\,i_2}{n_2\,D_z}\right). \tag{65}$$

Hier ist:

p_i der Dampfdruck im Zylinder in kg/cm² (bei einfacher Expansion 0,5 bis 0,65 des Kesseldrucks),

d, d_1, d_2 der Zylinderdurchmesser in cm,

l, l_1, l_2 der Kolbenhub in cm,

i, i_1, i_2 das Übersetzungsverhältnis,

D_z der Durchmesser des Triebzahnrades in cm,
D_a der Durchmesser des Reibungstriebsrades in cm,
η der Wirkungsgrad — bei einfacher Übersetzung 0,9 bis 0,92, bei doppelter 0,8 bis 0,85,
$\mathfrak{V}$ die Stromspannung in Volt,
J die Stromstärke in Ampere,
$\left.\begin{matrix} n \\ n_1 \\ n_2 \end{matrix}\right\}$ die Umdrehungszahl der Triebräder in der Minute.

Dampflokomotiven.

Reine Zahnradlokomotiven. — Diese Lokomotiven dienen zum Betriebe von reinen Zahnradbahnen, die keine oder nur ganz kurze[1] Reibungsstrecken aufweisen, also hauptsächlich Bergbahnen für den Touristenverkehr oder Bergwerksbahnen.

Man unterscheidet vor allem zwei Typen von Lokomotiven, und zwar

1. mit Vorgelege zwischen Antriebsmaschine und Zahnrad (Übersetzung 1:2,5 bis 1:3 üblich);
2. ohne Vorgelegewelle.

Bei beiden Typen werden 1 oder 2 Triebzahnräder verwandt. Bei Verwendung nur eines Triebzahnrades ist stets noch ein Bremszahnrad vorgesehen, das entweder auf einer Laufradachse angebracht ist (meist der vorderen — besser ist es, das Bremszahnrad wegen der Kippgefahr beim Bremsen während der Talfahrt auf der hinteren Achse anzubringen) oder auch auf einer besonderen Welle (Corcovadobahn).

Das Triebrad sitzt bei beiden Bauarten entweder auf der gleichen Welle wie das (lose) Laufrad (Vitznau-Rigi, Snowdon, Schafberg) oder häufiger auf einer besonderen Achse (Wengernalp, Gaisberg), die nach Möglichkeit unter dem Schwerpunkt der Lokomotive liegen soll, damit ein sicherer Eingriff des Zahnrads und ein ruhiger Lauf der Lokomotive gewährleistet ist; im ersteren Falle kann sich die Lokomotive unbelastet auch auf Reibungsstrecken mit eigener Kraft fortbewegen, auch bei losem Laufrad, da die Reibung in der Nabe genügend stark ist, um das Laufrad bei der geringen erforderlichen Zugkraft mitzunehmen. Im zweiten Falle ist eine selbständige Fortbewegung der Lokomotive nur auf der Zahnstange möglich.

Abb. 58. Lokomotive der Gaisbergbahn (Wiener Lokomotivfabrik).

Der Antrieb über ein Vorgelege (Übersetzung ins Langsame) hat den Vorzug, daß die Dampfmaschine rasch laufen kann, wodurch die Kesselleistung gesteigert wird; das Triebwerk erhält kleinere Abmessungen und arbeitet besonders bei geringen Geschwindigkeiten, auf starken Steigungen wirtschaftlicher, die Luftbremse arbeitet wirksamer.

Die Lokomotive ohne Vorgelegewelle ist in ihrer ganzen Konstruktion einfacher und leichter zugänglich, ermöglicht auch eher Änderungen in der Fahr-

[1] Siehe weiter unten.

geschwindigkeit (entsprechend den Änderungen der Steigungen, überhaupt schnelleres Fahren); außerdem ist ihr Gang weniger geräuschvoll als bei den Maschinen mit Vorgelege.

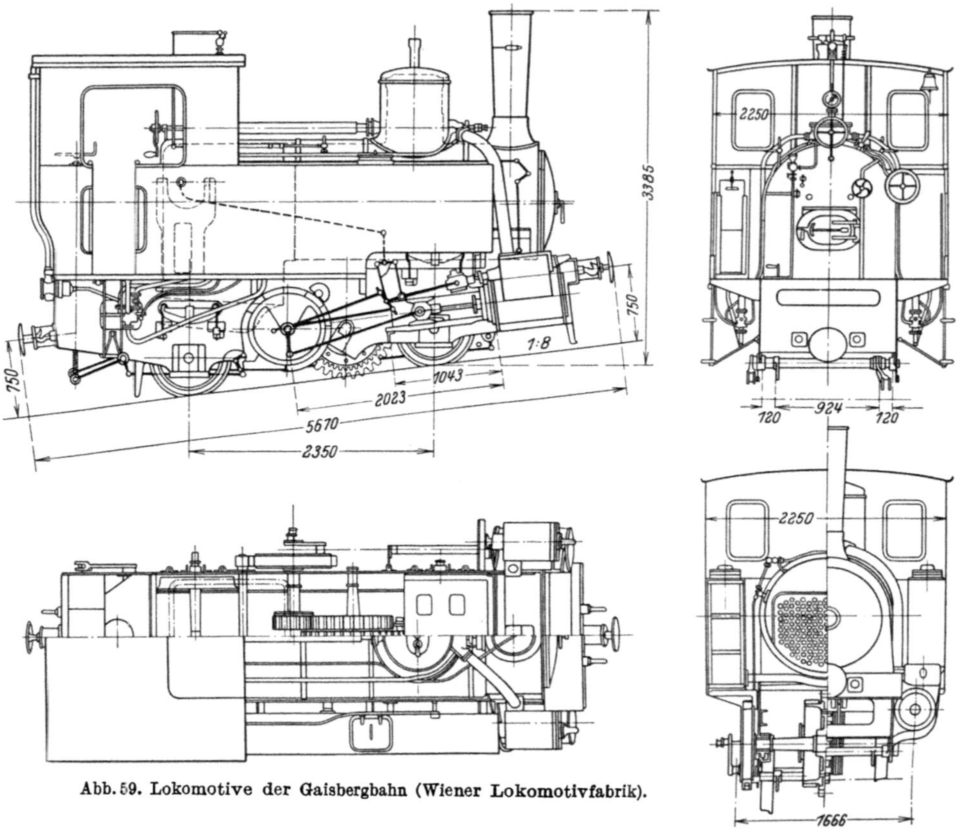

Abb. 59. Lokomotive der Gaisbergbahn (Wiener Lokomotivfabrik).

Eine vielfach angewandte Lokomotive mit Vorgelege ist in Abb. 58 bis 59 dargestellt. Es ist dies eine nach dem Vorbild der ersten Rigi-Lokomotiven (die von der Lokomotivfabrik Winterthur hergestellt wurden) von der Wiener Lokomotiv-Fabrik A.-G. in Floridsdorf für die Gaisbergbahn bei Salzburg im Jahre 1888 gebaute Lokomotive.

Die kennzeichnenden Zahlen für diese Lokomotive sind:

Kessel:	Heizfläche der Feuerbüchse	4,6	m^2
	Heizfläche der Rohre	45,4	m^2
	Heizfläche, totale wasserberührte	50,00	m^2
	Rostfläche	0,91	m^2
	Anzahl der Feuerrohre	169	
	Länge der Feuerrohre	1900	mm
	Durchmesser der Feuerrohre (äußerer)	45	mm
	Dampfspannung, effektiv	11	Atm
Triebwerk:	Zylinder, Durchmesser	310	mm
	Kolbenhub	500	mm
	Durchmesser des Treibzahnrades	955	mm
	„ der Transmissionsräder	338/808	mm
	„ „ Laufräder	706	mm
Radstand, totaler		2350	mm
Vorräte:	Speise- und Kühlwasser	1,600+0,150	m^3
	Brennstoff	0,430	m^3
Gewicht der dienstfertigen Lokomotive		17	t

Gleiche oder ähnliche Lokomotiven laufen oder liefen auf den Rigibahnen (1871 bis 1875) und auf den Bahnen auf den Kahlenberg (1874), Schwabenberg (1874), Drachenfels (1883) usw.

Abb. 60. Lokomotive der Wengernalp-Bahn mit Vorgelege (Winterthur).

Es ist diese Lokomotive recht eigentlich der Prototyp der Dampflokomotiven für Klein-Zahnbahnen.

Neuere Lokomotiven mit Vorgelege und zwei Triebzahnrädern der Lokomotivfabrik Winterthur sind in den Abb. 60 bis 61 dargestellt.

Die erste dieser Lokomotiven (Abb. 60), für die jetzt elektrisch betriebene Wengernalpbahn gebaut, wird durch folgende Zahlen gekennzeichnet:

Spurweite	800 mm	Rostfläche	0,9 m²
Zylinderdurchmesser	360 mm	Dampfdruck	12 Atm.
Kolbenhub	400 mm	Gewicht der Maschine, leer	ca.16500 kg
Triebraddurchmesser	860 mm	Gewicht der Maschine, im Dienst	ca.21000 kg
Anzahl Triebachsen	2	Wasservorrat	1800 kg
Fester Radstand	2650 mm	Kohlenvorrat	600 kg
Totaler Radstand	3930 mm		
Heizfläche	53,8 m²		

Die für die Vitznau-Rigibahn (Abb. 61) bestimmte Heißdampf-Lokomotive weist folgende kennzeichnende Zahlen auf:

Spurweite	1435 mm
Zylinderdurchmesser	340 mm
Kolbenhub	450 mm
Triebraddurchmesser	732 mm
Übersetzung	1:2,55
Anzahl Triebachsen	2
Totaler Radstand	4200 mm
Heizfläche total	54 m²
Heizfläche des Überhitzers	10,4 m²
Rostfläche	0,93 m²
Dampfdruck	12 Atm.
Gewicht der Maschine, leer	ca. 19000 kg
Gewicht d. Maschine im Dienst	23000 kg
Wasservorrat	1800 l
Kohlenvorrat	650 kg

Abb. 61. Lokomotive der Vitznau-Rigi-Bahn mit Vorgelege (Winterthur).

Die von Krauß in Linz für die Schafberg- und Schneebergbahnen gebaute Lokomotive ohne Vorgelege hat eine einarmige Schwinge — der Kraftangriff erfolgt mittels einer schrägen Schubstange an der Kuppelstange in der Nähe des Hinterrades, wodurch eine gleichmäßige Verteilung des Drucks auf beide Zahnräder erzielt wird.

Die Lokomotive ist in den Abb. 62 bis 63 dargestellt. Ihre kennzeichnenden Zahlen sind:

Abb. 62. Lokomotive der Schafberg- und Gaisbergbahnen mit einarmiger Schwinge (Krauß, Linz).

Spurweite . . .	1000 mm
Zylinderdurchmesser	320 mm
Kolbenhub . . .	600 mm
Triebraddurchmesser	573 mm
Laufraddurchmesser . .	520 u. 706 mm
Dampfdruck . .	14 Atm.
Heizfläche des Kessels . . .	39,8 m^2
Rostfläche . . .	0,9 m^2
Fester Radstand.	1470 mm
Ganzer Radstand.	3170 mm
Kleinster Bogenhalbmesser . .	80 m
Wasservorrat . .	1200 l
Kohlenvorrat . .	700 l
Leergewicht . .	13,7 t
Dienstgewicht. .	17,35 t
Zugkraft	7500 kg

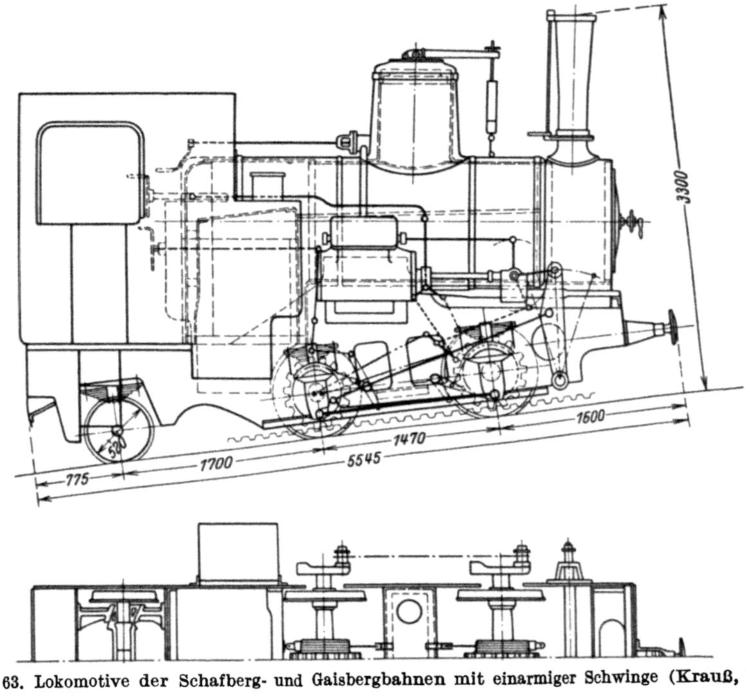

Abb. 63. Lokomotive der Schafberg- und Gaisbergbahnen mit einarmiger Schwinge (Krauß, Linz).

In Abb. 64 ist eine von der Lokomotivfabrik Winterthur für den Snowdon gebaute Maschine dargestellt. Hier erfolgt der Kraftangriff am Vorderrad — die Schwinge ist zweiarmig.

Die kennzeichnenden Zahlen für diese Lokomotive sind:

Spurweite	800 mm	Anzahl Triebradachsen	2
Zylinderdurchmesser	300 mm	Fester Radstand	1410 mm
Kolbenhub	600 mm	Totaler Radstand	3050 mm
Triebzahnrad-Durchmesser . . .	573 mm	Heizfläche	29,5 m^2

Überhitzerfläche	7,7 m²	Kohlenvorrat	500 kg
Totale Heizfläche	37,2 m²	Leergewicht der Maschine	15,2 t
Rostfläche	0,78 m²	Dienstgewicht der Maschine	18,7 t
Kesseldruck	14 Atm.	Zugkraft der Maschine	7700 kg
Wasservorrat	1700 l		

Derartige Lokomotiven sind von der Lokomotivfabrik Winterthur für eine ganze Reihe von Bahnen hergestellt worden (Revard, Generoso, Glion-Naye, Brienz-Rothorn usw.).

Abb. 64. Lokomotive der Snowdon-Bahn mit zweiarmiger Schwinge (Winterthur).

Bei den starken Steigungen der Zahnradbahnen ist eine schnelle Bremsung unbedingt notwendig, daher ist die Bremseinrichtung ein sehr wichtiger Teil jeder Zahnradlokomotive; normalerweise sind vorhanden:

eine Bremse für jedes Zahnrad (Trieb- und Bremszahnrad) und eine Luftdruckgegenbremse im Dampfzylinder. Vielfach, besonders bei stärkeren Steigungen, sind auch Geschwindigkeitsregler vorgesehen, die bei Überschreitung einer vorher eingestellten Geschwindigkeit besondere Bandbremsen betätigen. Selten sind auch die Laufräder mit Bremsen versehen, obgleich dies durchaus zu empfehlen ist. Bei neueren Anlagen, besonders bei gemischtem Betrieb, sind auch durchgehende Bremsen vorhanden.

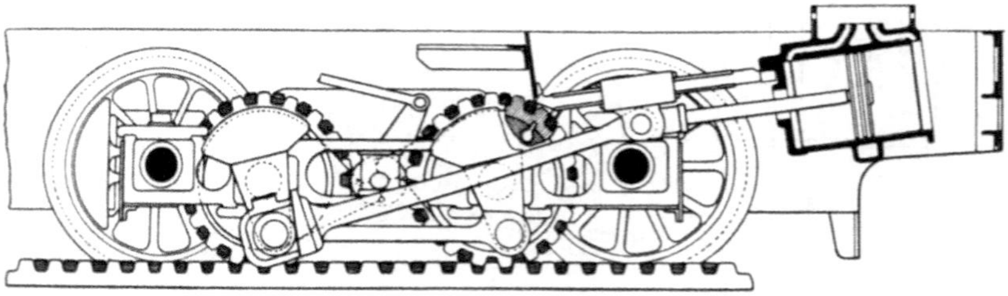

Abb. 65. Triebwerk einer Abtschen Zahnradlokomotive mit federnden Zahnrädern (Winterthur).

Bei mehr als einem Triebzahnrad ist das eine meist an seiner Achse etwas drehbar und federnd befestigt, so daß ein gleichmäßiger Eingriff beider Zahnräder auch dann gewährleistet ist, wenn die Teilung der Zahnstange nicht ganz genau sein sollte (Abb. 65).

Um einen sicheren Zahneingriff zu gewährleisten, werden die Zahnräder in der Regel nicht abgefedert, oder ruhen zum mindesten doch auf sehr harten Federn.

Die Kessel der reinen Zahnradlokomotiven werden gewöhnlich geneigt zur Fahrbahn angeordnet, so daß sie während der Fahrt nahezu horizontal stehen und die Feuerbüchse stets von Wasser bedeckt ist (vgl. Abb. 62).

Lokomotiven mit gemischtem Antrieb. Gewissermaßen den Übergang von den reinen Zahnradlokomotiven zu den Lokomotiven mit gemischtem Antrieb bilden die Lokomotiven mit gemeinsamem Antrieb für beide Triebwerke und gekuppelten Zahn- und Reibungstriebrädern. Diese Lokomotiven haben zwei Zylinder und können ebenso wie die reinen Zahnradlokomotiven mit und ohne Vorgelege gebaut werden. Sie entwickeln nur geringe Geschwindigkeiten und werden auf Bahnen mit kurzen Reibungsstrecken bei kleinen Lasten verwandt.

Als Beispiel sei die von Borsig für die Villa Nora de Haga-Bahn in Oporto gebaute Lokomotive angeführt, welche hauptsächlich dem Kohlentransport dient (Abb. 66).

Die kennzeichnenden Zahlen sind:

Abb. 66. Lokomotive mit gemeinsamem Antrieb für Zahn- und Reibungsräder (Borsig).

Spurweite . .	1676 mm
Zylinderdurchmesser . . .	360 mm
Kolbenhub . .	500 mm
Triebraddurchmesser. . . .	891 mm
Radstand . . .	2600 mm
Dampfdruck .	13 Atm.
Heizfläche . .	58 m²
Rostfläche . .	1,7 m²
Zugkraft . . .	9500 kg
Leergewicht . .	23000 kg
Dienstgewicht .	28500 kg
Wasserkasten-Inhalt . . .	2,5 m³
Kohlenraum-Inhalt . . .	800 kg

Eine andere Lokomotive mit gekuppelten Zahn- und Reibungstriebrädern, und zwar mit direktem Antrieb ist von der Maschinenfabrik Eßlingen für die Padangbahn in Sumatra gebaut (Abb. 67).

Die kennzeichnenden Zahlen für diese Lokomotive sind:

Jahr des Baues	1892
Spurweite	1067 mm
Steilste Neigung	80 ‰
Reibungs-Triebwerk:	
Zylinderdurchmesser	430 mm
Hub	500 mm
Raddurchmesser	983 mm
Zahnrad-Triebwerk:	
Zahnraddurchmesser	975 mm
Kessel:	
Heizfläche, innere	45,5 m²
Rostfläche	1,30 m²
Dampfdruck	11 Atm.

Gewicht:	
Leer	17,5 t
Reibungslast	20,9 t
Betriebsfähig	20,9 t
Vorräte:	
Speise-Wasser	1,5 m³
Kohlen	220 kg
Zugkraft:	
Reibungsräder	6250 kg

Für größere Leistungen und längere Reibungsstrecken, auf denen mit größerer Geschwindigkeit gefahren werden soll, wendet man allgemein Lokomotiven mit vier Zylindern und getrennten Triebwerken an, wie sie erstmalig von Abt auf der Harzbahn angewandt wurden.

Bei den älteren Lokomotiven wurden alle 4 Zylinder mit Hochdruckdampf gespeist, während sie bei den neueren Ausführungen mit Verbundwirkung angeordnet werden. Auf den Reibungsstrecken wird nur mit einem Zylinderpaar gefahren.

Der Antrieb der Zahnräder erfolgt entweder unmittelbar durch Kolben- und Schubstange wie bei den Reibungstriebrädern oder über ein Vorgelege, seltener durch eine Schwinge.

Die kennzeichnenden Zahlen der von der Maschinenfabrik Eßlingen nach dem Entwurf von Abt gebauten ersten Lokomotiven für die Harzbahn sind:

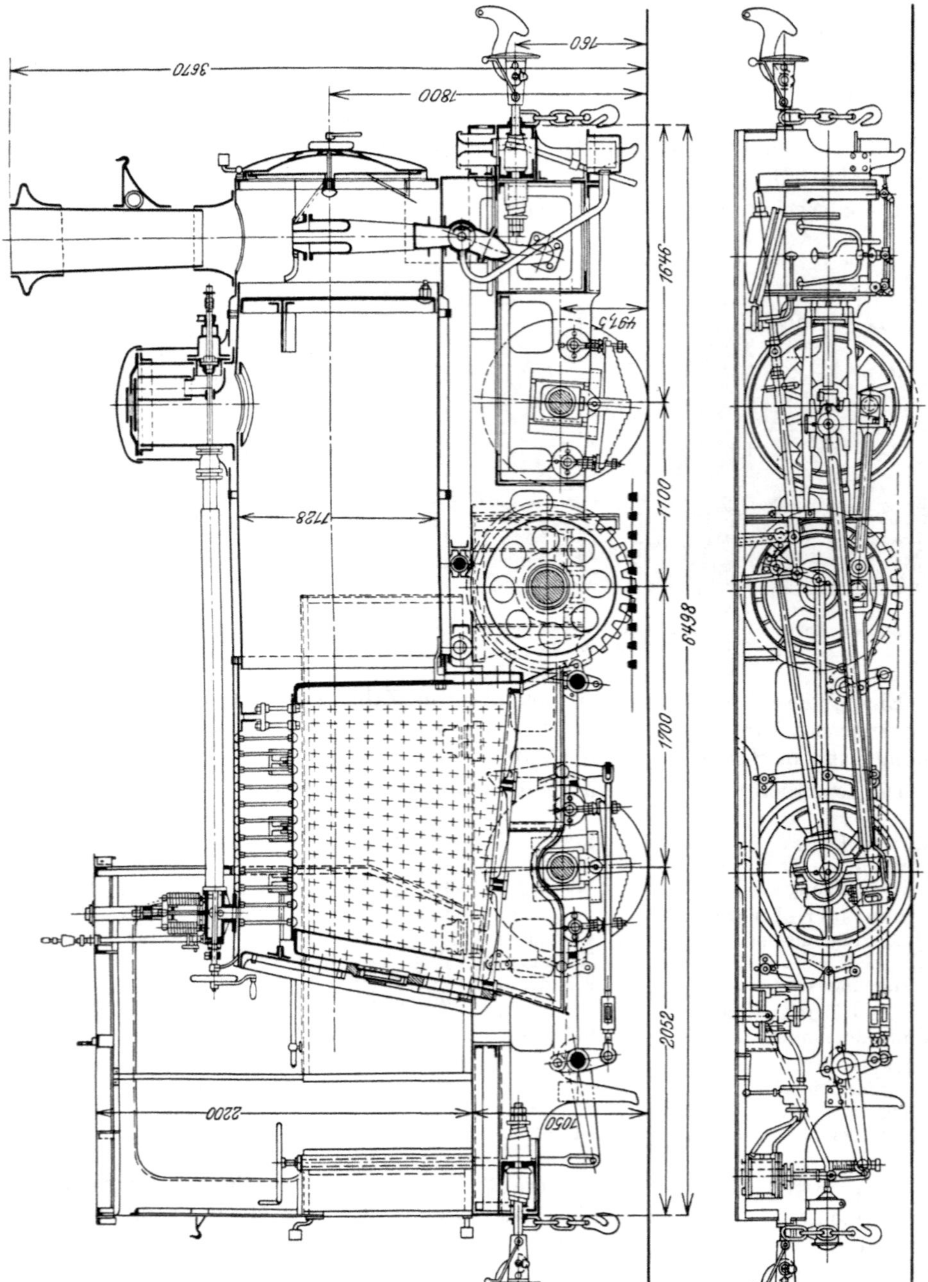

Abb. 67. Lokomotive der Padangbahn mit gekuppelten Zahn- und Reibungstriebrädern (Eßlingen).

Jahr des Baues	1885
Spurweite	1435 mm
Steilste Neigung	60 ‰

Reibungs-Triebwerk:

Zylinderdurchmesser	450 mm
Hub	600 mm
Raddurchmesser	1250 mm

Zahnrad-Triebwerk:

Zylinderdurchmesser	300 mm
Hub	600 mm
Zahnraddurchmesser	573 mm

Kessel:

Heizfläche, innere	136 m²
Rostfläche	1,87 m²
Dampfdruck	10 Atm.

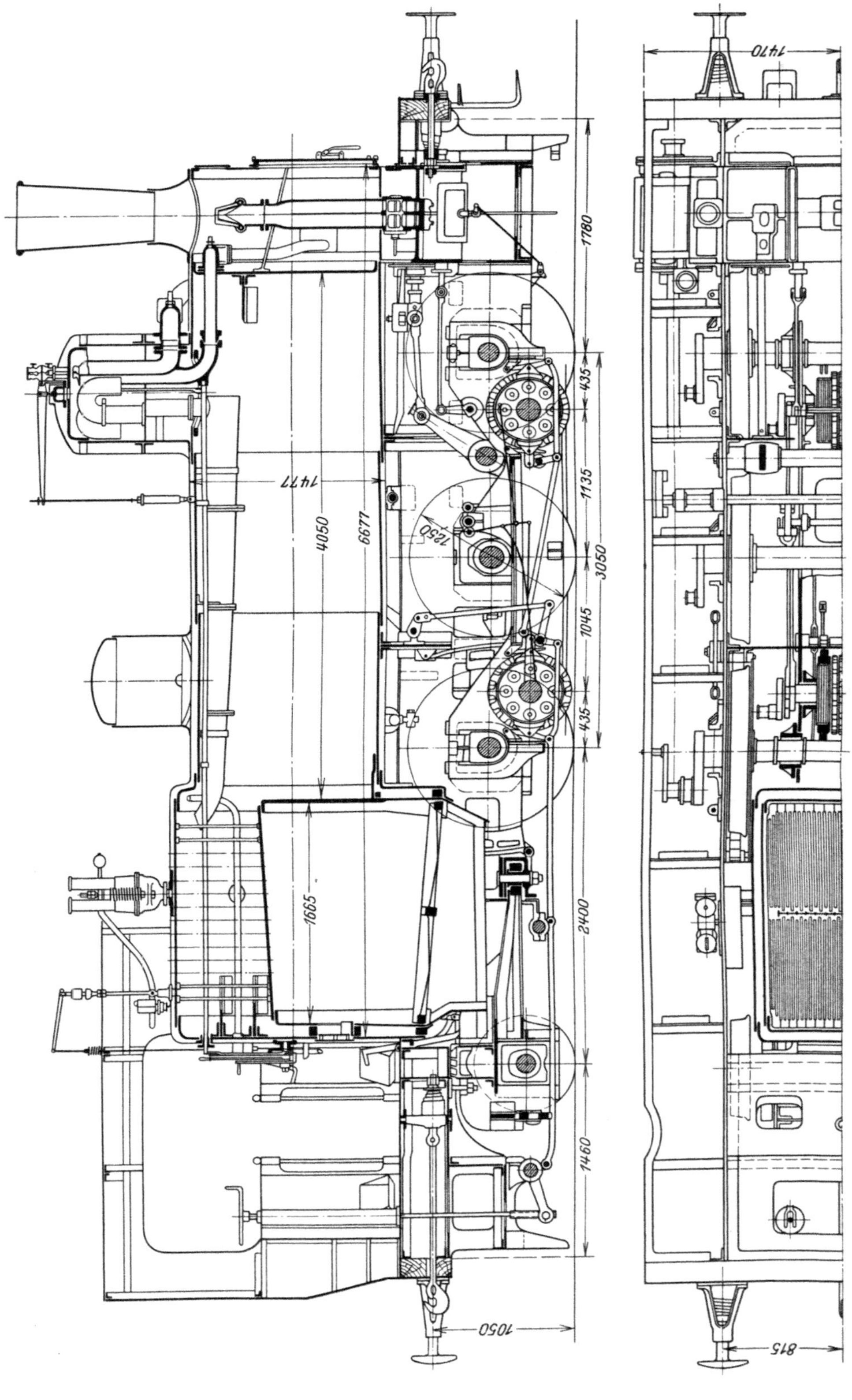

Abb. 68. Lokomotive der Harzbahn mit getrenntem Antrieb (Eßlingen).

Gewicht:		Zugkraft:	
Leer	44 t	Reibungsräder	6000 kg
Reibungslast	43 t	Zahnräder	7500 kg
Betriebsfähig	56 t		
Vorräte:		Hebelübersetzung	
Speise-Wasser	6,0 m³		
Kohlen	2000 kg		

Abb. 69. 1-D-1 Verbund-Heißdampf-Zahnrad-Tender-Lokomotive der Deutschen Reichsbahn, Gattung T 28 (Borsig).

Diese Lokomotive hat drei gekuppelte Reibungstriebachsen, zwei unmittelbar angetriebene Triebzahnräder und eine Laufachse (Abb. 68).

Neuerdings sind viel größere und schwerere Lokomotiven gebaut worden, mit 4 bis 6 gekuppelten Achsen und zwei Zahnrädern.

Abb. 70. F-Lokomotive der Bahn Eisenerz-Vordernberg (Wiener Lokomotivfabrik).

So die von Borsig in den Jahren 1920 bis 1922 für die Deutsche Reichsbahn gebaute 1 D 1-Vierzylinder-Verbund-Heißdampf-Zahnrad-Tender-Lokomotive, Gattung T 28 (Abb. 69).

Die kennzeichnenden Zahlen für diese Lokomotive sind:

Zylinderdurchmesser der Reibungs- und Zahnradmaschine	520 mm	Gesamtheizfläche	159,5 m²
Kolbenhub der Reibungs- und Zahnradmaschine	500 mm	Rostfläche	2,856 m²
Treibraddurchmesser	1100 mm	Dampfdruck	14 Atm.
Treibzahnraddurchmesser	1070 mm	Wasservorrat	7 m³
Zahnrad-Übersetzungsverhältnis	1:2,5	Kohlenvorrat	3 t
Kesselheizfläche	119,7 m²	Reibungsgewicht etwa	66,4 t
Überhitzerheizfläche	39,8 m²	Leergewicht etwa	80,6 t
		Dienstgewicht etwa	94,3 t

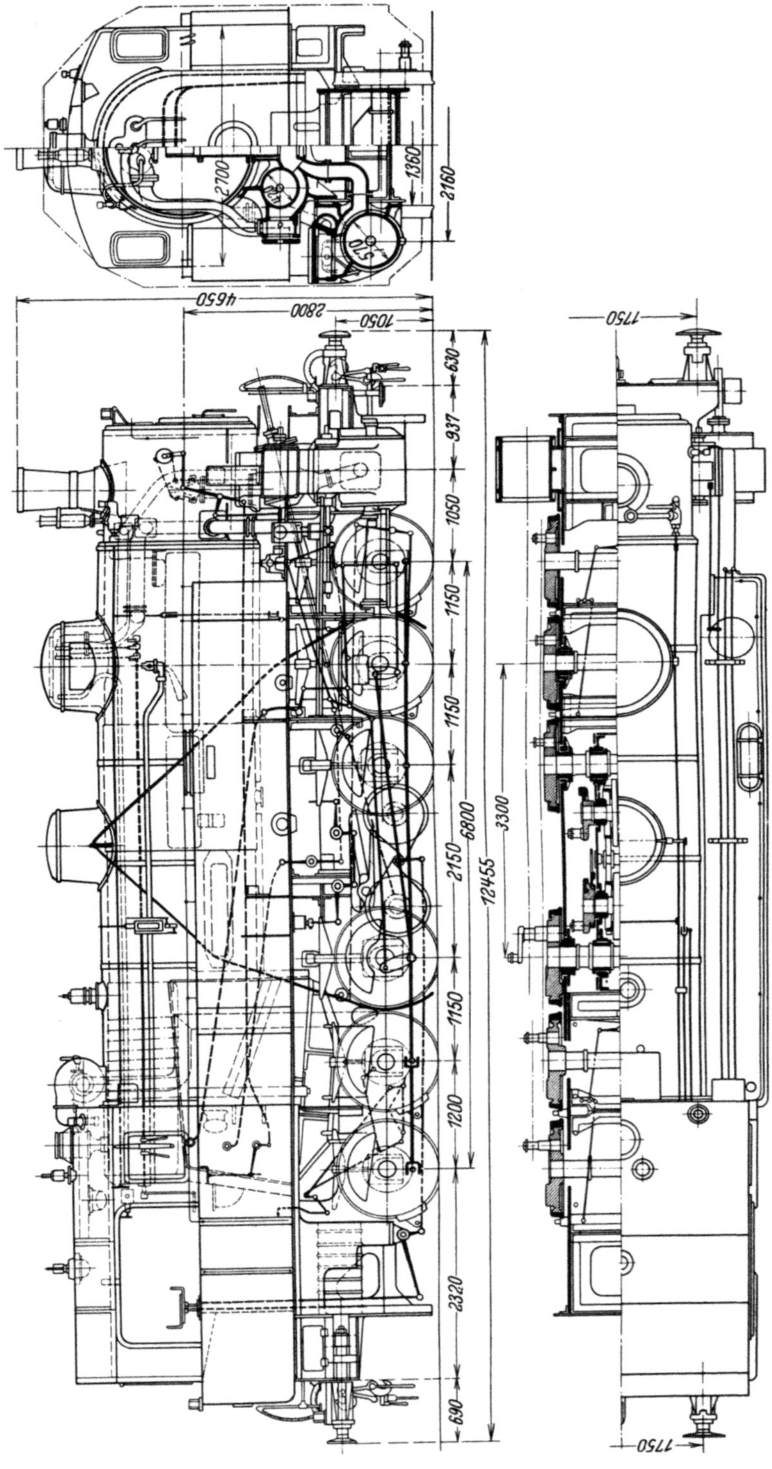

Abb. 71. F-Lokomotive der Bahn Eisenerz-Vordernberg (Wiener Lokomotivfabrik).

Die Lokomotive ist imstande, eine Schlepplast von etwa 150 t auf Steigungen bis zu 60 ‰ zu befördern. Sie hat vorn und hinten ein Bissel-Gestell. Die Treibachse hat schmalen Spurkranz, während die hintere Kuppelachse seitenver-

Abb. 72. Lokomotive der Jungfraubahn (Winterthur).

schiebbar ist. Die außen angebrachten Zylinder sind als Doppelzylinder ausgebildet und haben sämtlich gleichen Durchmesser. Die unteren Hochdruck-Zylinder wirken auf das Reibungstriebwerk. Die aus den oberen Niederdruck-

Abb. 73. Lokomotive der Wengernalp-Bahn (Winterthur).

Zylindern auf die hintere Kurbelscheibe wirkenden Kräfte werden auf zwei Zahnradwellen gleichmäßig verteilt, und durch je zwei Triebzahnräder auf die Zahnstangen übertragen. Die Zahnradgetriebe werden durch kräftige Längsträger auf die benachbarten Achslager des Reibungstriebwerkes abgestützt.

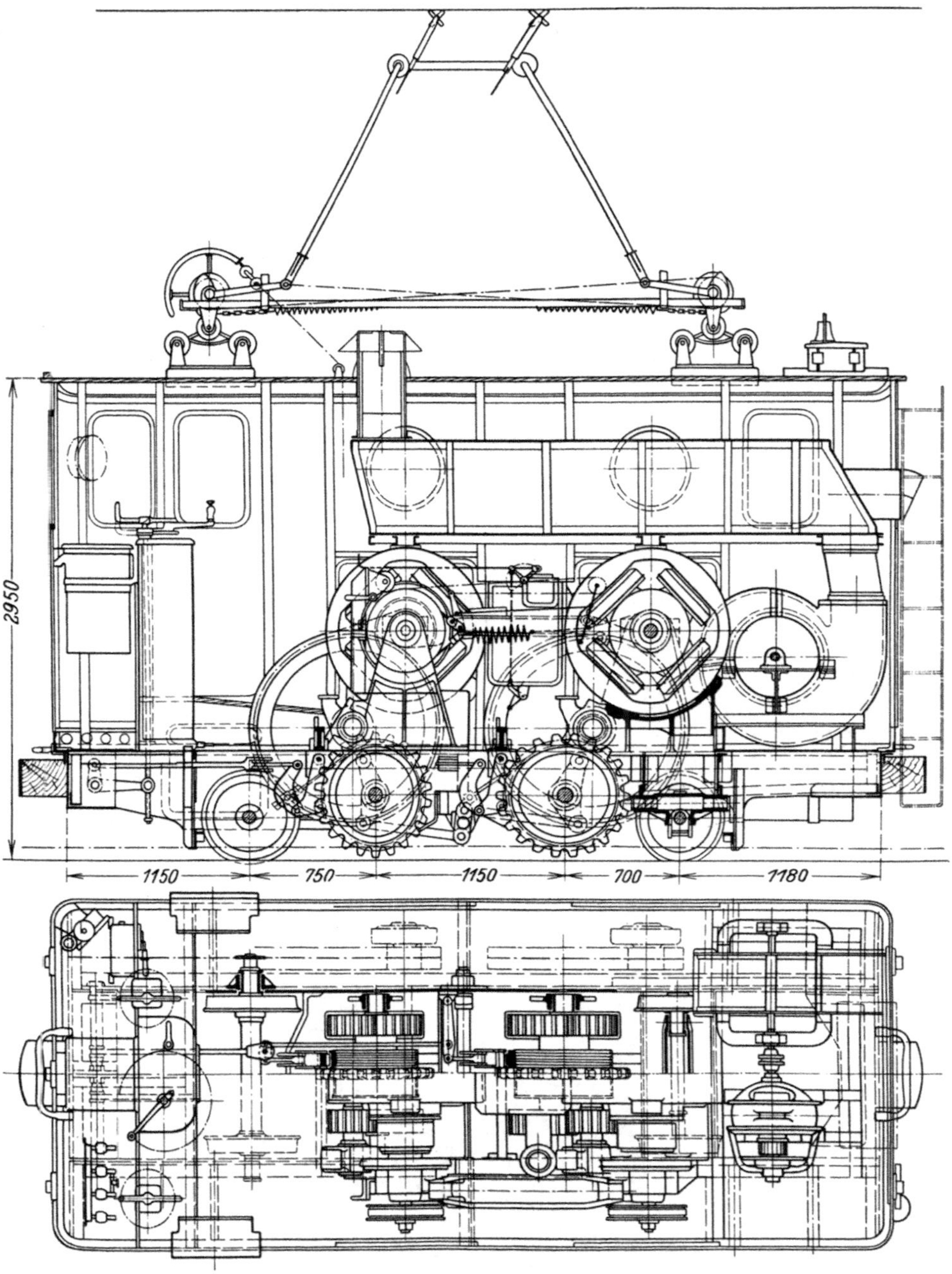

Abb. 74. Lokomotive der Wengernalp-Bahn (Winterthur).

Ein zwischen den Zylinderpaaren angeordneter Umstellschieber ermöglicht das Fahren beider Maschinen in Zwillingswirkung, in Verbundwirkung, sowie in Luftbremswirkung. Das Zahnradtriebwerk ist für Zahnstange Bauart Abt durchgebildet.

Die Steuerung der Lokomotive ist eine Heusinger-Steuerung. Durch die Umsteuerung des Zahnradtriebwerkes erfolgt gleichzeitig die Umsteuerung des Reibungstriebwerkes.

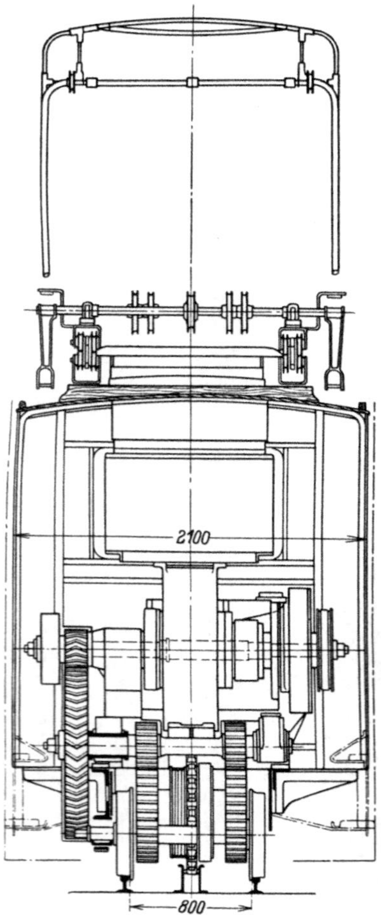

Abb. 75. Lokomotive der Wengernalp-Bahn (Winterthur).

Der Niederdruckzylinder erhält in Verbundwirkung bis zu 15% höhere Füllungen als der Hochdruckzylinder.

Die Lokomotive besitzt an Bremsvorrichtungen eine selbsttätige Druckluftbremse, ferner die Riggenbachsche Gegendruckbremse sowie eine Handbremse. Das Zahnradtriebwerk besitzt ferner eine Rillenbandbremse, die durch eine Schraube von Hand betätigt wird.

Eine andere große Lokomotive ist die im Jahre 1912 von der Wiener Lokomotiv A.-G. Floridsdorf für die Bahn Eisenerz-Vordernberg erbaute F-Lokomotive (Abb. 70 u. 71).

Diese Lokomotive wird durch folgende Zahlen gekennzeichnet:

Spurweite	1435 mm
Kessel:	
Heizfläche der Feuerbüchse wasserberührt	11,5 m²
Heizfläche der Siederohre wasserberührt	184,15 m²
Totale wasserberührte Kesselheizfläche	195,65 m²
Rostfläche	3,3 m²
Anzahl der Feuerrohre	237
Länge der Feuerrohre	4850 mm
Äußerer Durchmesser der Feuerrohre	51 mm
Effektive Dampfspannung	13 Atm.

Triebwerk:	Reibung:	Zahnrad:
Zylinderdurchmesser . .	570. . . .	420 mm
Kolbenhub	520. . . .	450 mm
Durchmesser der gekuppelten Räder . . .	1050. . . .	688 mm
Fester Radstand . . .	3300. . . .	1050 mm
Totaler Radstand . .	6800. . . .	1050 mm

Abb. 76. Lokomotive der Bahn Triest-Opcina (Winterthur).

Vorräte:

Speise- und Kühlwasser	6,2 + 0,8 m³
Brennstoff	4,0 m³
Gewicht der dienstfertigen Lokomotive	88 t

Bei dieser Lokomotive werden die Zahnräder unmittelbar angetrieben.

Elektrische Lokomotiven.

Zum Betriebe der elektrischen Zahnradbahnen wird Gleich- oder Drehstrom verwandt; der bei den Hauptbahnen in weitem Maße angewandte Einphasenwechselstrom ist auf den Zahnradbahnen noch nicht zur Verwendung gekommen, obgleich er sich sehr gut auch zum Betriebe von Zahnradbahnen eignen würde.

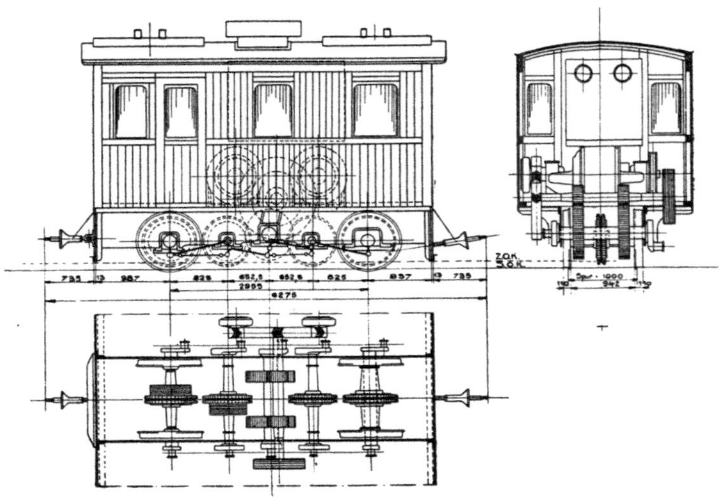

Abb. 77. Lokomotive der Bahn Bex-Gryon-Villars-Chésières (Winterthur).

Die Drehstrommaschinen haben den Vorzug großer Einfachheit und kräftiger Bauart; dem steht der Nachteil der sehr schwierigen und kostspieligen Änderung der Fahrgeschwindigkeit durch komplizierte Schaltungen gegenüber, ein Umstand, der aber bei den Zahnradbahnen (besonders bei reinen Zahnradbahnen) mit ihren im allgemeinen gleichbleibenden Geschwindigkeiten nicht sehr stark ins Gewicht fällt.

Die Gleichstrommaschinen sind schwerer und teuerer, gestatten aber ohne Schwierigkeit eine Veränderung der Fahrgeschwindigkeit in ziemlich weiten Grenzen und eine elektrische Speicherung in Pufferbatterien — sie kommen also vor allem auch da in Betracht, wo der Strom in einer eigenen kleinen Anlage gewonnen wird.

Bei beiden Stromarten ist Stromrückgewinnung durch elektrische Nutzbremsung möglich.

Die Spannungen betragen 550 bis 3000 V. Die Stromentnahme erfolgt meist durch Oberleitung, aber auch durch dritte Schiene, die Umdrehungszahl der Motoren ist meist etwa 700 in der Minute.

Reiner Zahnradbetrieb. Die ersten elektrischen Lokomotiven für reinen Zahnradbetrieb wurden im Jahre 1897 für die Gornergratbahn und die Jungfraubahn von der Lokomotivfabrik Winterthur in Verbindung mit B. B. C. und Oerlikon gebaut und dienten als Vorlage für eine ganze Reihe von Lokomotiven verschiedener Bahnen.

Die Lokomotiven der Jungfraubahn haben 2 Motoren, welche mittels doppelter Zahnradübersetzung auf je ein Triebzahnrad arbeiten (Abb. 72).

Nach dem gleichen Prinzip sind die Lokomotiven der Wengernalpbahn gebaut (Abb. 73, 74, 75). Hier lieferten den elektrischen Teil Alioth und B. B. C.

Abb. 78. Lokomotive der Bahn Aigle-Leysin (Winterthur).

Die Lokomotiven der Bahn Triest-Opcina haben nur ein Triebzahnrad, auf welches zwei Motoren arbeiten (Abb. 76), den elektrischen Teil lieferte die A. E. G.-Union-Wien. Auch dieser Lokomotivtypus hat mehrfach Anwendung gefunden.

Abb. 79. Lokomotive der Bahn Montreux-Glion (Winterthur).

Auf den Bahnen Bex-Gryon-Villars-Chésières und Aigle-Leysin verkehren neuere Lokomotiven, bei denen 4 gekuppelte Zahnräder über eine Vorgelegewelle von zwei Motoren angetrieben werden (Abb. 77, 78). Der elektrische Teil

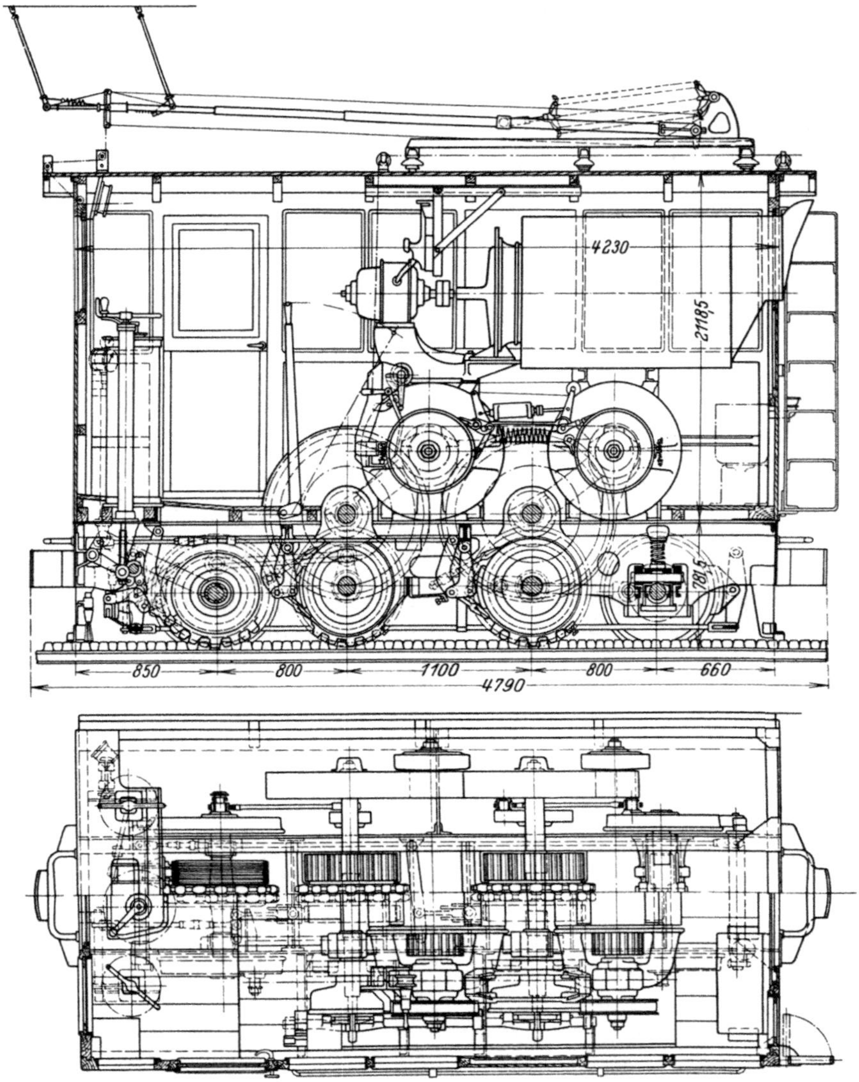

Abb. 80. Lokomotive der Bahn Montreux-Glion (Winterthur).

stammt von der Maschinenfabrik Oerlikon, der mechanische dieser und aller anderen angeführten Lokomotiven von der Maschinenfabrik Winterthur.

Gemischter Reibungs- und Zahnradbetrieb. Hier unterscheidet man drei Typen von Lokomotiven:

1. mit lösbarer Reibungskupplung zwischen Zahnrad- und Reibungstriebrädern,
2. mit starrer Kupplung,
3. mit getrenntem Antrieb.

Als Vertreter der ersten Art kann die Lokomotive der Montreux-Glion-Bahn dienen (Abb. 79, 80, 81), die mit zwei Motoren versehen ist, gebaut von Winterthur-Oerlikon.

Dem zweiten Typ entspricht eine Werklokomotive von Krauss, Linz-A. E. G.-

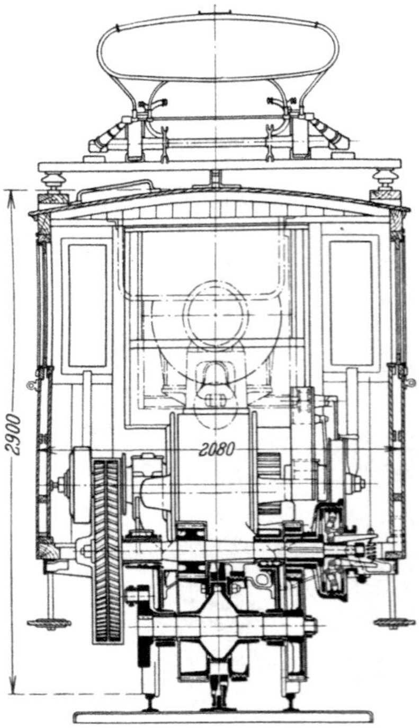

Abb. 81. Lokomotive der Bahn Montreux-Glion (Winterthur).

Union mit einem Antriebsmotor (Abb. 82, 83); dem dritten die Lokomotive der Berner-Oberland-Bahn (Winterthur-Oerlikon) (Abb. 84, 85) mit je einem 400-PS-Motor für den Zahnrad- und den Reibungsantrieb.

Bei getrenntem Antrieb sind verschiedene Kombinationen möglich, so haben die Lokomotiven der Bahn Lyon-Fourvière-St. Just einen großen Motor für den Zahnradantrieb, während jede der zwei Reibungstriebachsen durch einen kleinen Motor, der Art wie für Straßenbahnen üblich, angetrieben wird.

Besondere Erwähnung verdienen zwei ganz moderne Großlokomotiven, die von Winterthur in Verbindung mit B. B. C. im Jahre 1925 für die Usui-Toge-Bahn in Japan und für die Chilenische Transandenbahn gebaut wurden.

Die erste dieser Lokomotiven (Abb. 86, 87) B-B ist dadurch bemerkenswert, daß der Zahnradantrieb auf einem besonderen Zahnradgestell (Abb. 88) untergebracht ist, das an den beiden Reibungsdrehgestellen aufgehängt ist. Jedes der Reibungsachsenpaare und der Zahnradantrieb werden von je einem 260-PS-Motor betrieben.

Abb. 82. Werklokomotive (Krauss-Linz).

Die Transandenlokomotive (Abb. 89, 90) 1 C-C 1 besteht aus zwei kurzgekuppelten Lokomotivhälften mit je drei Motoren, von denen einer das Zahnrad und zwei die drei gekuppelten Reibungsräder antreiben. Mit einem Dienst-

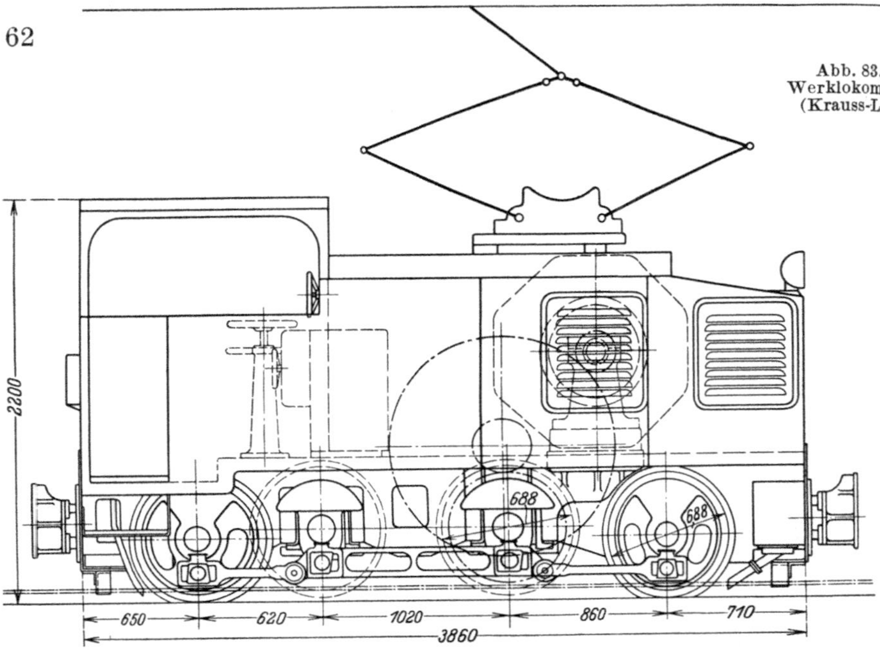

Abb. 83. Werklokomotive (Krauss-Linz).

Abb. 84. Lokomotive der Berner-Oberland-Bahn (Winterthur).

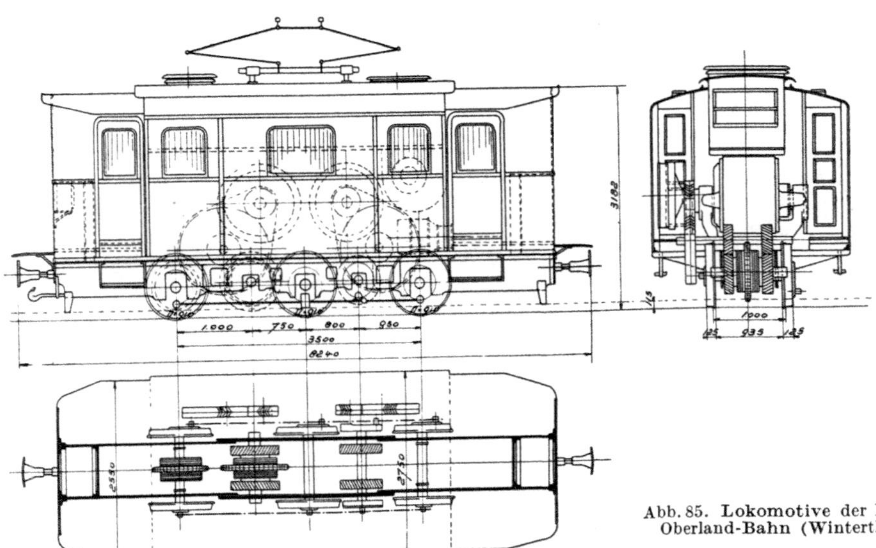

Abb. 85. Lokomotive der Berner-Oberland-Bahn (Winterthur).

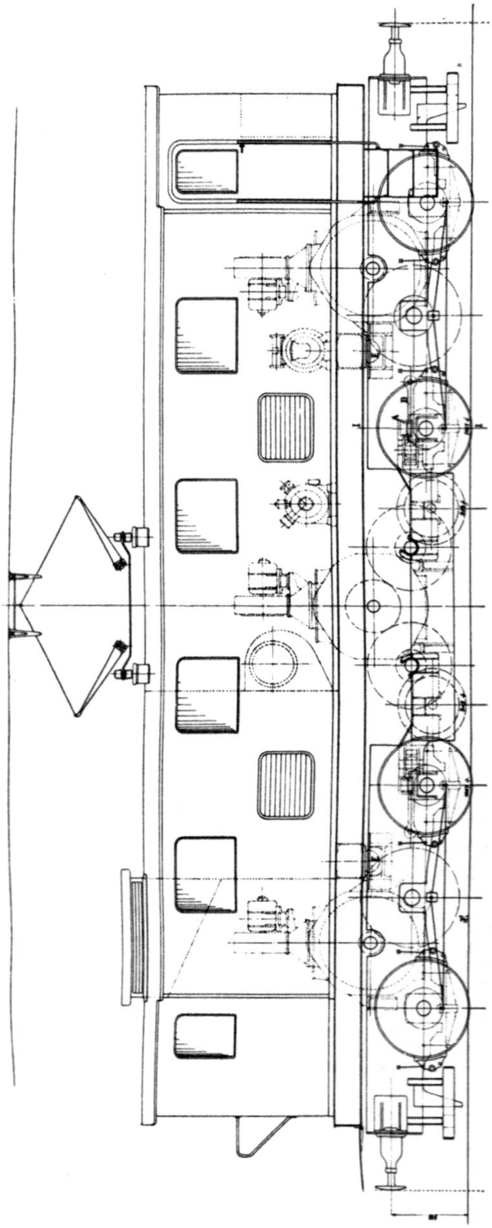

Abb. 86. Lokomotive der Usui-Toge-Bahn (Winterthur).

b. 87. Fahrgestell der Lokomotive der Usui-Toge-Bahn (Winterthur).

Abb. 88. Zahnradgestell der Lokomotive der Usui-Toge-Bahn (Winterthur).

Abb. 89. Lokomotive der **Transandenbahn** (Winterthur).

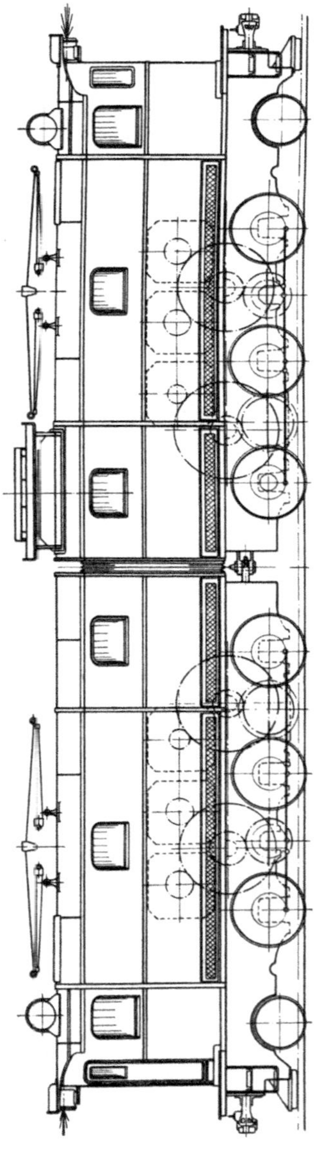

Abb. 90. Lokomotive der Transandenbahn (Winterthur).

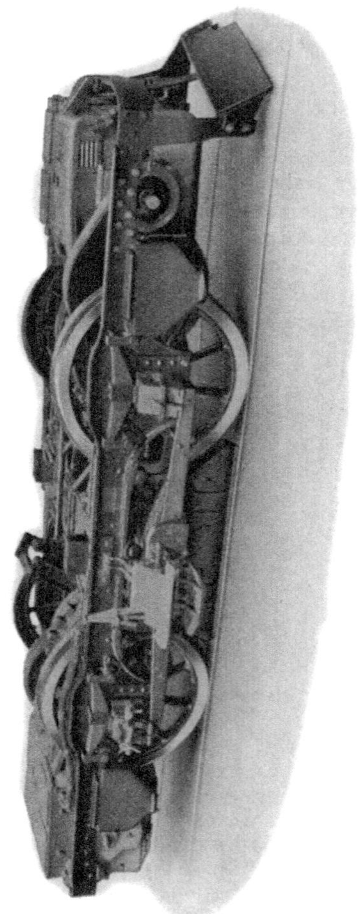

Abb 91. Triebwagen-Drehgestell der Bahn Martigny-Châtelard (Winterthur).

gewicht von 85 t ist dies die schwerste bisher gebaute elektrische Lokomotive für gemischten Reibungs- und Zahnradbetrieb.

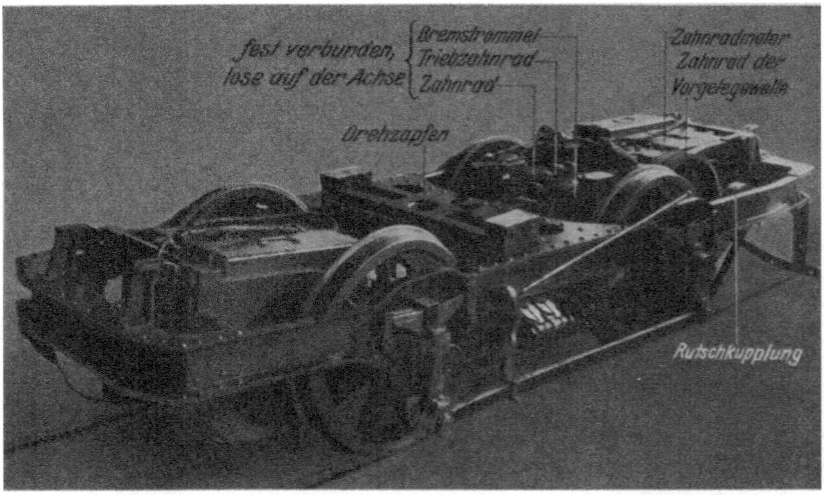

Abb. 92. Triebwagen-Drehgestell der Bahn Monthey-Champéry-Morgins (Winterthur).

Triebwagen.

Auf reinen Zahnradbahnen sind Triebwagen nur wenig angewandt worden, und zwar auf der Pilatusbahn Dampftriebwagen, auf der Mont Salève-Bahn und neuerdings auch auf der Strecke Vitznau-Rigi elektrische Triebwagen.

Auf Bahnen mit gemischtem Betrieb verkehren elektrische Triebwagen in großer Zahl, meist vierachsige Wagen; das Gewicht der Triebwagen beträgt je Passagier etwa 650 bis 800 kg.

Abb. 93. Triebwagen der Bahn Monthey-Champéry-Morgins (Winterthur).

Als Beispiel sei das Drehgestell der Bahn Martigny-Châtelard mit festverkuppelten Triebwerken gezeigt (Abb. 91), gebaut von Winterthur in Gemeinschaft mit der Compagnie de l'industrie électrique et mécanique, Genève. Der Wagen wiegt 37 t.

Ein Triebgestell mit getrenntem Antrieb (Winterthur-Alioth) ist das der Bahn Monthey-Champéry-Morgins (Abb.92). Die Wagen wiegen 27 t und 29,5 t. Die Gesamtansicht des Wagens zeigt die Abb. 93.

Abb. 94. Fahrgestell eines Triebwagens mit Benzinmotor (Winterthur).

Die elektrischen Lokomotiven und Motorwagen weisen außer den auch an Dampflokomotiven vorhandenen Bremsen noch automatische Fliehkraftbremsen am Motor auf, manchmal auch elektromagnetische Schienenbremsen.

Triebwagen mit Benzinmotor.

Die Lokomotivfabrik Winterthur hat für gemischten Betrieb auch einen Triebwagen mit Benzinmotor gebaut (Abb. 94), der ein Dienstgewicht von 6,8 t hat.

Abb. 95. Zug der Schynige-Platte-Bahn mit offenen Personenwagen.

b) Anhängewagen.

Auf den Bahnen mit gemischtem Betrieb, die einen Teil eines großen Reibungsnetzes bilden, verkehren im allgemeinen dieselben Wagen, wie auf den reinen Reibungsbahnen; es sollen stets einige nicht zu leichte mit Zahnradbremse versehene Wagen in den Zug eingeschaltet werden[1]; bei ziehender Lokomotive soll eine durchgehende Bremse vorhanden sein und der letzte Wagen eine Zahnradbremse besitzen.

Auf den reinen Zahnradbahnen sowie auf den selbständigen Bahnen mit gemischtem Betrieb verkehren in der Regel kleinere und leichtere Wagen als auf den Reibungsbahnen. Als charakteristisches Merkmal weisen sie die Zahnradbremse auf — im übrigen unterscheiden

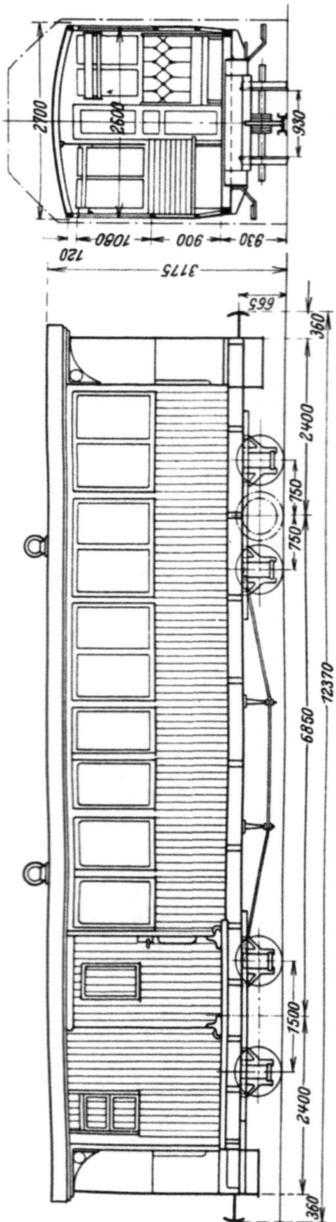

Abb. 96. Vereinigter Güter- und Personenwagen der Berner-Oberland-Bahn.

Abb. 97. Güterzug der Bahn Aigle-Leysin.

sie sich nicht von den Wagen gleicher Art bei Reibungsbahnen.

Um die Personenwagen möglichst leicht zu halten, werden sie vielfach offen gebaut — die Abb. 95 zeigt einen Zug der Schynige-Platte-Bahn mit einem solchen Wagen. Die Abb. 96 zeigt einen vereinigten Personen- und Güterwagen der Berner-Oberland-Bahn. Auf sehr steilen Zahnradbahnen werden auch

[1] Grz. §81.4. Für Zahnstangenbahnen wird empfohlen, einzelne nicht zu leichte Wagen (Gepäckwagen) mit losen von Hand bremsbaren Zahnrädern zu versehen. §47. 2. Für die Züge auf Zahnstangenbahnen werden durchgehende selbsttätige Bremsen empfohlen.

Wagen mit stufenförmigem Wagenkasten angewandt, wie sie auf Standseilbahnen allgemein üblich sind.

Die Zahl der Sitze in den Personenwagen ist meist 40 bis 60, das Eigengewicht beträgt bei offenen Wagen 80 bis 150 kg je Passagier, bei geschlossenen 120 bis 150 kg.

Güterwagen für reine Zahnradbahnen haben bei 5 bis 10 t Ladegewicht Eigengewichte von 3 bis 9 t.

Die Abb. 97 zeigt einen Güterzug der Bahn Aigle-Leysin.

6. Bau- und Betriebskosten.

Die Berechnung der Bau- und Betriebskosten erfolgt bei Zahnradbahnen und Bahnen für gemischten Betrieb in der gleichen Weise wie bei Reibungsbahnen, es kann also deshalb auf die Ausführungen im Band „Linienführung" der Handbibliothek S. 327 ff. verwiesen werden.

Allgemeine Angaben über die Baukosten lassen sich bei Zahnradbahnen naturgemäß nicht machen, da sie in hohem Maße von der meist schwierigen Geländegestaltung und von den an die Bahn zu stellenden Verkehrs- und Betriebsanforderungen abhängen.

In Tabelle 1 und 2 sind die kilometrischen Baukosten[1] für die reinen Zahnradbahnen und die Bahnen für gemischten Betrieb der Schweiz zusammengestellt[2].

Diese Zahlen lassen die großen Schwankungen sowohl der Gesamtkosten, als auch der Kosten der Einzelpositionen klar erkennen.

Bei den Betriebskosten, die für das Jahr 1923 und die gleichen Bahnen in Tabelle 3 und 4 zusammengestellt sind, ergeben sich noch größere Schwankungen, da hier noch das Alter der Bahnanlage, die Betriebsweise und Verwaltung sowie vor allem die Verkehrsgröße von ausschlaggebender Bedeutung sind.

Tabelle 1. Baukosten der

	Eröffnungsjahr	Länge der Bahn km	Spurweite m	Allgemeine Kosten je Bahn-km	Bahnanlage: Erwerb von Grund und Rechten je Bahn-km	Bahnanlage: Unterbau je Bahn-km
Arth-Rigibahn	1873/75	10,600	1,00	50062	38489	297284
Blonay—Les Pléiades	1911	4,901	1,00	7571	13708	33529
Brienz-Rothornbahn	1892	7,655	0,80	10669	14226	112574
Brunnen—Morschach—Axenstein	1905	2,047	1,00	44215	58799	215678
Generosobahn	1890	9,031	0,80	9032	17925	72573
Glion—Rochers de Naye	1892	7,620	0,80	18291	23884	126367
Gornergratbahn	1898	9,383	1,00	28255	27892	175732
Jungfraubahn	1898/1912	9,474	1,00	194984	9296	758954
Montreux—Glion	1909	2,907	0,80	31544	167287	483334
Pilatusbahn	1889	4,294	0,80	30549	4210	223992
Rigibahn	1871	5,143	1,435	13229	28408	149142
Rorschach—Heiden	1875	5,726	1,435	39636	47625	172730
Schynige-Platte-Bahn	1893	7,436	0,80	39136	23269	213859
Villars—Chésières—Bretaye	1913	3,971	1,00	14811	28235	60333
Wengernalpbahn	1893	19,284	0,80	34880	32200	174679

[1] Auf Grund der Schweizer. Eisenbahnstatistik für 1923.

[2] Wegen Beschreibungen eines Teiles dieser Bahnen vgl. Literaturnachweis.

Die Rentabilität der Bahnen, insbesondere der sogenannten Touristen- oder Vergnügungsbahnen ist meist eine bescheidene — sie beträgt in Zeiten guten Verkehrs etwa 3%, um in schlechteren Zeiten unter Null zurückzugehen. Die Geschichte der schweizerischen Touristenbahnen[1] ist hierfür sehr lehrreich — viele davon haben ein oder mehrere Male liquidieren müssen. In der Nachkriegszeit haben sie fast alle starke Herabsetzungen des Aktienkapitals vornehmen und sich mit ihren Gläubigern vergleichen müssen.

Die Rentabilität der Bahnen für gemischten Betrieb von Haupt- oder Nebenbahncharakter ist annähernd die gleiche wie die entsprechender Reibungsbahnen unter ähnlichen Verhältnissen, nur wirken verteuernd die hohen Oberbau- und Lokomotivkosten.

7. Wahl der Betriebsart.

Aus dem Vorstehenden ist klar zu ersehen, daß sich weder vom technischen noch vom wirtschaftlichen Standpunkt aus allgemeine Regeln dafür aufstellen lassen, wann ein bestimmtes Bahnsystem am zweckmäßigsten ist. Es gilt hier von Fall zu Fall zu entscheiden, wobei noch zu berücksichtigen ist, daß sich die Verhältnisse mit den Fortschritten der Lokomotiv- und Bremstechnik, vor allem durch die immer zunehmende Verbreitung der elektrischen Zugkraft und der durchgehenden Bremse ständig verschieben.

In den letzten Jahren ist auf verschiedenen für gemischten Reibungs- und Zahnradbetrieb eingerichteten Bahnen (Harzbahn, Freudenstadt-Reichenbach) durchgehender Reibungsbetrieb eingeführt worden, bei anderen Bahnen wird diese Frage erwogen. Während man früher mit 40‰ Höchststeigung bei Reibungsbahnen mit Lokomotivbetrieb rechnete (im Gegensatz zum Triebwagenverkehr, bei dem wesentlich größere Steigungen zulässig sind), wird neuerdings[2] empfohlen, diese Steigung auf 70‰ festzusetzen, wobei dann u. U. Vorrichtungen zur Erhöhung der Reibung (Sandstreuer) erforderlich sind.

Zahnradbahnen in Schweizer Franken.

und feste Einrichtungen					Rollmaterial total	Mobiliar und Gerätschaften	Hilfsbetriebe	Gesamte Baukosten total	Zahnstange
Oberbau	Hochbau und mechan. Einrichtungen	Einrichtungen für die elektr. Zugförderung	Telegraph, Signale und Sicherungsanl.	Total					
je Bahn-km	je Bahn-km	je Bahn-km	je Bahn-km	je Bahn-km	je Bahn-km			je Bahn-km	
92672	28692	36130	2627	495894	44162	27550	—	586052	Riggenbach
43702	6892	26923	968	125722	42585	6529	—	178069	Strub
76863	17351	—	948	221962	26997	15125	—	261604	Abt
61008	39030	26481	6162	407158	50434	6744	—	528582	Strub
53833	27913	—	414	172658	31578	27553	—	216180	Abt
67604	58374	—	1788	278017	59679	25261	—	362278	Abt
58539	33463	23348	1433	320407	20123	28980	364295	412022	Abt
61200	149813	64839	2514	1046616	79179	111611	3958099	1754741	Strub
61108	17089	78078	1513	808409	87867	4499	—	932180	Abt
101352	118137	—	4947	452638	78467	28796	—	581261	Locher
107914	54448	—	601	340513	88013	16566	—	476756	Riggenbach
86914	29766	—	1329	338364	41483	12175	—	438085	Riggenbach
80555	16159	20567	2485	356894	38966	42302	—	443641	Leiter
66871	25702	10260	4741	196142	11489	2083	—	223052	Abt
70177	43808	51168	2566	374598	47867	104808	—	464556	Leiter

[1] Vgl. Schweizer. Eisenbahnstatistik.

[2] Nordmann in Organ 1924.

Tabelle 2. Baukosten der

	Er-öffnungs-jahr	Länge der Rei-bungs-strecke km	Länge der Zahn-strecke km	Allge-meine Kosten total je Bahn-km	Erwerb von Grund und Rechten je Bahn-km	Unter-bau je Bahn-km
Bundesbahnen (Brünigbahn) . .	1888/89	47,357	R. 9,013	20595	30351	125534
Aigle—Leysin	1900	2,017	A. 4,811	34521	22707	169544
Altstetten—Gais	1911	4,743	S. 3,304	5981	24767	42623
Appenzeller Straßenbahn	1889	14,103	A. 5,418	7805	33079	53246
Berner Oberlandbahn.	1890	19,305	R. 4,345	8519	17807	60982
Bex—Villars—Chésières.	1898/1906	9,007	A. 4,866	8893	7480	43897
Furkabahn	1914	65,5	A. 32,5	145801	29196	187456
Leuk—Leukerbad	1915	5,6	A. 4,9	40696	22784	110957
Martigny—Châtelard	1906/08	18,115	S. 2,477	56403	26781	176739
Monthey—Champéry	1908/09	8,465	S. 3,679	14639	30564	58594
Schöllenenbahn	1917	1,060	A. 2,505	61831	11391	414957
Stansstad—Engelberg.	1898	21,052	R. 1,492	2915	18024	25014
Visp—Zermatt.	1890/91	27,771	A. 7,449	22018	17017	67961

R. = Riggenbach; A. = Abt; S. = Strub.

Im Jahre 1900 hat Blum[1] eine ausführliche Studie über die Frage der Wahl der Betriebsart veröffentlicht, die natürlich in ihren zahlenmäßigen Angaben nicht mehr zutrifft, deren Methode aber auf die Untersuchung von Spezialfällen noch heute anwendbar ist.

Ein Vergleich zwischen einer reinen Reibungsbahn und einer reinen Zahnradbahn ist verhältnismäßig einfach, da hier nicht sehr viele verschiedene Möglichkeiten vorliegen; es sind vor allem zwei Fälle denkbar: erstens, daß die Linienführung (und Steigung) für jede Betriebsart die gleiche ist, zweitens, daß die Reibungsbahn eine andere Linienführung aufweist als die Zahnradbahn — und zwar mit größeren Längen und geringeren Steigungen.

Im ersteren Fall werden sich die Baukosten einer Reibungs- oder Zahnradbahn nur wenig voneinander unterscheiden; der grundsätzliche Unterschied ist der, daß die Zahnradbahn die Zahnstange erfordert, dafür aber mit wesentlich leichteren Lokomotiven auskommen kann; das geringere Lokomotivgewicht kann auch leichteren Oberbau und leichtere Brückenbauten bedingen; meist werden diese Ermäßigungen aber nicht sehr bedeutend sein. Bei generellen Berechnungen wird man nicht weit fehlgehen, wenn man bei gleichem Achsdruck in beiden Fällen die Baukosten der Bahnen als gleich annimmt und nur bei der Zahnradbahn die Mehrkosten für die Zahnstange (25000 bis 40000 Mark je km) in Anschlag bringt. Die Lokomotiven der Zahnradbahnen sind teurer als die Reibungslokomotiven — bei gleichem Gewicht etwa das 1,5 bis 2,0fache — kosten also bei gleicher Zugkraft etwa das gleiche. Die übrigen Kosten, wie für Stationsanlagen, Werkstätteneinrichtungen und dergleichen werden durch die Betriebsart bald in der einen, bald in der anderen Richtung beeinflußt — im ganzen gleichen sich diese Einflüsse aus; andere Kosten, wie für Signal- und Sicherungsanlagen, Verwaltung und dergleichen mehr sind unabhängig von der Betriebsart.

Schwieriger liegt der zweite Fall, wenn die Linienführung der beiden Bahnarten verschieden ist, da hier fast alle Kostenpositionen voneinander abweichen; fast immer wird wohl die kürzere Zahnradbahn weniger kosten als die Reibungsbahn, doch sind auch Geländeverhältnisse denkbar, die eine künstliche Ver-

[1] Z. Bauw.

gemischten Bahnen in Schweizer Franken.

Oberbau je Bahn-km	Hochbau und mechan. Einrichtung je Bahn-km	Einrichtung für die elektr. Zugförderung je Bahn-km	Telegraph, Signale und Sicherungsanl. je Bahn-km	Total je Bahn-km	Rollmaterial total je Bahn-km	Mobiliar und Gerätschaften	Hilfsbetriebe	Gesamte Baukosten je Bahn-km	Spurweite mm
31329	28141	—	4720	220075	51317	350095	23417	298377	1000
63315	63794	54050	1834	375244	78655	35231	—	501051	1000
35434	2834	8739	3804	118201	30591	7018	—	162140	1000
43940	36741	—	2376	169382	43680	58232	—	225315	1000
30910	20590	26951	3170	160410	55991	119481	—	230816	1000
41760	14021	14326	710	122194	54889	20311	—	187944	1000
33984	10583	—	1759	262978	37996	100558	—	450170	1000
44664	17431	14156	943	210935	36335	14344	—	291318	1000
32641	39877	23795	5350	305183	69007	78822	—	434421	1000
31090	12506	35610	2352	170716	34410	58838	—	227035	1000
67137	70897	79802	2254	646438	116640	20349	—	844850	1000
25502	15431	12273	1337	97581	33214	19954	274936	146791	1000
27449	23992	—	855	137274	25777	114432	—	188888	1000

längerung billiger werden lassen, so z. B. unsichere Hänge, Schluchten u. a. in der Trasse der Zahnradbahn, die hier besonders kostspielige Bauwerke erforderlich machen würden.

Außer den Baukosten sind stets die Betriebskosten sehr eingehend und sorgfältig zu untersuchen. Hierbei ist zu beachten, daß der Kohlen- und Schmiermittelverbrauch der Zahnradlokomotiven wegen der größeren Widerstände und wegen des komplizierteren Mechanismus höher ist als bei den Reibungslokomotiven; ebenso ist die Abnützung und Reparaturbedürftigkeit der Zahnradlokomotiven stärker als die der Reibungslokomotiven, so daß bei Zahnradbahnen mit einer größeren Lokomotivreserve zu rechnen ist als bei den Reibungsbahnen. Die Streckenkosten sind wegen Unterhaltung, Wartung und Schmierung der Zahnstange höher als bei den Reibungsbahnen. Die Fahrgeschwindigkeit ist bei den Zahnradbahnen meist geringer als auf den Reibungsbahnen. Diesen Nachteilen der Zahnradbahn steht aber der Vorteil der verhältnismäßig großen Zugkraft gegenüber — man rechnet bei Reibungsbahnen mit einem Zugkraftskoeffizienten von etwa $m f = 0{,}15$ (vgl. S. 1), bei reinen Zahnradlokomotiven beträgt dieser Koeffizient etwa 0,4, also das 2,7fache. Man kann also bei Zahnradbahnen eine gegebene Verkehrsmenge mit einer viel geringeren Zugzahl bewältigen als bei den Reibungsbahnen.

Die Betriebskosten hängen in sehr hohem Maße von der Verkehrsgröße ab — im allgemeinen wird bei stärkerem Verkehr der Zahnradbetrieb schon bei geringeren Steigungen[1] wirtschaftlicher sein als bei kleinem Verkehr (weniger Züge), wie auch Blum an verschiedenen Beispielen nachgewiesen hat. Eine Grenze ist hier durch den Fall gegeben, daß die Leistungsfähigkeit einer Zahnradbahn nicht ausreicht, um den Verkehr zu bewältigen, in diesem Fall wird wohl eine Reibungsbahn mit künstlicher Längenentwicklung (geringere Steigung, rascheres Fahren) die zweckmäßigere Lösung sein, doch lassen sich hierfür keine allgemeingültigen Regeln aufstellen, sondern es gilt von Fall zu Fall auf Grund sorgfältiger Überlegungen und gründlicher Berechnungen zu prüfen. Immerhin

[1] Es ist z. B. klar, daß bei einem Verkehr, der so gering ist, daß er mit wenigen Triebwagenfahrten bewältigt werden kann, auch große Steigungen vorteilhaft im Reibungsbetrieb überwunden werden können.

Tabelle 3. Betriebsausgaben

	Allgemeine Verwaltung			Unterhalt und Bewachung der Bahn		
	je Bahn-km Fr.	je Achs-km Cent.	in Prozenten der Betriebsausgaben	je Bahn-km Fr.	je Achs-km Cent.	in Prozenten der Betriebsausgaben
Arth-Rigibahn	1855	24,1	10,3	3786	49,1	21,0
Blonay—Les Pléiades	...	...	...	...	...	...
Brienz-Rothornbahn	70	—	18,9	28	—	7,5
Brunnen—Morschach—Axenstein	2109	19,7	17,3	1387	12,9	11,4
Generosobahn	1155	40,4	12,9	1716	60,0	19,2
Glion—Rochers de Naye	1028	5,6	4,0	3703	20,0	14,5
Gornergratbahn	1392	37,4	10,6	2393	64,2	18,2
Jungfraubahn	4433	50,4	7,1	15560	190,1	25,0
Montreux—Glion	1161	2,2	5,2	1515	2,8	6,8
Pilatusbahn	5286	114,3	12,4	6155	133,1	14,4
Rigibahn	3311	46,3	5,7	5749	80,2	9,9
Rorschach—Heiden	1866	10,7	6,5	7094	40,6	21,5
Schynige-Platte-Bahn	669	7,4	5,8	2867	31,6	24,8
Villars—Chésières—Bretaye	267	4,7	4,7	1882	33,0	33,8
Wengernalpbahn	2369	10,5	6,3	5767	25,6	15,2

Tabelle 4. Betriebsausgaben

	Allgemeine Verwaltung			Unterhalt und Bewachung der Bahn		
	je Bahn-km Fr.	je Achs-km Cent.	in Prozenten der Betriebsausgaben	je Bahn-km Fr.	je Achs-km Cent.	in Prozenten der Betriebsausgaben
Bundesbahnen (Brünigbahn)	...	...	...	...	...	...
Aigle—Leysin	2382	9,0	6,3	4465	16,9	11,8
Altstetten—Gais	890	4,1	6,1	1510	7,0	10,3
Appenzeller Straßenbahn	1539	2,5	5,2	4588	7,5	15,6
Berner Oberlandbahn	1809	2,6	5,9	4359	6,3	14,1
Bex—Villars—Chésières	1147	3,3	5,1	2137	6,1	9,5
Furkabahn	645	3,8	8,0	1827	11,0	22,7
Leuk—Leukerbad	594	7,7	9,3	1445	18,8	22,8
Martigny—Châtelard	1202	4,4	4,6	2077	7,7	8,1
Monthey—Champéry	1388	6,8	10,7	1873	9,2	14,4
Schöllenenbahn	2573	11,5	11,5	3869	17,5	17,3
Stansstad—Engelberg	1230	3,1	8,2	2628	6,5	17,4
Visp—Zermatt	1123	6,5	10,8	2083	12,1	20,0

ist die Wahl zwischen einer reinen Zahnradbahn und einer Reibungsbahn nicht zu schwierig, da sich die Verhältnisse meist recht gut übersehen lassen.

Sehr schwierig wird der Vergleich zwischen einer Reibungs- und einer gemischten Bahn, da hier sehr viele Möglichkeiten auch in jedem einzelnen Fall vorhanden sind, insofern als bei den gemischten Bahnen die Grenze zwischen Reibungssteigung und Zahnradsteigung verschieden gewählt werden kann und auch in diesem Rahmen noch verschiedene Steigungen möglich sind. Hierbei ist zu beachten, daß Änderungen der Steigung der Zahnstrecke eine geringere wirtschaftliche Bedeutung haben als Änderungen der Steigungen der Reibungsstrecke. Über das zweckmäßigste Verhältnis zwischen Zahnstangen- und Reibungssteigung ist schon oben gehandelt worden, es liegt für Betrieb mit Dampflokomotiven im allgemeinen zwischen 2 und 3, doch sind auch Bahnen gebaut worden, bei denen dieser Wert bedeutend größer ist — bis zu 5.

bei Zahnradbahnen.

Stationsdienst und Zugbegleitung			Fahr- und Werkstättendienst			Verschiedene Ausgaben			Total der Betriebsausgaben		
je Bahn-km Fr.	je Achs-km Cent.	in Prozenten der Betriebsausgab.	je Bahn-km Fr.	je Achs-km Cent.	in Prozenten der Betriebsausgaben	je Bahn-km Fr.	je Achs-km Cent.	in Prozenten der Betriebsausgaben	je Bahn-km Fr.	je Achs-km Cent.	in Prozenten der Betriebseinnahmen
2419	31,4	13,4	8426	109,4	46,7	1548		8,6	18034	234,0	62,2
......	......	......	......	......	......	......	......	......	......	......	......
—	—	—	—	—	—	247		73,6	372	—	274,0
3813	35,6	31,3	3867	36,2	31,7	1012		8,3	12188	114,1	71,3
1096	38,4	12,3	3959	138,5	44,3	1009		11,3	8935	312,7	101,7
6201	33,5	24,3	12024	64,9	47,0	2599		10,2	25555	138,0	82,0
1854	49,8	14,1	4527	121,4	34,5	2963		22,6	13129	352,2	44,1
8579	104,8	13,8	24851	303,5	40,3	8641		13,8	62064	75,8	59,5
4652	8,6	21,0	11996	22,3	54,1	2866		12,9	22190	41,2	73,7
4288	92,8	10,0	19773	427,6	46,3	7205		16,9	42707	923,6	71,3
7110	99,3	12,2	23635	330,0	40,7	18299		31,5	58112	811,1	81,5
5147	29,4	17,9	13851	79,2	48,2	1690		5,9	29648	169,6	89,9
2183	24,1	18,8	4914	54,3	42,5	941		8,1	11574	127,8	65,4
1134	19,9	20,3	1599	28,0	28,7	698		12,5	5580	97,9	62,4
4977	22,1	13,1	21022	93,3	55,5	3771		9,9	37906	168,2	87,5

bei gemischten Bahnen.

Stationsdienst und Zugsbegleitung			Fahr- und Werkstättendienst			Verschiedene Ausgaben			Total der Betriebsausgaben		
je Bahn-km Fr.	je Achs-km Cent.	in Prozenten der Betriebsausgaben	je Bahn-km Fr.	je Achs-km Cent.	in Prozenten der Betriebsausgaben	je Bahn-km Fr.	je Achs-km Cent.	in Prozenten der Betriebsausgaben	je Bahn-km Fr.	je Achs-km Cent.	in Prozenten der Betriebseinnahmen
......	......	......	......	......	......	......	......	......	......	......	......
13059	49,5	34,4	16308	61,8	43,0	1697		4,5	37911	143,6	68,4
3421	15,9	23,4	7419	34,5	50,9	1351		9,3	14591	67,9	100,9
6449	10,5	21,9	15382	25,1	52,1	1543		5,2	29501	48,2	90,8
7307	10,5	23,6	14379	20,7	46,6	3033		9,8	30887	44,4	78,6
5895	16,9	25,9	12404	35,6	54,7	1095		4,8	22678	65,2	106,5
1368	8,2	17,0	3573	21,5	44,4	626		7,9	8039	48,5	113,7
1344	17,5	21,2	2221	28,9	34,9	747		11,8	6351	82,7	94,7
5573	20,6	22,8	7987	29,6	31,5	8383		33,0	25222	93,6	62,0
3602	17,7	27,8	5266	25,9	40,6	846		6,5	12975	63,9	88,9
3634	16,5	16,2	8517	38,3	38,1	3777		16,9	22370	101,2	75,0
4699	11,7	31,2	5281	13,2	35,1	1218		8,1	15056	37,5	68,1
1477	8,6	14,2	3842	22,2	36,9	1887		18,1	10412	60,3	55,6

Diese Zahlen gelten für Dampfbetrieb, bei elektrischem Betrieb gelten andere Verhältnisse, da getrennte Motoren für jeden Antrieb vorhanden sind und technisch fast beliebige Verhältnisse zwischen beiden Motorgruppen möglich sind. Welche Kombinationen die wirtschaftlich besten Ergebnisse hervorbringen würden, wäre noch zu untersuchen.

In wie weiten Grenzen die Bau- und Betriebskosten sowie die Betriebsergebnisse bei den verschiedenen Bahnsystemen schwanken und wie verschieden sich auch die Betriebskosten zusammensetzen, ist aus der folgenden, nach der Schweizer Eisenbahnstatistik für 1923 zusammengestellten Tabelle 5 zu entnehmen.

In Tabelle 6 sind noch einige Angaben für die Schweizer Bahnen mit dem jeweils größten oder kleinsten Verkehr, gemessen in Achskilometer je Bahnkilometer, zusammengestellt.

Tabelle 5. Betriebsausgaben: Verteilung auf die einzelnen Posten in Prozenten.

	Vollspur (ohne Bundesbahnen) insgesamt (33)			Schmalspur insgesamt (68)			Schmalspur gemischt (12)			Reine Zahnradbahnen (15)		
	von	bis	Mittel	von	bis	Mittel	von	bis	Mittel	von	bis	Mittel
Allgemeine Verwaltung	2,6	15,9	5,3	2,7	13,1	5,9	4,6	11,5	7,65	4,7	18,9	7,3
Unterhaltung und Bewachung der Bahn .	8,0	28,8	16,7	4,0	30,2	17,3	8,1	22,8	15,33	6,8	33,8	17,8
Stationsdienst und Zugbegleitung	15,7	42,9	27,2	13,2	34,4	24,5	14,2	34,4	23,30	10,0	31,3	14,7
Fahr- u. Werkstättendienst	25,2	50,3	38,6	29,6	57,7	42,5	31,5	54,7	42,40	28,7	55,5	45,8
Verschiedene Ausgaben	3,8	18,1	12,2	1,5	33,0	9,8	4,5	33,0	11,32	5,9	73,6	14,4

Tabelle 6. Betriebsergebnisse 1923.

	Vollspur		Schmalspur		Gemischt Schmalspur		Zahnrad	
	Kriens—Luzern	Bern—Lötschberg—Simplon	Rigi—Scheidegg	Bern—Worb	Visp—Zermatt	Berner-Oberland	Generoso	Montreux—Glion
Bahnlänge in km	3	118	7	10	36	24	9	3
Größte Steigung in ‰ . . .	34	20	50	36	125	120	220	130
Achskilometer je km	8296	214831	3079	187947	17278	69590	2857	53878
Baukosten Fr. je km	96888	1625797	207657	222068	188888	230816	216180	932180
Betriebseinnahme Fr. je km .	25199	77915	2410	42449	18719	39311	8782	30091
Betriebsausgabe Fr. je km . .	22495	59745	2614	30890	10412	30887	8935	22190
Betriebsausgaben in % der Betriebseinnahmen	89,3	76,7	108,5	72,8	55,6	78,6	101,7	73,7
Betriebsüberschuß Fr. je km .	2704	18171	— 204	11559	8307	8424	— 153	7901
Betriebsüberschuß in % der Anlagekosten	2,8	1,1	—	5,2	4,4	3,6	—	0,85
Reinertrag %	3,22	0	0	5,28	3,51	0	0	0

Es sei noch bemerkt, daß bei der Berechnung der Betriebskosten den Personalkosten besondere Aufmerksamkeit zu schenken ist, da sie u. U. den Ausschlag bei der Wahl der einen oder anderen Betriebsart geben können.

Bei der Bearbeitung des Entwurfs einer Bahn mit starker Steigung wird zweckmäßig wie folgt vorgegangen:

1. Bestimmung der Stärke und Art des Verkehrs.
2. Studium des Geländes und Ermittlung der Bauschwierigkeiten.
3. Ermittlung der Bahngattung (Haupt-, Neben-, Kleinbahn, Vollspur, Schmalspur) unter Berücksichtigung der Anschlußbahnen.
4. Bestimmung der Grenzneigung zwischen Reibungs- und Zahnradbahnbetrieb für den zu erwartenden Verkehr und die gewählte Bahngattung.
5. Bestimmung der durchschnittlichen Geländeneigung und Vergleich mit der ermittelten Grenzneigung.

Ist die Geländeneigung flacher als die Grenzneigung, so kommt nur eine Reibungsbahn in Frage, ist sie steiler, so kann eine Reibungsbahn mit künstlicher Längenentwicklung, eine Bahn für gemischten Betrieb und endlich eine reine Zahnradbahn in Frage kommen.

6. Auswahl zwischen den möglichen Bahnarten.

Eine gemischte Bahn wird nicht nur meist eine technisch günstigere Linienführung ermöglichen, da sie sich dem Gelände besser anschmiegen kann, sondern wird aus diesem Grunde auch besser an die einzelnen Ortschaften herangehen können als die Reibungsbahn, die zu ihrer Längenentwicklung häufig an Hängen hoch über oder tief unter den Ortschaften durchgeführt werden muß, und damit einen größeren Verkehr anziehen als die nur schwer zu erreichende Reibungsbahn.

Fällt die Entscheidung zugunsten des gemischten Betriebes, so folgt noch

7. Die Untersuchung, welches Verhältnis zwischen Reibungs- und Zahnstangenneigungen am wirtschaftlichsten ist (unter Berücksichtigung von Bau- und Betriebskosten) und endlich

8. der Vergleich der hiernach möglichen verschiedenen Linienführungen der gemischten Bahn.

Bei allen diesen Untersuchungen sind auch die zahlenmäßig nicht zu erfassenden Rücksichten, wie z. B. auf starken Durchgangsverkehr, auf militärische Wünsche u. a. m. mit in Betracht zu ziehen.

II. Standseilbahnen.

1. Allgemeines – historische Entwicklung.

Im Abschnitt über Zahnradbahnen ist gezeigt worden (S. 20), daß diese wegen der Gefahr des Ausgleitens des Zahnrades von der Zahnstange nur bis zu bestimmten Steigungen Anwendung finden können (nur ausnahmsweise über 250‰ ausgeführt). Sollen stärkere Steigungen überwunden werden, so verläßt man das Prinzip des selbständig angetriebenen Fahrzeugs und bedient sich des Seils als Zugmittel, wobei die Kraft durch Gegengewichte oder ortsfeste Antriebsmaschinen, meist durch eine Verbindung beider gewonnen wird.

Die Standseilbahnen, d. s. Bahnen, bei denen die auf Schienen laufenden Wagen durch ein Seil angetrieben werden, reichen in ihren Anfängen bis ins

Abb. 98. Betrieb auf der Seilebene Erkrath-Hochdahl (nach Reichsbahn-Kalender).

graue Altertum zurück[1]. Sie haben hauptsächlich im Bergwerks- und Grubenbetriebe ausgedehnte Anwendung gefunden, und zwar in der Form der Bremsberge: hier zieht ein beladener Wagen durch ein um eine feststehende Trommel oder Scheibe geschlungenes Seil einen leeren oder leichter beladenen Wagen auf einer schiefen Ebene empor — das Gefälle ist hierbei in der Regel recht ungleichmäßig; die überschüssige Kraft wird am Windwerk durch Bremsen vernichtet. Solche Bergwerksseilbahnen sind z. B. auch von George Stephenson mit bestem Erfolg gebaut worden.

[1] Vgl. zur Geschichte der Seilbahnen: Handbuch der Ingenieurwissenschaften Teil V, Bd. 8; Lévy-Lambert: Chemins de fer funiculaires; Handbuch für Spezielle Eisenbahntechnik Bd. 5.

Auch im Zuge von Reibungsbahnen sind Seilebenen frühzeitig zur Überwindung von Steilrampen, oder was man im Anfangsstadium der Eisenbahnen Steilrampen nannte (20 ‰), verwandt worden. Diese Anlagen wurden später meist wieder aufgegeben, als man lernte, auch größere Steigungen im Reibungsbetrieb zu überwinden, doch haben sich einige Seilbahnen bis auf unsere Tage erhalten. Es seien hier nur einige der bedeutendsten derartigen Anlagen genannt: 1830 auf der Liverpool-Manchester-Eisenbahn, 1860 die Serrabahn in Brasilien, welche in vier Stufen einen Höhenunterschied von rd. 780 m überwindet. Die schiefe Ebene von Lüttich im Zuge der Bahn Köln-Antwerpen wurde in den Jahren 1838 bis 1842 gebaut und war bis 1871 im Betrieb. 1841 wurde die Seilebene von Erkrath-Hochdahl auf der Bahnlinie Düsseldorf-Elberfeld erbaut, die bis 1926 im Betriebe war (Abb. 98).

Abb. 99. Seilstrecke im Zuge der Sutschanbahn (Arthur Koppel).

Derartige Anlagen sind auch später ausgeführt worden, so 1904 von Arthur Koppel in Sibirien im Zuge der 30 km langen, dem Kohlentransport dienenden schmalspurigen (750 mm) Sutschanbahn: 5 Seilaufzüge und 3 Bremsberge von insgesamt 7 km Länge, 200‰ Höchststeigung und 64 m Mindestradius (Abb. 99). Hier führte vor allem die große Eile, mit der die Bahn während des Russisch-Japanischen Krieges fertiggestellt werden sollte, dazu, dieses System zu wählen — an sich wäre eine Zahnradbahn mit gemischtem Betrieb zweckmäßiger und wirtschaftlicher gewesen.

Neuerdings machen sich aber wieder Bestrebungen geltend, die Seilebenen bei Reibungsbahnen zur Überwindung einzelner sehr starker Steigungen (terrassenförmiges Gelände) einzuschalten[1]. Bei guter Durchbildung der Konstruktion dürfte ihnen u. U. bei Bahnen mit nicht zu starkem Verkehr noch eine Zukunft beschieden sein.

Eine ausgedehnte Anwendung finden die Standseilbahnen heute zur Überwindung großer Höhenunterschiede auf kurzen steilen Strecken, im öffentlichen Verkehr fast ausschließlich zur Personenbeförderung.

Im folgenden sollen nur diese Personen-Seilbahnen behandelt werden — Touristenbahnen, wie man sie vielfach nennt, da sie in der Hauptsache dem Touristenverkehr zu Ausflugsorten im Gebirge dienen. Es sollen nur solche Bauweisen erörtert werden, die heute allgemein üblich sind; wegen Anlagen, die nur noch historisches Interesse haben, wie Agudios Seilebene u. a. wird auf die in Anmerkung 1, Seite 76, genannten Werke verwiesen.

[1] Bäseler: Verk. Woche 1924.

Der Betriebsart nach unterscheidet man Bahnen mit Pendelverkehr einerseits, mit Umlauf- oder kontinuierlichem Verkehr andererseits, dem Antrieb nach Bahnen mit Übergewichts- (meist Wasserballast-) Antrieb und solche mit motorischem Antrieb.

2. Betriebsarten.

a) Pendelbetrieb.

Bei Bahnen mit Pendelverkehr sind in der Regel nur zwei Wagen vorhanden, die manchmal noch mit einem kleinen Anhängewagen, meist für Gepäckbeförderung, versehen und durch ein Seil zwangläufig miteinander verbunden sind, das am oberen Ende der Bahn um eine Seiltrommel oder Seilscheibe geschlungen ist. Fährt ein Wagen aufwärts, so geht der andere abwärts — die Ankunfts- und Abfahrtszeiten der beiden Wagen auf der oberen und unteren Station fallen genau zusammen, die Kreuzung findet in der Bahnmitte statt. Von Fahrt zu Fahrt ändert sich die Bewegungsrichtung der Wagen — sie „pendeln“ auf und ab.

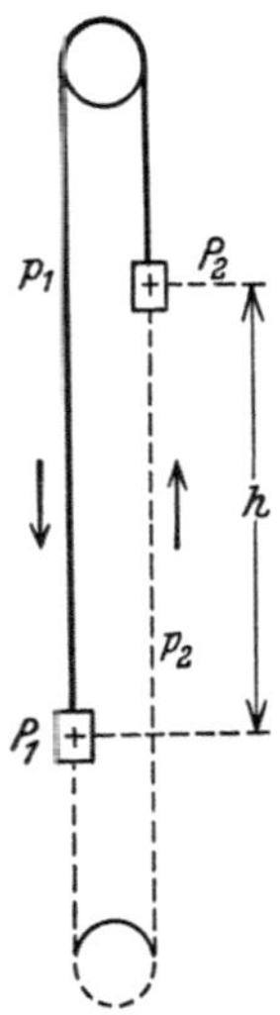

Abb. 100. Schema einer Standseilbahn mit Pendelbetrieb.

Gewöhnlich hängen die Wagen an den Enden des Seils — offenes Seil, — in manchen Fällen ist aber noch ein zweites Seil vorhanden, das die Wagen über eine Rolle am unteren Ende der Bahn verbindet — geschlossenes Seil (siehe Abb. 100).

Diese Form der Seilbahnen hat bei weitem die ausgedehnteste Verbreitung gefunden, und zwar vornehmlich in der Schweiz und von dort ausgehend in vielen Ländern und Erdteilen; man spricht daher auch von schweizerischer Bauweise. Es sind zwei Schweizer Firmen: die Gießerei Bern der L. von Rollschen Eisenwerke und Theodor Bell & Co. in Kriens-Luzern, welche bei weitem den größten Teil aller Standseilbahnen nach diesem System ausgeführt haben und sich auch ständig mit der Verbesserung desselben befassen; daneben kommt in Deutschland vor allem die Maschinenfabrik Eßlingen in Eßlingen in Betracht.

Die ersten Seilbahnen mit Pendelbetrieb für Personenverkehr sind allerdings außerhalb der Schweiz entstanden: so Lyon-Croix Rousse 1862, erbaut von Molinos und Pronier, ihr folgten Anfang der 70er Jahre zwei weitere Seilbahnen in Lyon; die Ofener Seilbahn wurde im Jahre 1870 eröffnet; einige andere Bahnen entstanden noch um die gleiche Zeit. Die erste schweizerische Seilbahn war die von Ouchy nach Lausanne 1877; 1879 entstanden die Gießbachbahn und die Bahn Lausanne-Gare. In den 80er und 90er Jahren wurde eine große Zahl von Standseilbahnen erbaut. Z. Z. stehen in der Schweiz 50 Standseilbahnen in Betrieb, von denen 12 durch Wasserübergewicht oder Turbinen angetrieben werden, während die übrigen elektrischen Antrieb haben[1].

Alle diese Bahnen haben nur zwei Wagen; ist die Strecke zu lang, um wirtschaftlich mit zwei Wagen betrieben zu werden — sehr lange Fahrzeit, verhältnismäßig schweres Seil — so wird die Strecke in zwei oder mehr Abschnitte unterteilt, die gesondert betrieben werden (Cassarate-Monte Brè, Sierre-Montana-Vermala und Niesenbahn je zwei Sektionen, Stanserhornbahn drei Sektionen).

[1] Vgl. Beilage Tabelle 7: „Hauptverhältnisse der schweizerischen Drahtseilbahnen“ von 1913. — Die dort gemachten Angaben stimmen nicht mehr ganz mit den heutigen Verhältnissen überein, da in den 17 Jahren verschiedene neue Bahnen hinzugekommen sind z. B. Treib-Seelisberg u. a.) und bei den bestehenden verschiedentlich Umbauten zur Erhöhung der Leistungsfähigkeit usw. durchgeführt wurden (z. B. Lugano—San-Salvatore).

Ein Vierwagensystem, bei dem an jedem Seiltrumm zwei Wagen hängen, die jeweils nur die halbe Strecke durchfahren, wobei in der Mitte umgestiegen wird, ist bisher nur einmal angewandt worden, und zwar von Seefehlner für eine Arbeiterbahn auf den steirischen Erzberg[1].

Czitary weist auf verschiedene Ausgestaltungsmöglichkeiten der Vierwagenbahn hin, die eine wirtschaftliche Bahngestaltung auch bei schwierigem Gelände ermöglichen sollen[2].

b) Kontinuierlicher Betrieb[3].

Der kontinuierliche oder Umlaufbetrieb ist dadurch gekennzeichnet, daß die Wagen je nach Bedarf an ein ständig umlaufendes Seil an- bzw. von ihm abgekuppelt werden. Diese Bauweise hat im Bergwerksbetriebe und für Werkbahnen ausgedehnte Anwendung gefunden und ist früher auch bei Straßenbahnen auf steilen Rampen angewandt worden (vor allem in Amerika). Hierbei lief das Seil in einem Kanal unter der Straße, in den die Greifapparate der Wagen durch einen Schlitz hineinreichten. Wegen der großen Anlage- und Betriebskosten, sowie wegen mancher damit verbundener technischer Mißstände ist diese Bauweise verlassen worden.

Standseilbahnen mit Umlaufbetrieb und oberirdischer Seilführung sind für den Personenverkehr nicht verwandt worden, hauptsächlich wohl aus dem Grunde, daß es noch nicht gelungen ist, wirklich einwandfreie Kupplungen herzustellen.

Für den von den Standseilbahnen zu bewältigenden Verkehr genügen in der Regel auch die zwei Wagen des Pendelsystems, die neuerdings mit großem Fassungsraum (bis zu 130 Personen) gebaut werden.

Im folgenden sollen nur Pendelbahnen mit zwei Wagen behandelt werden[4].

3. Linienführung.

Während eine Standseilbahn bezüglich der Krümmungsverhältnisse nach den gleichen Grundsätzen entworfen wird, wie die Reibungs- und Zahnradbahnen — es sind Halbmesser bis herunter zu 100 m angewandt worden, und es könnten bei richtiger Anordnung der Kurvenrollen (siehe weiter S. 92) auch kleinere Radien zur Verwendung gelangen — unterliegt die Ausbildung des Längenschnittes grundsätzlich anderen Bedingungen.

Bei den Bahnen mit Antriebsmaschinen, die sich mit dem Zuge zusammen fortbewegen, steht die Leistungsfähigkeit in umgekehrtem Verhältnis zur Steigung, bzw. es ist bei gleicher Leistung der Bahn auf der stärkeren Steigung auch die größere Zugkraft erforderlich, $Z = (L + G)\ (w + s)$. Anders bei der Standseilbahn — hier fährt stets gleichzeitig mit dem bergwärts fahrenden Zuge ein anderer mit dem ersten durch das Seil zwangläufig verbundener talwärts — die Gewichte dieser Wagen kompensieren sich, so weit sie gleich sind — es ist nur die zur Hebung des Gewichtsunterschiedes erforderliche Kraft aufzuwenden; daher ist auch der Kraftverbrauch von gut gebauten Standseilbahnen verhältnismäßig sehr gering.

Durch geeignete Ausbildung des Längenschnitts ist es noch möglich, das Gewicht der sich auf- und abrollenden Seilenden auszugleichen und so Konstanz der Zugkraft zu erreichen (Gleichgewichtsprofil — theoretischer Längenschnitt).

Die Höchststeigung ist daher auch theoretisch mit 90^0, $s = \infty$ begrenzt, praktisch wird dieser Wert natürlich nicht annähernd erreicht — bei Standseil-

[1] Z. öst. Ing.-V. 1925. [2] Die Bautechnik 1925.
[3] Vgl. Handbuch der Ingenieurwissenschaften.
[4] Wegen besonderer Ausführungsarten vgl. auch Hütte, 25. Aufl., Bd. 3, S. 967.

bahnen für Personenförderung (im öffentlichen Verkehr) kommen Steigungen bis 830‰ vor; bei Baubahnen, die ja auch Personen befördern, noch bedeutend stärkere Steigungen, so beim Schrägaufzug des Achenseewerkes[1] 1300‰ (52° 18′).

a) Bestimmung des Gleichgewichtsprofils[2].

Die Bedingung für das Gleichgewichtsprofil lautet, daß die Zugkraft und damit bei gleichmäßiger Geschwindigkeit auch die Leistung konstant ist, unabhängig von der Wagenstellung. Eine mathematisch genaue Ableitung der Gleichung des theoretischen Längenschnitts gaben zuerst im Jahre 1913 unabhängig voneinander Chenaux und v. Reckenschuß.

Der folgenden Ableitung der Gleichung des theoretischen Längenschnitts sind die Untersuchungen von Reckenschuß[3] und Peter[4] zugrunde gelegt.

Im folgenden sei:

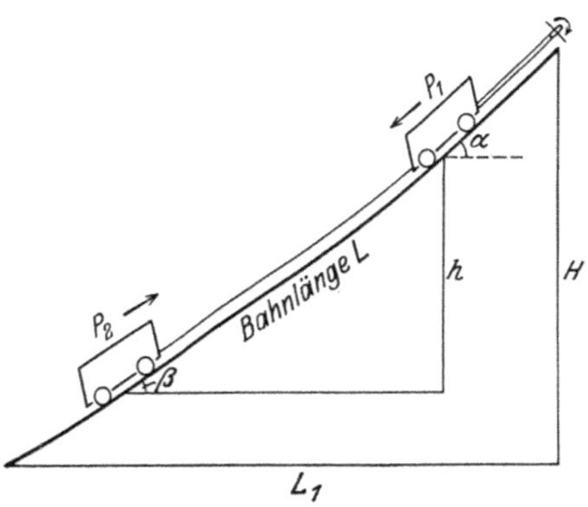

Abb. 101. Schematischer Längenschnitt einer Standseilbahn mit Pendelbetrieb.

P_1 = das Gewicht des abwärts fahrenden Wagens in kg,[5]
P_2 = das Gewicht des aufwärts fahrenden Wagens in kg,[5]
p = das Gewicht des Seils in kg/m,[6]
Q = das Ausgleichsgewicht bei Ballastbetrieb in kg,
Z = die Zugkraft in kg bei Motorbetrieb,
h = der Höhenunterschied der Wagenstellungen in m,
H = der Höhenunterschied der Bahnendpunkte in m,
L = die Bahnlänge in m,
L_1 = die horizontale Projektion der Bahnlänge in m,
W = der gesamte Bahnwiderstand, der mit ausreichender Genauigkeit als konstant angesehen werden kann,
α = der Winkel der Bahnneigung am oberen Wagen,
β = der Winkel der Bahnneigung am unteren Wagen,
τ = der Winkel der Bahnneigung in einem beliebigen Punkt mit den Koordinaten x, y.

Die Gleichgewichtsbedingungen für Motorbetrieb lauten für den Beharrungszustand:

$$P_1 \sin\alpha + Z = P_2 \sin\beta + ph + W, \tag{1}$$

[1] Die Wasserwirtschaft 1926, S. 158.

[2] Siehe v. Gruenewaldt: Organ Fortschr. Eisenbahnwes. 1928, S. 391ff.

[3] Organ 1913, S. 394ff.

[4] Seefehlner: Elektrische Zugförderung, 2. Auflage. 1924.

[5] Zur Bestimmung des Gleichgewichtsprofils wird angenommen, daß der steigende Wagen P_2 voll beladen ist, der sinkende P_1 dagegen leer — es ergibt diese Annahme eine Form des Längenschnittes, die für die Gesamtheit der möglichen Belastungsfälle die günstigsten Bedingungen bietet (vgl. v. Gruenewaldt: a. a. O.).

[6] Werden die Wagen noch durch ein in der unteren Station um eine Scheibe geschlungenes Gegen- oder Ballastseil verbunden, so kann p als Unterschied der Gewichte des oberen und unteren Seils aufgefaßt werden

$$p = p_o - p_u.$$

p kann größer, kleiner oder gleich Null werden; für die beiden ersten Fälle gelten die folgenden Gleichungen, wobei durch das Vorzeichen von p nur die Richtung der Krümmung der Kurve bestimmt wird — bei $p > 0$ ist sie nach oben konkav, bei $p < 0$ nach oben konvex.

Bei $p = 0$ werden die Gleichungen unbestimmt, und es ergibt sich als Bedingung für das Gleichgewichtsprofil nur die Symmetrie der Steigungen zum Kurvenmittelpunkt (Kreuzungsstelle der Wagen).

bei vertauschter Wagenstellung

$$P_1 \sin\beta + Z + ph = P_2 \sin\alpha + W; \tag{2}$$

durch Addition und Subtraktion der Gleichungen (1) und (2) ergibt sich:

$$\sin\alpha + \sin\beta = \frac{2(Z-W)}{P_2 - P_1}, \tag{3}$$

$$\sin\alpha - \sin\beta = \frac{2ph}{P_1 + P_2}. \tag{4}$$

Aus der Arbeitsgleichung für eine Fahrt zwischen den Endpunkten

$$P_1 H + ZL = P_2 H + WL + \text{Bremsarbeit}$$

(diese letztere ist beim theoretischen Längenschnitt für $P_2 > P_1$ gleich 0) ergibt sich:

$$Z - W = \frac{(P_2 - P_1)H}{L}, \tag{5}$$

und es wird somit

$$\sin\alpha + \sin\beta = \frac{2H}{L}. \tag{3'}$$

Durch Multiplikation der Gleichungen (3′) und (4) wird gefunden:

$$h = \frac{L(P_1 + P_2)}{4Hp}(\sin^2\alpha - \sin^2\beta); \tag{6}$$

hieraus, da $h = y_\alpha - y_\beta$, als allgemeine Gleichung der Kurve des Längenschnitts

$$y = \frac{L(P_1 + P_2)}{4Hp}\sin^2\tau\,[+C].\text{[1]} \tag{7}$$

Es ist also die Form des Längenschnittes unabhängig von der Verteilung der Belastung auf die beiden Wagen und wird nur durch das Gesamtgewicht derselben bedingt.

Für Ballastbetrieb ergeben sich analog die Gleichgewichtsbedingungen:

$$(P_1 + Q)\sin\alpha = P_2 \sin\beta + ph + W,\text{[2]} \tag{1$_1$}$$

$$(P_1 + Q)\sin\beta + ph = P_2 \sin\alpha + W, \tag{2$_1$}$$

und ferner

$$\sin\alpha + \sin\beta = \frac{2W}{P_1 + Q + P_2}, \tag{3$_1$}$$

$$\sin\alpha - \sin\beta = \frac{2ph}{P_1 + P_2 + Q}; \tag{4$_1$}$$

aus der Arbeitsgleichung über die ganze Bahnlänge

$$(P_1 + Q)H = P_2 H + WL$$

ist

$$W = \frac{(P_1 + Q - P_2)H}{L}, \tag{5$_1$}$$

$$Q = P_2 - P_1 + \frac{WL}{H}, \tag{5$_1'$}$$

und es wird

$$\sin\alpha + \sin\beta = \frac{2H}{L} \tag{3$_1'$}$$

---

[1] Die Konstante C kann natürlich fortgelassen werden, da das nur eine Koordinatenverschiebung bedeutet.

[2] W ist bei Ballastbetrieb größer als bei motorischem Betrieb, und zwar um den Betrag $Q \cdot w$, wo w = der Bahnwiderstand in kg, der seinerseits wegen der Verwendung der Zahnradbremse größer ist als beim motorischen Antrieb, wo diese Bremse fehlt.

und

$$h = \frac{L(P_1 + P_2 + Q)}{4Hp}(\sin^2\alpha - \sin^2\beta), \tag{6_1}$$

woraus

$$y = \frac{L(P_1 + P_2 + Q)}{4Hp}\sin^2\tau = \frac{L\left(2P_2 + \frac{WL}{H}\right)}{4Hp}\sin^2\tau\,[+C]. \tag{7_1}$$

Es wird also die Form des Längenschnittes bei Ballastbetrieb nur durch das Gewicht des steigenden Wagens bestimmt, während das Gewicht des sinkenden Wagens hierauf ohne Einfluß ist. Dagegen hängt die Form des Längenschnittes bei Ballastbetrieb noch vom Fahrwiderstand ab, der bei motorischem Betrieb nur die Größe der Zugkraft beeinflußt.

Wird in den Gleichungen (7) und (7_1) der konstante Beiwert von $\sin^2 t$ durch $2R$ ersetzt

$$R = \frac{L(P_1 + P_2)}{4Hp} \quad \text{bei Motorbetrieb}$$

und

$$R = \frac{L\left(2P_2 + \frac{WL}{H}\right)}{4Hp} \quad \text{bei Ballastbetrieb,}$$

so lautet die Gleichung in allgemeiner Form

$$\boldsymbol{y = 2R\sin^2\tau}. \tag{7_2}$$

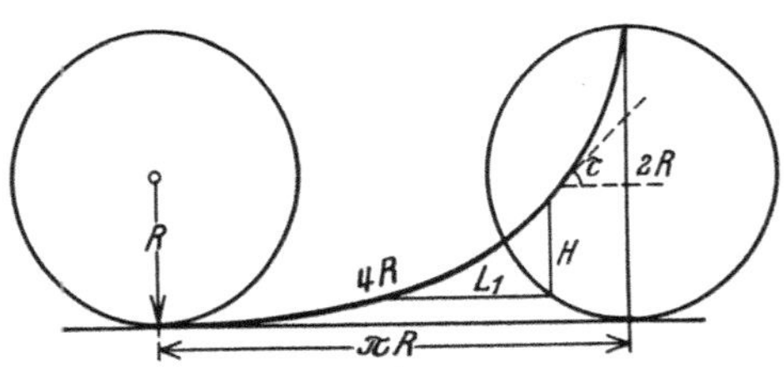

Abb. 102. Zykloiden-Profil.

Dies ist die Gleichung einer gemeinen Zykloide in einem Koordinatensystem mit dem Anfangspunkt im Scheitel der Kurve (Abb. 102).

$$\frac{dy}{dx} = \operatorname{tg}\tau,$$

woraus

$$x = \int\frac{dy}{\operatorname{tg}\tau} = 2R\int\frac{2\sin\tau\cos\tau\,d\tau}{\operatorname{tg}\tau} = 4R\int\cos^2\tau\,d\tau,$$

$$x = 2R(\tau + \sin\tau\cdot\cos\tau) + C; \tag{8}$$

wird die Integrationskonstante $C = 0$ gesetzt (bei $y = 0$ ist auch $x = 0$), so ist:

$$\boldsymbol{x = 2R(\tau + \sin\tau\cdot\cos\tau)}. \tag{8'}$$

Für diese Zykloide sind: die Bogenlänge vom Scheitelpunkt 0

$$s = 4R\sin\tau \tag{9}$$

und der Krümmungsradius

$$\varrho = 4R\cos\tau. \tag{10}$$

Für eine Bahn mit gegebenen Endpunkten seien die Neigungswinkel am oberen und unteren Ende α_1 und β_1, dann nehmen die Gleichungen (3′) und (4) folgende Form[1] an:

$$\sin\alpha_1 + \sin\beta_1 = \frac{2H}{L}, \tag{11}$$

$$\sin\alpha_1 - \sin\beta_1 = \frac{2pH}{P_1 + P_2}. \tag{12}$$

[1] Für Ballastbetrieb analog.

In diesen Gleichungen ist ebenso wie im Wert $2R$ die Größe L der Bahnlänge unbekannt und muß durch Näherungsrechnung bestimmt werden. Als erste und meist ausreichende Annäherung kann gesetzt werden

$$L = \sqrt{L_1^2 + H^2},$$

d. h. die Bahnlänge ist gleich der die Endpunkte der Bahn verbindenden Geraden. Der Fehler hierbei wird in Wirklichkeit nur selten über 0,001 betragen. Wegen weiterer Annäherung vergleiche Reckenschuß: a. a. O.

Damit der ganze Ast der Zykloide zur Verwendung käme, müßte sein:

$$L_1 = \frac{\pi H}{2} \quad \text{und} \quad L = 2H.$$

Damit die Bahn am unteren Ende wagrecht ist (was beim ganzen Zykloidenast der Fall ist), muß ferner sein:

$$2 \sin \beta_1 = \frac{2H}{L} - \frac{2pH}{P_1 + P_2} = 0 \quad \text{[durch Abziehen der Gl. (12) von Gl. (11)]},$$

woraus

$$pL = P_1 + P_2 \quad \text{(bei Ballastbetrieb } pL = P_1 + P_2 + Q),$$

d. h. das Seilgewicht muß dem Gewicht beider Wagen gleich sein.

Ist $\sigma_{\max}$ die größte zulässige Spannung des Seils auf Zug in kg/cm², so lassen sich für ein gegebenes Seilmaterial die Grenzwerte für die Länge und Höhe eines Gleichgewichtsprofils (ganzer Zykloidenast) als Funktion von $\sigma_{\max}$ bestimmen, da $p = f(F)$ und $F = \frac{S}{\sigma_{\max}}$. Es ergibt sich[1]:

$$L = 2\sigma_{\max},$$

$$H = \sigma_{\max}.$$

Tatsächlich kommen derartige Seilgewichte und derartig geformte Längenschnitte nicht vor, sondern es kommt immer nur ein kleiner Teil des Zykloidenastes in Betracht, allerdings mehr theoretisch, denn noch ist keine Bahn genau nach dem Gleichgewichtsprofil gebaut worden.

Man rechnete früher nach Vautier mit der Parabel als theoretischem Längenschnitt, doch ergab das Schwankungen der Zugkraft um 10 bis 20% um das Mittel[2].

b) Ausrundung der Gefällsbrüche-Bestimmung des Seildurchhangs.

Um einen ruhigen und sicheren Lauf der Fahrzeuge zu gewährleisten, werden die Gefällsbrüche bei sämtlichen Bahnarten durch Kurven mit einem möglichst großen Halbmesser ausgerundet. Bei Standseilbahnen kommt noch die Bedingung der sicheren Seilführung hinzu. Ein unter dem Einfluß der Spannung und des Eigengewichtes frei hängendes Seil nimmt bekanntlich die Form einer Kettenlinie an, für welche die mechanischen Grundbedingungen sind (siehe Abb. 103):

$$S = p \cdot y_1, \tag{13}$$

[1] Wegen der Ableitung siehe v. Gruenewaldt: a. a. O.

[2] Wegen Ersatz des Zykloidenprofils durch algebraische Kurven (Parabel) und wegen anderer für bestimmte Fälle gültiger Gleichgewichtskurven vgl. v. Gruenewaldt: a. a. O. Ferner Meißner: Schweiz. Bauzg. Bd. 54; Bäseler: Z. Bauw. 1923; Peter: Schweiz. Bauzg. Bd. 83; Kruppa: Z. ang. Math. Mech. 1926.

wo S die Seilspannung im Anfang des Seilabschnittes und p wie oben das Seilgewicht, y_1 die Ordinate des Anfangs des Seilabschnittes sind, und

$$\mathfrak{H} = p \cdot c, \tag{14}$$

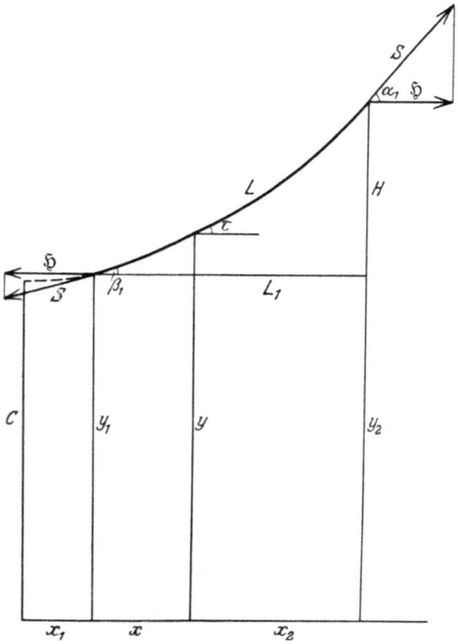

Abb. 103. Seildurchhang nach der Kettenlinie.

wo $\mathfrak{H} = S \cos \tau$ die Horizontalkomponente der Spannung und c ein Festwert. Für den tiefsten Punkt, den Scheitel der Kettenlinie wird $\tau = 0$ und $\mathfrak{H} = S$, es liegt also der Koordinatenanfangspunkt im Abstande c unter dem Scheitel der Kettenlinie. Da bei Standseilbahnen eine Neigung 0, entsprechend einem horizontalen Abschnitt, nur selten vorkommt, so wird der Scheitel der Kettenlinie fast immer außerhalb des betrachteten Abschnitts liegen.

Gegeben sind das Seilgewicht p, die Spannung an einem Ende der Kurve S und der Tangentenwinkel an diesem Kurvenende α; dann ist $c = \frac{S \cdot \cos \alpha}{p}$. Die ungünstigste, höchste Lage der Kettenlinie ergibt sich bei $S = S_{\max}$.

Um eine sichere Lagerung des Seils zu gewährleisten, muß die Ausrundungskurve höher liegen als die Kettenlinie für ein Seil von gleichem Gewicht, damit noch ein Druck auf die Tragrollen ausgeübt wird.

Die Gleichung der Kettenlinie in den oben gekennzeichneten Koordinaten lautet:

$$y = c \,\mathfrak{Cof}\, \frac{x}{c} \quad \text{oder} \quad x = c \,\mathfrak{ArCof}\, \frac{y}{c};$$

ferner gilt

$$\cos \tau = \frac{c}{y}. \tag{15}$$

Wird τ als unabhängige Veränderliche eingeführt, so ergeben sich folgende Gleichungen der Kettenlinie:

$$x = c \,\mathfrak{Ar\,Sin}\, (\operatorname{tg} \tau), \tag{16}$$

$$y = \frac{c}{\cos \tau}, \tag{17}$$

die Bogenlänge vom Scheitel

$$s = c \,\mathfrak{Sin}\, \frac{x}{c} = c \operatorname{tg} \tau, \tag{18}$$

der Krümmungshalbmesser

$$\varrho = \frac{y^2}{c} = \frac{c}{\cos^2 \tau}. \tag{19}$$

Wir finden ferner (die Bezeichnungen sind die gleichen wie oben):

$$H = \frac{c}{\cos \alpha_1} - \frac{c}{\cos \beta_1} = c \frac{\cos \beta_1 - \cos \alpha_1}{\cos \alpha_1 \cos \beta_1}, \tag{20}$$

$$L = c (\operatorname{tg} \alpha_1 - \operatorname{tg} \beta_1) \tag{21}$$

und

$$L_1 = c [\mathfrak{Ar\,Sin}\, (\operatorname{tg} \alpha_1) - \mathfrak{Ar\,Sin}\, (\operatorname{tg} \beta_1)]. \tag{22}$$

Hiernach lassen sich alle Punkte der Kettenlinie mit Hilfe von Tabellen der Hyperbelfunktionen sehr einfach bestimmen.

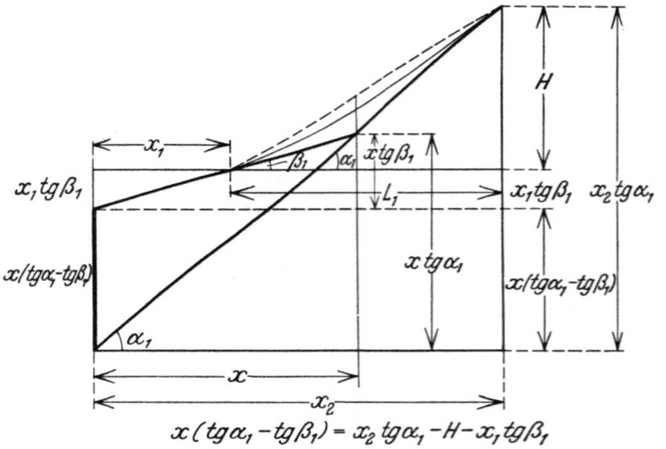

Abb. 104. Seilausrundung.

Es sei noch bemerkt, daß der Abstand des Kurvenanfangs vom Schnittpunkt der beiden Neigungen (siehe Abb. 104) ist:

$$(x - x_1) = \frac{x_2 \operatorname{tg} \alpha_1 - x_1 \operatorname{tg} \beta_1 - H}{\operatorname{tg} \alpha_1 - \operatorname{tg} \beta_1} - x_1 = \frac{L_1 \operatorname{tg} \alpha_1 - H}{\operatorname{tg} \alpha_1 - \operatorname{tg} \beta_1}; \tag{23}$$

bei sehr flachen Kettenlinien ist $(x - x_1) \approx \frac{L_1}{2}$.

In diesem Fall kann die Kettenlinie mit genügender Genauigkeit durch eine Parabel[1] ersetzt werden.

Es wird hierbei angenommen, daß das Gewicht des Seils sich gleichmäßig auf die horizontale Länge der Parabel verteilt, daß also $p_1 L_1 = pL$, es ist dann

$$P_1 = \frac{pL}{L_1},$$

wo L die sehr einfach zu bestimmende Länge der Kettenlinie ist[2].

Die Scheitelgleichung dieser Parabel lautet:

$$x^2 = 2 y c_1, \tag{24}$$

wo $c_1 = \frac{\mathfrak{H}}{p_1}$, also

$$c_1 = \frac{pc}{p_1} = c \frac{L_1}{L}. \tag{25}$$

Der Scheitel dieser Parabel ist gegen den Scheitel der Kettenlinie sowohl nach der Horizontalen wie nach der Vertikalen verschoben.

---

[1] Diese Parabel kann gefunden werden, indem man die Gleichung der Kettenlinie in Reihenentwicklung darstellt und nur die beiden ersten Glieder der Reihe in Betracht zieht (vgl. Findeis: Rechnerische Grundlagen des Baues von Drahtseilbahnen, S. 35f.).

[2] Bei gegebenen Endpunkten und unbekannten Neigungen kann die Länge der Kurve mit genügender Genauigkeit der Länge der die Endpunkte verbindenden Geraden gleichgesetzt werden, es ist dann

$$L = \sqrt{L_1^2 + H^2}.$$

Dies ist z. B. der Fall bei der Berechnung des Durchhangs zwischen zwei Tragrollen.

Der größte Durchhang dieser Parabel[1] (in der Mitte des horizontalen Abstandes der Kurvenendpunkte) ist

$$f = \frac{L_1^2}{8c_1} = \frac{L_1 L}{8c}. \tag{26}$$

Für diese Parabel bestehen ferner die Beziehungen:

$$x = c_1 \operatorname{tg} \tau ,$$

daher

$$x_1 = c_1 \operatorname{tg} \beta_1 \quad \text{und} \quad x_2 = c_1 \operatorname{tg} \alpha_1 ,$$

$$L_1 = c_1 (\operatorname{tg} \alpha_1 - \operatorname{tg} \beta_1), \tag{22'}$$

$$H = \frac{L_1}{2} (\operatorname{tg} \alpha_1 + \operatorname{tg} \beta_1) = \frac{c_1}{2} (\operatorname{tg}^2 \alpha_1 - \operatorname{tg}^2 \beta_1). \tag{20'}$$

Die Länge der Tangenten vom Bruchpunkt zu den Kurvenenden ist:

$$b = \frac{L_1}{2\cos\beta_1}, \quad a = \frac{L_1}{2\cos\alpha_1}. \tag{27}$$

Die horizontale Entfernung der Kurvenendpunkte vom Schnittpunkt der beiden Neigungen ist

$$(x - x_1) = \frac{L_1}{2}. \tag{24'}$$

Danach lassen sich sämtliche Punkte der Parabel eindeutig bestimmen. Der Krümmungsradius der Parabel ist

$$\varrho = \frac{c_1}{\cos^3 \tau}. \tag{19'}$$

Beispiel: Es sei

$$p = 6 \text{ kg/m}, \qquad S_u = 6000 \text{ kg},$$
$$\alpha_1 = 60^0, \qquad \beta_1 = 30^0,$$

dann ist

$$\mathfrak{H} = S \cos\beta_1 = 5196 \text{ kg},$$

$$c = \frac{\mathfrak{H}}{p} = 866 \text{ m},$$

$$\operatorname{tg}\alpha_1 = 1{,}732 \quad \text{und} \quad \operatorname{tg}\beta_1 = 0{,}577.$$

Es ergibt sich für die Kettenlinie:

$$L = c(\operatorname{tg}\alpha_1 - \operatorname{tg}\beta_1) = 866 \cdot 1{,}155 = 1000 \text{ m},$$
$$x_2 = c \operatorname{ArSin} \operatorname{tg}\alpha_1 = 866 \cdot 1{,}317 = 1140 \text{ m},$$
$$x_1 = c \operatorname{ArSin} \operatorname{tg}\beta_1 = 866 \cdot 0{,}549 = 475 \text{ m},$$
$$L_1 = x_2 - x_1 = 665 \text{ m},$$

[1] Der Durchhang der Kettenlinie ergibt sich für den gleichen Punkt als recht komplizierter Ausdruck:

$$f_k = y_1 + \frac{H}{2} - y_m,$$

wo y_1 die Ordinate der Kettenlinie an ihrem unteren Ende ist, y_m die Ordinate der Kettenlinie in der Mitte ihrer horizontalen Länge. Sind die Neigungen der Endtangenten nicht gegeben, sondern nur y_1, L_1 und H, so muß c aus der Gleichung

$$c\left(\operatorname{ArCos}\frac{y_1 + H}{c} - \operatorname{ArCos}\frac{y_1}{c}\right) = L_1$$

durch Probieren gefunden werden; die übrigen Werte lassen sich dann leicht bestimmen.

$$y_2 = \frac{866}{\cos 60^0} = 1732 \text{ m},$$

$$y_1 = \frac{866}{\cos 30^0} = 1000 \text{ m},$$

$$H = y_2 - y_1 = 732 \text{ m}.$$

Die Ordinate über der halben horizontalen Bahnlänge ist

$$y_m = c\,\mathfrak{Cof}\,\frac{x}{c} = c\,\mathfrak{Cof}\,\frac{x_1 + \frac{L_1}{2}}{c} = 866\,\mathfrak{Cof}\,\frac{475 + 333}{866} = 866\,\mathfrak{Cof}\,0{,}933 = 1271 \text{ m}.$$

Die Höhe der Kurve in diesem Punkte über Kurvenanfang ist

$$\boldsymbol{y_m - y_1 = 271 \text{ m}},$$

der Krümmungsradius

$$\varrho = \frac{y^2}{c} = \frac{1271^2}{866} = 1865 \text{ m}.$$

Für die Parabel ergibt sich

$$c_1 = c \cdot \frac{L_1}{L} = 866 \cdot \frac{665}{1000} = 576 \text{ m},$$

$$L_1' = c_1 (\operatorname{tg} \alpha_1 - \operatorname{tg} \beta_1) = 576 \cdot 1{,}155 = 665 \text{ m},$$

ebenso wie bei der Kettenlinie.

$$H_1' = \frac{L_1}{2} (\operatorname{tg} \alpha_1 + \operatorname{tg} \beta_1) = 332 \cdot 2{,}309 = 769 \text{ m}.$$

Es ist also die ganze Parabel gegenüber der Kettenlinie bergwärts verschoben, und zwar um den Betrag

$$a = \frac{H' - H}{\operatorname{tg} \alpha_1 - \operatorname{tg} \beta_1} = \frac{37}{1{,}155} = 32 \text{ m};$$

Der Anfangspunkt der Parabel liegt höher als der Anfangspunkt der Kettenlinie um den Betrag

$$b = a \operatorname{tg} \beta_1 = 19 \text{ m}$$

(siehe Abb. 105).

Die der halben horizontalen Länge der Kettenlinie entsprechende Abszisse der Parabel ist

$$x' = x_1' + \frac{L_1}{2} - a = 332 + 333 - 32 = 633 \text{ m},$$

wo

$$x_1' = c_1 \operatorname{tg} \beta_1 = 576 \cdot 0{,}577 = 332 \text{ m}.$$

Die entsprechende Ordinate der Parabel ist

$$y_m' = \frac{x'^2}{2 \cdot c_1} = \frac{633^2}{2 \cdot 576} = 348 \text{ m}.$$

Die Höhe des Anfangspunktes der Kettenlinie über dem Scheitel der Parabel ist

$$y_1' - b = \frac{332^2}{2 \cdot 576} - 19 = 77 \text{ m}.$$

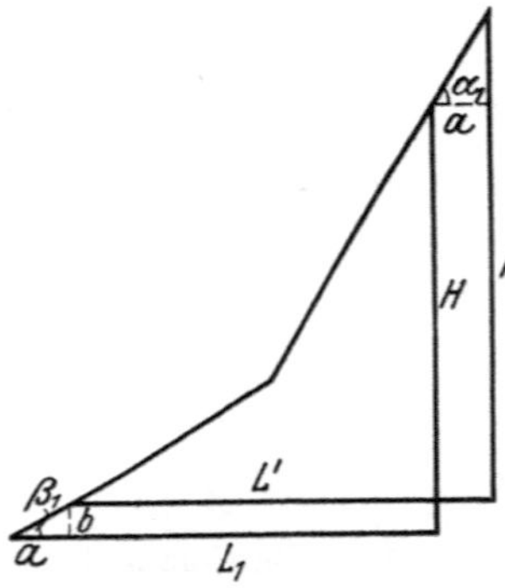

Abb. 105. Tangentenzug für Parabel- und Kettenlinien-Ausrundung.

Die Höhe der Parabel in halber horizontaler Länge der Kettenlinie über dem Anfangspunkt der Kettenlinie

$$y_m' - (y_1' - b) = \mathbf{271 \text{ m}}$$

fällt also genau mit dem entsprechenden Punkt der Kettenlinie zusammen. Die Parabel liegt in ihrem unteren Teil tiefer als die Kettenlinie, im oberen höher.

Der entsprechende Krümmungsradius der Parabel ist

$$\varrho = \frac{c_1}{\cos^3 \tau},$$

$$\operatorname{tg} \tau = \frac{x'}{c_1} = \frac{x_1' + \frac{L_1}{2}}{c} = \frac{665}{576} = 1{,}155, \qquad \cos \tau = 0{,}655,$$

$$\varrho = \frac{576}{0{,}655^3} = 2053 \text{ m}.$$

Die Parabel ist also flacher als die Kettenlinie.

Zweckmäßig wählt man für die Ausrundung zweier Neigungen eine Parabel, deren horizontale Länge größer ist als die oben bestimmte Länge L_1 — sie liegt durchweg höher als die Seilparabel, so daß das Seil mit einem gewissen Druck auf den Rollen aufliegt, was notwendig ist, um ein Abheben sicher zu vermeiden.

Beim theoretischen Längenschnitt ist ein Abheben des Seils nur in den seltensten Fällen zu befürchten; bei großen Längen ist immerhin eine Kontrollrechnung durch Bestimmung der Höhe einiger Punkte beider Kurven für gleiche horizontale Abstände vom Kurvenanfang erforderlich. Sind die entsprechenden Ordinaten der Zykloide größer als die Ordinaten der Kettenlinie, so ist die sichere Seillage gewährleistet. Bei ausgeführten Bahnen sind die Ausrundungen der Gefällsbrüche nach Kreisbögen, kubischen Parabeln, meist aber als Planparabeln geformt.

Abb. 106. Unterbau der Niesenbahn (Schweiz. Bauzg.)

Läßt sich ein Profil, das höher liegt als die Seillinie, nicht durchführen, so werden besondere Niederhaltrollen erforderlich, die mit gutem Erfolge bei der Gipsbahn in Ennetmoos[1] und im Havre[2] angewandt worden sind (siehe S. 94).

Die Führung des Seils erfolgt auf möglichst reibungslos gelagerten Rollen (Kugellager).

4. Die bauliche Gestaltung der Bahnlinie.

a) Unterbau.

Der Unterbau der Standseilbahnen unterscheidet sich nicht von dem der Zahnradbahnen — nur sind hier wegen der erwünschten Anpassung des Profils

[1] Schweiz. Bauzg. Bd. 12, 1888. [2] Génie Civil 1891.

an den theoretischen Längenschnitt und wegen der meist relativ starken Steigung in der Regel große Kunstbauten und auch vielfach gemauerter Unterbau[1] erforderlich (bei den Schweizer Standseilbahnen sind

21839 m	Gleis	oder	42,5%	in Schotter verlegt,
7470 m	,,	,,	14,5%	in Beton und
22032 m	,,	,,	43,0%	in Mauerwerk).

Wegen der Notwendigkeit, Setzungen des Bahnkörpers unter allen Umständen zu vermeiden, kommen größere Dämme nicht vor, sondern werden durch Brücken, Viadukte oder Mauerwerkskörper ersetzt (Abb. 106). Bis zu 38% Steigung ist das Gleis in Schotter verlegt worden, meist allerdings wird schon bei viel geringeren Steigungen (etwa von 15% ab) Mauerwerk oder Beton verwandt.

Zum bequemen Begehen der Bahnstrecke wird bei stärkeren Steigungen stets eine Diensttreppe angeordnet.

b) Oberbau.

Die ersten Standseilbahnen waren zweigleisig und bestanden aus 4 Schienen, später wurden die beiden inneren Schienen zum Teil zu einer einzigen zusammengezogen, zuerst nur in der unteren Bahnhälfte, später auf der ganzen Bahn mit Ausnahme der Ausweiche, die natürlich viergleisig bleiben mußte.

Darauf wurde der untere Teil der Bahn, auf dem stets nur ein Seiltrumm

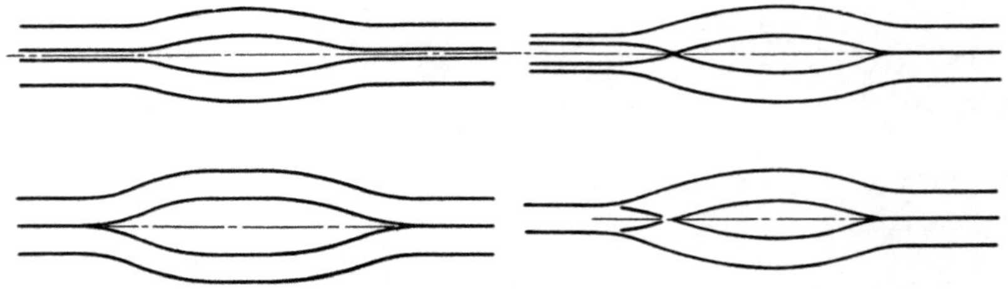

Abb. 107. Standseilbahn-Gleisanordnung mit 4, 3 und 2 Schienen.

vorhanden ist, eingleisig (zweischienig) gestaltet (Abb. 107). Der eingleisige Ausbau hat noch den Vorteil, daß in den Stationen der Zutritt zu den Wagen von beiden Seiten erfolgen kann, der Verkehr sich also viel schneller abwickelt als bei einer drei- oder vierschienigen Bahn; hierdurch wird die Leistungsfähigkeit der Bahn gesteigert — besonders augenfällig bei kurzen Bahnen.

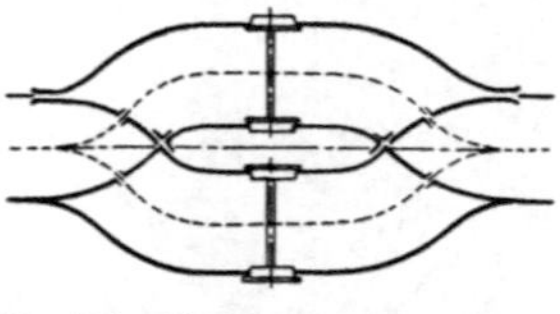

Abb. 108. Abtsche Ausweiche mit innerem und äußerem Spurkranz (Gießbach-Bahn).

Die Erfindung der automatischen Ausweiche von Abt, die erstmalig bei der Gießbachbahn 1879 zur Anwendung kam und bei der Bahn Lugano Stadt-Bahnhof 1886 ihre heutige verbesserte Gestalt erhielt, ermöglichte die Anwendung nur eines Gleises auf der ganzen Bahn außerhalb der Ausweiche.

Bei der Gießbachbahn[2] hatte der eine Wagen innere, der andere äußere Spurkränze, welche die Wagen zwangläufig führten — hierbei waren aber die zu überfahrenden Lücken in den Schienen unbequem (Abb. 108). Bei der zweiten Lösung erhielten die äußeren Räder eines jeden Wagens doppelte Flansche, während die inneren Räder als breite Rollen ausgebildet wurden, welche über alle Lücken in den Schienen glatt hinwegrollten (Abb. 109).

[1] Bei einer Spurweite von 1 m ist die Breite des gemauerten Unterbaues meist 1,50 m.
[2] Die Eisenbahn Bd. 11. 1879.

Die übliche Abtsche Ausweiche hat eine Länge von 85 bis 120 m und wird symmetrisch oder unsymmetrisch mit einem Krümmungsradius von 180 bis

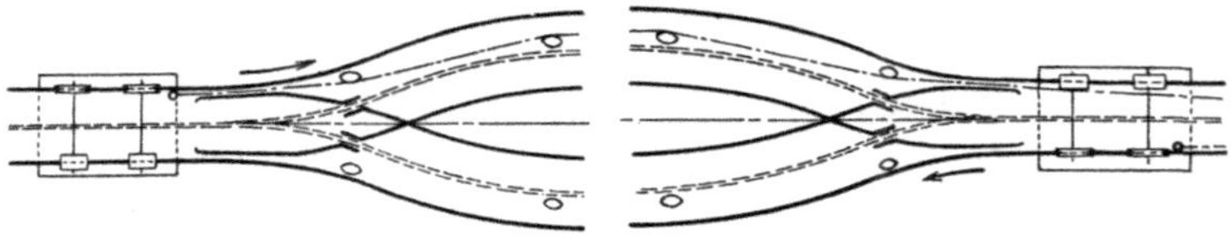

Abb. 109. Abt'sche Ausweiche mit doppeltem Spurkranz (Lugano-Stadt-Bahnhof).

300 m ausgeführt, selten weniger. In der Mitte ist meist ein gerades Stück vorgesehen,

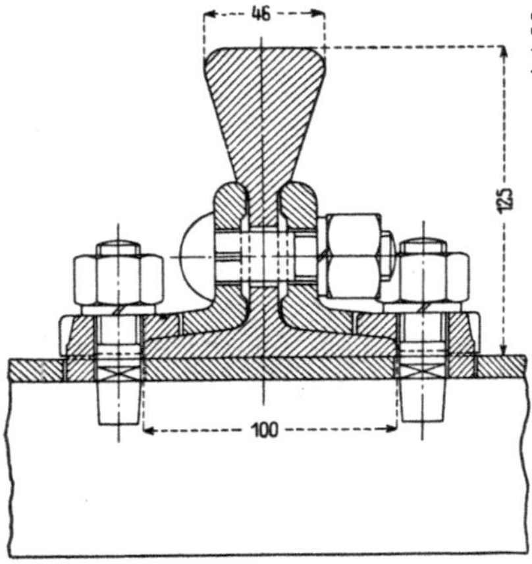

Abb. 110. Keilkopfschiene.

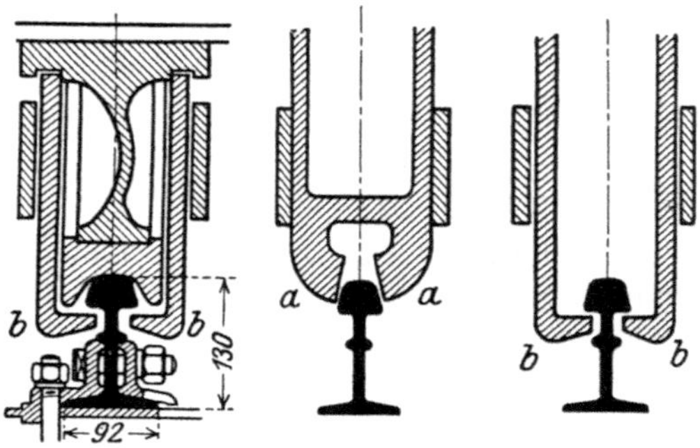

Abb. 111. Seilbahnschiene der Maschinenfabrik Eßlingen.

das gleich dem Achsstande oder größer ist.

Meist kommen eiserne Schwellen zur Verwendung, und zwar gewöhnliche Schwellen oder auch Winkeleisen, die im Mauerwerk vergossen sind. Bei Schotterbettung werden zum Teil auch Holzschwellen verlegt, fast immer aus Hartholz, während Weichholz nur selten gebraucht wird. Die Verbindung der Schwellen mit dem Unterbau erfolgt in gleicher Weise wie bei den Zahnradbahnen (siehe oben S. 26). Die Verankerungen werden bei 20 bis 30% Steigung in Abständen von 50 m angeordnet, bei stärkeren Steigungen von 25 m.

Abb. 112. Seilbahn Heidelberg-Molkenkur (Z. V. d. I.).

Die Schienen der Standseilbahnen sind durchweg Breitfußschienen, die in der Regel einen keilförmigen Kopf haben (Abb. 110), an dem die Zangenbremse (siehe unten S. 102) angreifen kann. Bei einigen Bahnen ist auch die sogenannte

Eßlinger Schiene angewandt worden, die sich aber nicht bewährt hat (Abb. 111). Neuerdings können auch gewöhnliche Vignole-Schienen verwandt werden, da die modernen Schnellschlußbremsen ein sicheres Bremsen auch an den normalen Schienenköpfen gestatten (siehe weiter S. 103).

Bei Bahnen mit Ballastbetrieb, bei denen die Fahrgeschwindigkeit ständig durch Bremsen geregelt werden muß, sind fast stets Zahnstangen vorhanden, an denen das Brems-Zahnrad angreift; es kommen hier ebenso wie bei den Zahnradbahnen Leiter-Zahnstangen, Abtsche und Strubsche Zahnstangen zur Verwendung (Abb. 112).

Die Zahnstange findet sich vereinzelt auch bei Bahnen mit Motorbetrieb (besonders älteren), in der Regel erfolgt hier aber eine etwa erforderliche Bremsung durch den Antrieb und im Notfalle durch die Zangenbremsen.

Die Spurweite der Standseilbahnen beträgt bei der weitaus größten Anzahl 1 m, doch sind auch kleinere (0,75 m) und größere (1,20 und 1,435 m) zur Anwendung gekommen.

c) Seilrollen (Abb. 113).

α) **Tragrollen.** Damit das Seil nicht den Boden berührt, wobei es sich sehr schnell abnützen würde, wird es auf Rollen geführt, die zwischen den Schienen, gewöhnlich in der Mitte, angeordnet sind. Diese Rollen haben einen Durchmesser gleich dem 6- bis 12fachen, in der Regel etwa gleich dem 10fachen des Seildurchmessers. Diese Rollen, die nur das Seilgewicht zu tragen haben, werden möglichst leicht hergestellt und laufen am besten in Kugellagern, die wenig Wartung verlangen und auch den geringsten Widerstand bieten. Die Kimme soll nur wenig größer als der Seildurchmesser sein, so daß das Seil gut aufliegt, ohne sich dabei festzuklemmen, ohne aber auch in seitliche Bewegungen und Schwingungen zu geraten — aus diesem Grunde sind auch walzenförmige Tragrollen, die bei Lastenbahnen viel verwandt werden, besser zu vermeiden.

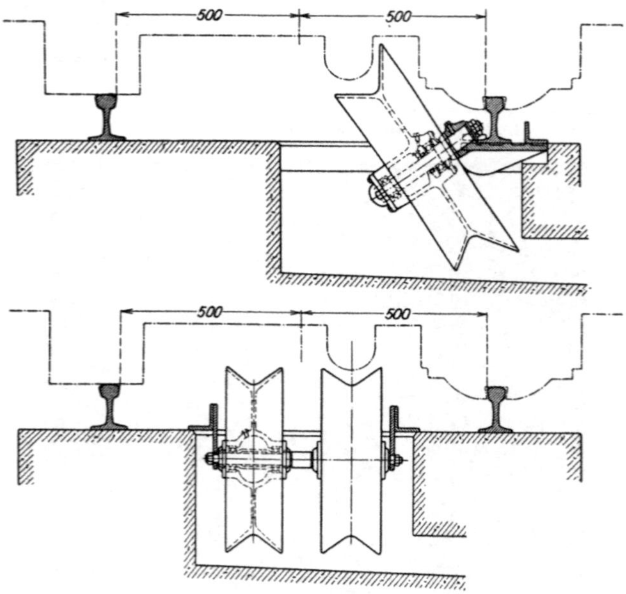

Abb. 113. Seilrollen.

Der Abstand der Tragrollen wird aus der Bedingung bestimmt, daß das Seil beim Durchhang zwischen zwei Rollen nicht an der Bettung oder den Schwellen schleift, wodurch es sehr schnell abgenützt werden würde.

Es muß nach Abb. 114 $a = f \cos \tau < a_1$ sein, wo a_1 der Abstand zwischen der Rollenoberkante und der Bettung bzw. den Schwellen, t der in der Bahnneigung gemessene Abstand zweier Rollen und l die Seillänge zwischen ihnen ist. Entsprechend vorstehender Gleichung (26) ist:

$$f = \frac{t^2 \cdot \cos^2 \tau}{8\,c_1},$$

ferner ist:

$$c_1 = \frac{S \cos \tau}{p_1}$$

und

$$p_1 = \frac{p}{\cos \tau},$$

daher

$$c_1 = \frac{S \cos^2 \tau}{p}$$

und

$$f = \frac{t^2 p}{8 S} < a_1,$$

woraus sich ergibt:

$$t < \sqrt{\frac{8 S a_1}{p}}. \tag{28}$$

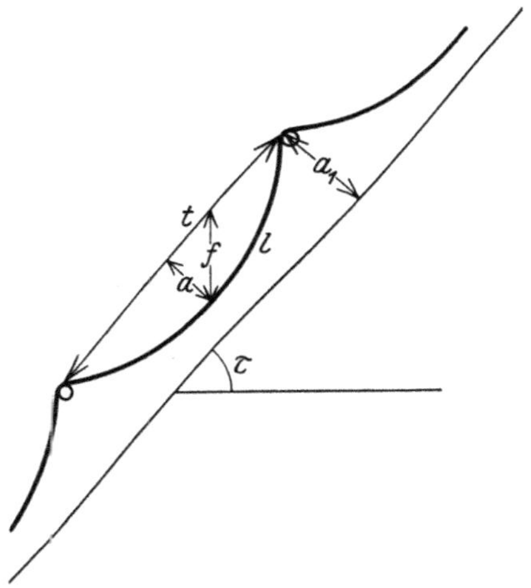

Abb. 114. Bestimmung der Rollenteilung.

Es genügt, t für $S_{\min}$ zu berechnen, da dies der ungünstigste Fall ist[1].

Die Rollenabstände in benachbarten Streckenabschnitten sollen keinen gemeinsamen Teiler haben, ebenso sollen die Rollenabstände nicht ein Vielfaches der Schienenlänge sein, da andernfalls leicht schädliche Resonanzerscheinungen auftreten können. Die Rollen werden stets in den Zwischenräumen zwischen den Schwellen angeordnet.

Der Druck des Seils auf eine Tragrolle ist genügend genau

$$D_t = p \cdot l \approx p t \tag{29}$$

(tatsächlich ist er wegen der Spannung des Seils geringer).

Bei nach oben konvexen Gefällsausrundungen kommt noch ein zusätzlicher Druck infolge des Seilzuges S hinzu; dieser Druck

$$D_t' = \frac{t}{R} S, \tag{29a}$$

dessen vertikale Komponente $D_{t_v}' = \frac{t}{R} \cdot S \cdot \cos \beta$ ist, wo R der Krümmungsradius der Ausrundung und β der Steigungswinkel zwischen den beiden benachbarten Tragrollen sind.

***β*) Kurvenrollen.** Auf die Kurvenrollen wirkt außer dem Druck des Seils in vertikaler Richtung noch die Komponente der Seilspannung wegen der Ablenkung des Seils. Es kann angenommen werden, daß die Seilspannung in beiden Richtungen von der Rolle gleich ist: S (tatsächlich vergrößert sich die Spannung beim Übergang über die Rolle um den Rollenwiderstand, doch ist dieser Wert so gering, daß er vernachlässigt werden kann). Dann ist der horizontale Druck auf die Rolle wegen der Ablenkung

$$D_r = S \sqrt{2 + 2 \cos \gamma}, \tag{30}$$

wo γ der Winkel zwischen den beiden Richtungen des Seils ist, die zwischen den benachbarten Rollen als gerade Linien angesehen werden können.

Wird ferner angenommen, daß die Neigung der zwei Punkte der Raumkurve (zylindrische Schraubenlinie — bei stetiger Steigung und horizontalen Kreis-

[1] In Gefällsausrundungen ist darauf zu achten, daß das Seil sich auch bei der stärksten Spannung nicht von den Rollen abhebt.

bögen) verbindenden Geraden gleich ist der Neigung der Kurve selbst, was bei den geringen in Betracht kommenden Zentriwinkeln[1] zulässig ist[2], so ergibt sich bei der Bahnneigung β

$$\cos\gamma = \frac{t^2}{2R^2}\cos^4\beta - 1, \tag{31}$$

worin t der Abstand zweier Kurvenrollen und R der Halbmesser des horizontalen Krümmungskreises.

Dann wird

$$D_r = \frac{S\,t}{R}\cos^2\beta. \tag{32}$$ [3]

Der Druck ist proportional der Teilung und umgekehrt proportional dem Krümmungsradius; einer Verkleinerung des Radius muß also stets eine Verkleinerung des Rollenabstandes entsprechen, um den Druck in bestimmten Grenzen zu halten; bei kleinen Radien werden daher die Rollen sehr dicht gestellt — Rollenbatterien.

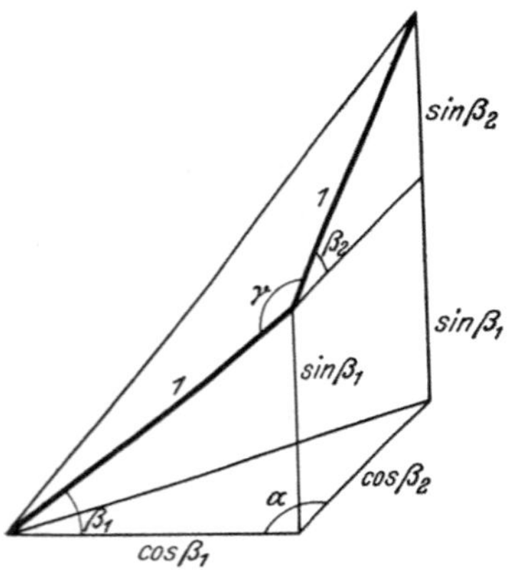

Abb. 115. Winkel an einer Kurvenrolle.

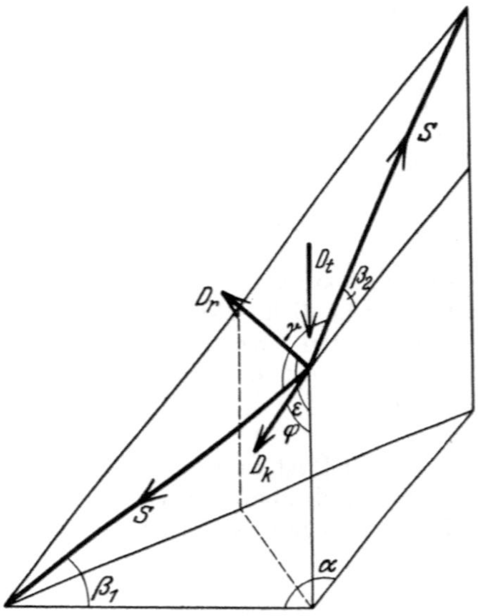

Abb. 116. Kräfteplan an einer Kurvenrolle.

Liegt die Rolle gleichzeitig in einer Gefällsausrundung, ist also die Steigung unterhalb der Rolle β_1 und oberhalb der Rolle β_2, so ist (Abb. 115)

$$\cos\gamma = \cos\beta_1\cos\beta_2\cos\alpha - \sin\beta_1\sin\beta_2, \tag{33}$$

---

[1] Vgl. unten.

[2] Tatsächlich ist der Steigungswinkel der Geraden etwas größer; ist β die Steigung der Kurve und β_g die Steigung der Geraden, so ergibt sich

$$\operatorname{tg}\beta_g = \frac{z}{2R\sin\psi/2},$$

wo R der Radius des horizontalen Krümmungskreises und z der Höhenunterschied der Endpunkte von Kurve und Gerade. Als Ordinate der Schraubenlinie ist $z = \operatorname{tg}\beta\, R\,\psi$, daher $\operatorname{tg}\beta_g = \operatorname{tg}\beta\,\frac{\psi}{2\sin\psi/2}$, wo ψ der horizontale Zentriwinkel.

[3] Liegt die Kreiskurve in der Ebene der Bahnneigung, so ist $D_r = \frac{t}{R}S$; in der Regel werden die Bögen aber horizontal abgesteckt.

wo α der Winkel zwischen den Horizontalprojektionen der geraden Seilabschnitte ober- und unterhalb der Rolle ist.

($\cos\alpha$ wird bestimmt nach $\alpha = \alpha_1 + \alpha_2$, wo

$$\cos\alpha_1 = \frac{t\cos\beta_1}{2R}, \qquad \cos\alpha_2 = \frac{t\cos\beta_2}{2R}\Big).$$

Die Resultierende aus D_t und D_r ist D_k:

$$D_k = \sqrt{D_r^2 + D_t^2 + 2\,D_r\,D_t\cos\varepsilon}, \tag{34}$$

wo ε der Winkel zwischen der Vertikalen und D_r

$$\cos\varepsilon = \frac{3\sin^2\beta_1 - 2\sin\beta_1\sin\beta_2 - \sin^2\beta_2}{4\sin\beta_1\sqrt{\frac{1+\cos\gamma}{2}}}; \tag{35}$$

bei $\beta_1 = \beta_2 = \beta$ wird $\varepsilon = 90^0$ und $\cos\varepsilon = 0$ $(\sin\varepsilon = 1)$, D_r ist horizontal gerichtet und

$$D_k = \sqrt{D_r^2 + D_t^2}. \tag{34$_1$}$$

Der Winkel zwischen D_k und der Vertikalen wird bestimmt aus der Gleichung

$$\sin\varphi = \frac{D_r}{D_k}\sin\varepsilon; \tag{36}$$

bei $\beta_1 = \beta_2 = \beta$ ist

$$\sin\varphi = \frac{D_r}{D_k}. \tag{36}$$

Der horizontale Winkel zwischen den Projektionen von D_k und S ist

$$\sin\alpha_1 = \frac{a}{2\cos\beta_1} \tag{37}$$

bzw. bei $\beta_1 = \beta_2 = \beta$

$$\sin\alpha_1 = \frac{2}{2\cos\beta},$$

wo

$$a = \sqrt{\cos^2\beta_1 + \cos^2\beta_2 - 2\cos\beta_1\cos\beta_2\cos\alpha}$$

oder

$$a = \sqrt{2 - 2\cos\gamma - (\sin\beta_1 + \sin\beta_2)^2};$$

bei $\beta_1 = \beta_2 = \beta$ ist

$$a = \cos\beta\sqrt{2 - 2\cos\alpha}$$

und

$$\sin\alpha_1 = \frac{\sqrt{2 - 2\cos\alpha}}{2} = \sin\frac{\alpha}{2}. \tag{37'}$$

Die Kurvenrollen sollten nach Möglichkeit so angeordnet werden, daß D_k senkrecht zur Achse ist; da aber der Wert von D_k je nach der Belastung des Seils stark wechselt, so wählt man einen mittleren Winkel φ, und zwar 30 bis 35⁰.

Der Durchmesser der Kurvenrollen bewegt sich in den Grenzen vom 9fachen bis zum 20fachen des Seildurchmessers und beträgt im Mittel etwa das 15fache desselben.

γ) **Niederhaltrollen.** Niederhaltrollen sind bei Güterbahnen, insbesondere mit Oberseil etwas ganz Gewöhnliches — bei Standseilbahnen für Personenverkehr sind sie nur einmal in Havre angewandt worden, haben sich hier aber in bald vierzigjährigem Betrieb durchaus bewährt. Diese Rollen drehen sich um eine nur einseitig gestützte Achse; von der offenen Seite wird das Seil durch besonders geformte Hebel (gebogen, statt wie sonst üblich gerade) unter die

Rollen geführt und von diesen niedergedrückt. Die Konstruktion ist sehr einfach. Die Berechnung des Rollendrucks erfolgt in gleicher Weise wie die Berechnung des Seildrucks auf die Tragrollen in nach oben konvexen Gefällsausrundungen.

$$D_n = \frac{k_n}{R} S.$$

Niederhaltrollen sind überall da am Platz, wo der nach unten konvexe Gefällsbruch so stark ist, daß die Führung des Seils auf gewöhnlichen Tragrollen mit unverhältnismäßig hohen Kosten verknüpft wäre (sehr langer Ausrundungsbogen, Hebung der Trasse).

d) Fahrwiderstände.

Der Wagenwiderstand w_w wird zu 5 bis 8 kg/t angenommen[1].

Den Seilleitungswiderstand bestimmt man ebenfalls in kg je Tonne des Rollendruckes, und zwar, da die Reibung hier größer ist, zu $w_s = 10$ bis 15 kg/t. Vielfach rechnet man auch mit einem Widerstande von 2 bis 6 kg je Rolle, was größere Werte ergibt. Bei der Merkurbahn in Baden-Baden ist der Widerstand einer Seilrolle zu 5 kg angenommen. Die der Zugkraft S entgegenwirkende Komponente der Wagenwiderstände

$$W_w = (P_1 \cos\alpha + P_2 \cos\beta)\, w_w\,, \tag{38}$$

da aber der Wert w_w schwankend ist, so ist es üblich, vereinfacht zu setzen:

$$W_w = (P_1 + P_2)\, 0{,}005\,. \tag{38_1}$$

Der Seilwiderstand der Tragrollen bestimmt sich analog zu:

$$W_t = w_s \sum D_t \cos\tau = w_s \sum p\,t \cos\tau \tag{39}$$

(ohne Berücksichtigung von Gefällsausrundungen).

Auf die Kurvenrollen wirken senkrecht zur Zugrichtung des Seils die Kräfte $D_t \cos\tau$ und D_r [1], die Resultierende ist

$$D_w = \sqrt{D_t^2 \cos^2\tau + D_r^2 + 2\, D_t D_r \cos\tau \cos\varepsilon}\,, \tag{40}$$

wo $\cos\varepsilon$ nach Gleichung (35) bestimmt wird.

Es ist dann:

$$W_k = w_s \sum D_w\,. \tag{41}$$

Wird noch eine etwaige Geschwindigkeitsänderung (z. B. Beschleunigung[2] beim Anfahren auf der ungünstigsten Strecke) in Betracht gezogen, so kommt noch ein weiterer Widerstand hinzu

$$W_b = \frac{v_2^2 - v_1^2}{2\,g\,l_1}\,[c\cdot(P_2 + P_1) + p\,L + q_r];$$

hier sind

---

[1] Die Summe der Widerstände D_r an den Kurvenrollen ist bei gegebenen Werten von Steigung, Halbmesser und Rollenteilung proportional dem Zentriwinkel der Kurve, unabhängig von der Teilung.

[2] Üblich sind Anfahrbeschleunigungen von 0,1 bis 0,2 m/sec².

v_2 und v_1 die entsprechenden Geschwindigkeiten in m/sec, [1]
g = die Erdbeschleunigung in m/sec²,
l_1 = die Entfernung in m, auf der die Geschwindigkeitsänderung stattfindet.
c = ein Beiwert zur Berücksichtigung der Beschleunigung der umlaufenden Massen,
L = die Bahnlänge in m,
q_r = das Gewicht der Seilrollen in kg.

Der gesamte Fahrwiderstand in beiden Seiltrummen ist dann:

$$W = W_w + W_t + W_k + W_b. \tag{42}$$

Zur Berechnung der Antriebskraft kommen hierzu noch die Widerstände im Triebwerk (siehe unten S. 106).

e) Das Seil.

Als Zugseil wird fast immer ein Litzenseil[2] verwandt (vgl. weiter im Abschnitt: Schwebebahnen S. 125).

α) **Die Beanspruchung des Seils.** Die Zugspannung des Seils ergibt sich zu:

$$S_1 = P_2 \sin\beta + W_1 + pH_1 [+A], \tag{43}$$

wo H_1 der Höhenunterschied zwischen dem Wagen und dem gefährlichen Querschnitt des Seils am oberen Bahnende, die Länge der Vertikalprojektion dieses Seiltrumms. ist. W_1 ist gleich der Summe der Widerstände, die der Bewegung des betrachteten einen Seiltrumms entgegenwirken, A der Anfahrwiderstand.

Die Beanspruchung des Seils durch die Zugkräfte wird allgemein zu

$$\sigma_z = \frac{S}{F_s} \tag{44}$$

[1] Die Geschwindigkeit bei Standseilbahnen schwankt in den Grenzen von 1 bis 4,4 m/sec (s. Abb. 117).

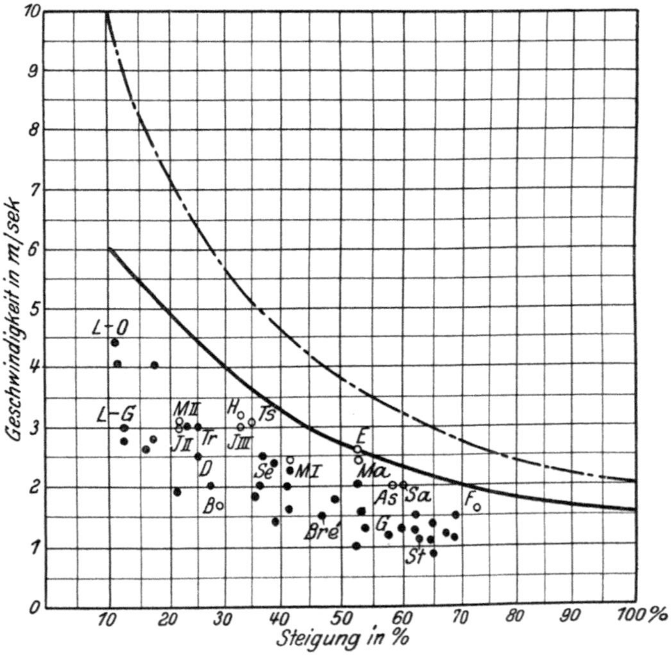

Abb. 117. Fahrgeschwindigkeit als Funktion der Bahnsteigung.
—·— Höchstzulässige Geschwindigkeit bei Schnellschlußbremsen „Bell".

[2] Bei Bahnen mit Wasserballast ausnahmsweise auch ein verschlossenes Seil.

gesetzt, worin F_s gleich der Summe der Drahtquerschnitte im Seil ist. Die Annahme ist nicht genau, da diese Beziehung nur zurecht besteht, wenn die Drähte im Seil gerade und einander parallel sind. Das ist aber in Wirklichkeit nicht der Fall — die Drähte im Seil sind in Schraubenlinien umeinander gewickelt und haben durch das Verseilen Vorspannungen erlitten (bleibende Formänderung), die sich rechnerisch nicht erfassen lassen. Wegen der schrägen Lage der Drähte im Seil ist der Seilquerschnitt größer als die Summe der Drahtquerschnitte.

Außer den Zugspannungen erleidet das Seil auch noch Biegungsbeanspruchungen, einmal beim Umschlingen der Seilscheibe und ferner durch Führung über die Kurvenrollen.

Im ersten Fall setzt man:

$$\sigma_{b_1} = \frac{\delta}{D} E, \tag{45}$$

wo δ den Durchmesser eines Drahtes bedeutet und D den Durchmesser der Seilscheibe (D wird gewöhnlich gleich dem 100fachen des Seildurchmessers angenommen, doch ist es richtiger, D größer zu wählen, wie weiter unten gezeigt wird). E ist der Elastizitätsmodul 2 bis 2,2 Millionen kg/cm². Diese Formel ist aus demselben Grunde ungenau wie die Gleichung (44). Auch hier liegen die Verhältnisse so, daß Zusatzspannungen infolge des Verseilens zu berücksichtigen wären, ebenso die Spannungen infolge der Verschiebung der Drähte gegeneinander — das Seil ist kein homogener und isotroper Körper.

Die Spannung[1] infolge des Drucks der Kurvenrollen ist bei einem Seil aus Runddrähten von gleichem Durchmesser:

$$\sigma_{b_2} = D_k \sqrt{\frac{E}{F_s S}}. \tag{46}$$

Die Gesamtspannung

$$\sigma = \sigma_z \pm \sigma_b. \tag{47}$$

Um einen Spannungswechsel in den einzelnen Drähten zu vermeiden und das Auftreten von Druckspannungen zu verhindern, ist es wünschenswert, daß

$$\sigma_b \leqq \sigma_z. \tag{48}$$

Hieraus lassen sich Bedingungen für das Verhältnis von D_k zu S und von δ zu D ermitteln.

Aus Gleichungen (44), (46) und (48) ist:

$$D_k \sqrt{\frac{E}{F_s S}} \leqq \frac{S}{F_s},$$

$$D_k \leqq S \cdot \sqrt{\frac{S}{F_s \cdot E}},$$

wird hier $\frac{S}{F_s}$ gleich der zulässigen Beanspruchung $\sigma_{\max}$ auf Zug allein gesetzt, so ergibt sich

$$\frac{D_k}{S} \leqq \sqrt{\frac{\sigma_{\max}}{E}}; \tag{49}$$

σ_{zul} ist meist $^1/_{10}$ bis $^1/_{15}$ der Bruchfestigkeit des Seils, die zu 80% der Bruchfestigkeit des Drahts angenommen werden kann, welche 12000 bis 20000 kg/cm² beträgt. Es ist also $\sigma_{\max} = 640$ bis 1600 kg/cm² und es wird bei $E = 2150000$ kg/cm²

$$\frac{D_k}{S} \leqq \sim \frac{1}{60} \text{ bis } \frac{1}{40}. \tag{49'}$$

[1] Vgl. die Untersuchungen von Isachsen: Z. V. d. I. 1907 und Woernle: Z. Verb. D. Dipl. Ing. 1913.

Da aber hohe Querkräfte zerstörend auf die äußeren Drähte einwirken, so sollte der Rollendruck D_k nicht größer als etwa $^1/_{80}$ bis $^1/_{100}$ der Zugspannung sein.

Da $D_k \approx \frac{t}{\varrho} S$, wo ϱ der Krümmungshalbmesser der Kurve (siehe oben S. 93), so muß auch sein:

$$\frac{t}{\varrho} \leqq \sim \frac{1}{60} \text{ bis } \frac{1}{40} \tag{50}$$

(oder besser $^1/_{100}$ bis $^1/_{80}$) und der entsprechende Zentriwinkel:

$$\varphi = 1^0 \text{ bis } 1^0 25' \quad (\text{besser } 34' \text{ bis } 43'). \tag{51}$$

Aus der Gleichung (49) ist ferner ersichtlich, daß je größer die zulässige Zugbeanspruchung ($\sigma_{\max}$) ist, desto größer das Verhältnis $\frac{D_k}{S}$ sein kann. Die Grenze ist hier durch die Bedingung gesetzt, daß $\sigma = \sigma_z + \sigma_b$ mit Sicherheit unterhalb der Proportionalitätsgrenze bleibt, da sonst bleibende Formänderungen auftreten, die zur Zerstörung des Seils führen.

Aus den Gleichungen (44), (45) und (47) ergibt sich:

$$\frac{\delta}{D} \cdot E \leqq \frac{S}{F_s}$$

oder

$$\frac{\delta}{D} = \frac{\sigma_{\max}}{E}; \tag{52}$$

nach Einsetzen der obenstehenden Werte für $\sigma_{\max}$ und E ist

$$\frac{\delta}{D} \leqq \frac{1}{3350} - \frac{1}{1350}. \tag{52'}$$

Auch hier wird das Verhältnis mit größerem $\sigma_{\max}$ günstiger, und es gilt die gleiche Höchstgrenze für $\sigma_{\max}$.

Seilbrüche bei Standseilbahnen sind nur ganz selten erfolgt, meist infolge äußerer Ursachen — Steinschlag u. dgl.; nur ganz ausnahmsweise ist die Überwachung des Seils eine so mangelhafte gewesen, daß das Seil so weit verrosten konnte, daß ein Bruch im gewöhnlichen Betriebe erfolgte. Normalerweise werden die Seile sehr sorgfältig überwacht und ausgewechselt, wenn eine gewisse Häufung der Drahtbrüche eingetreten ist. Die Liegedauer der Seile ist sehr verschieden, da die Seile, wenn sie ausgewechselt werden, in der Regel noch gut Dienst tun könnten und häufig auch auf anderen Bahnen mit geringerer Belastung wieder verwendet werden. Die sehr eingehende Statistik über die Drahtseile der Schweizer Drahtseilbahnen, herausgegeben vom eidgenössischen Eisenbahndepartement, gibt über diese Fragen erschöpfende Auskunft.

Aus dieser Statistik ist auch zu ersehen, daß die Abminderung der Seilfestigkeit infolge von Seillängung und Abnutzung recht verschieden ausfällt, im Mittel kann wohl mit 10% für ein noch gebrauchsfähiges Seil gerechnet werden.

β) Bestimmung des Seilgewichts. Das Seilgewicht p in kg/m kann vorläufig nach Gleichung (43) ermittelt werden, wenn hier die Widerstände nach den Gleichungen (38 bis 41) eingesetzt werden und $S_{\max}$ durch $F_s \sigma_{\max}$ und weiter durch $\mu p \sigma_{\max}$ ersetzt wird, wo μ ein Beiwert ist, der dem Verseilungsfaktor[1] ψ und dem Drahtgewicht entspricht.

$$F_s \cdot \psi \cdot q \cdot 100 = p \tag{53}$$

[1] Der Verseilungsfaktor oder die Verseilungsziffer gibt an, um wieviel der Seilquerschnitt größer ist als die Summe der Drahtquerschnitte, bzw. um wieviel das Seil schwerer ist als die Summe der Drähte von gleicher Länge; ψ hängt vom Flechtwinkel ab und bewegt sich in den Grenzen von 1,08 bis 1,18.

und
$$\mu = \frac{1}{\psi \cdot q \cdot 100}, \tag{53'}$$
$$F = \mu \cdot p,$$
wo q das Gewicht eines cm^3 Stahldraht ist (0,00785 kg), bei $\psi = 1{,}15$ wird $\mu = [1:(1{,}15 \times 0{,}785)] = 1{,}1$.

Die Gleichung (43) nimmt dann die Form an:
$$\mu p \sigma_{\max} = P_2\left(\sin\beta + \frac{\gamma}{g} + w_w\right) + pH_1 + p\frac{\gamma}{g} + plw_s. \tag{43'}$$
γ ist die Beschleunigung in $\frac{\mathrm{m}}{\mathrm{sec}^2}$ und l die Länge des Seiltrumms (die Kurvenwiderstände des Seils sind vernachlässigt und $\cos\tau$ ist gleich 1 gesetzt). Hieraus ergibt sich:
$$p = \frac{P_2\left(\sin\beta + \frac{\gamma}{g} + w_w\right)}{\mu\,\sigma_{\max} - \left(H_1 + \frac{\gamma}{g} + l\,w_s\right)}. \tag{54}$$
Nachdem p hiernach vorläufig ermittelt ist, wird S und daraufhin F_s genau bestimmt und das erforderliche Seil ausgewählt.

5. Die Seilbahnwagen.

Die Standseilbahnen dienen in den weitaus meisten Fällen nur der Beförderung von Personen mit ihrem Gepäck, ein eigentlicher Güterverkehr kommt nur

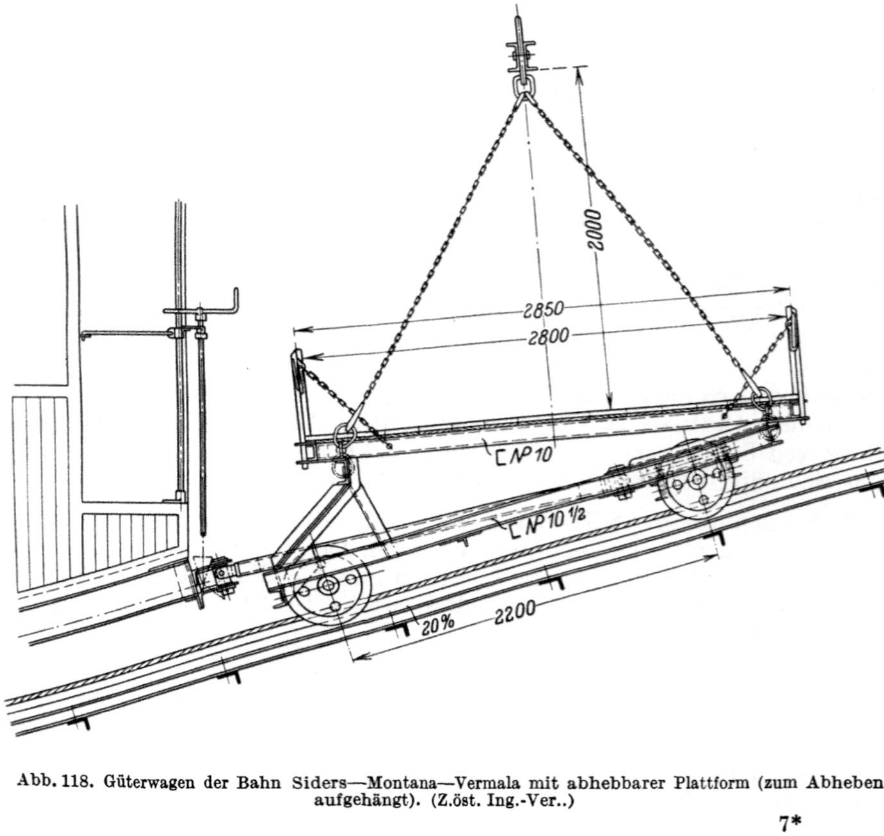

Abb. 118. Güterwagen der Bahn Siders—Montana—Vermala mit abhebbarer Plattform (zum Abheben aufgehängt). (Z.öst. Ing.-Ver..)

selten vor. Von den 50 Schweizer Standseilbahnen haben nur 9 besondere Güterwagen, wobei ein starker Güterverkehr nur auf einer einzigen Bahn stattfindet —

Abb. 119. Wagen der Bahn Engelberg—Gerschnialp mit Vorlegewagen (Bell).

Abb. 120. Plattformwagen der Oberweisbacher Bergbahn (Heckel).

Lausanne-Ouchy. Als Beispiel sei der Güterwagen der Bahn Siders-Montana-Vermala gezeigt, der bergseitig am Personenwagen angehängt wird (Abb. 118.)

Bei der Bahn Engelberg-Gerschnialp dienen leichte Vorlegewagen (Abb. 119) hauptsächlich dem Transport von Bobschlitten — diese Bahn ist vor allem eine Hilfsanlage der Bobschlittenbahn.

Auf der Oberweisbacher Bergbahn, die die ungewöhnliche Spurweite von 1,80 m hat, verkehren ein Personenwagen und ein Untergestell[1]

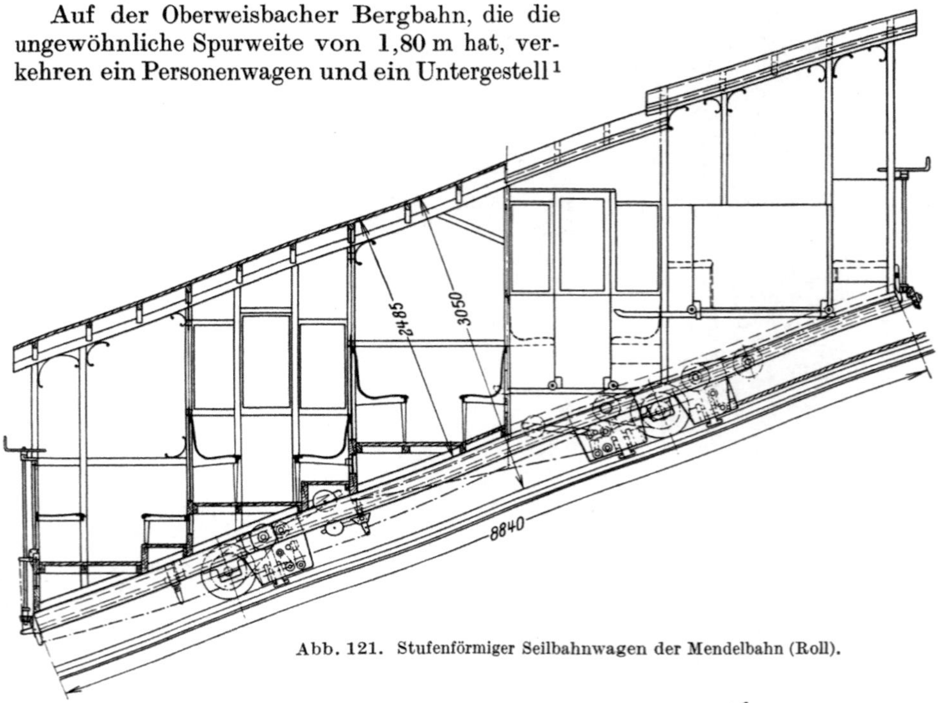

Abb. 121. Stufenförmiger Seilbahnwagen der Mendelbahn (Roll).

zur Aufnahme von beladenen Vollbahngüterwagen (Abb. 120) im Pendelbetrieb, dieses Gestell ist in ähnlicher Weise ausgeführt wie sonst bei den Schrägaufzügen für Güter.

Bei manchen Bahnen ist der Wagenkasten abnehmbar angeordnet, so daß auf der hierdurch gebildeten Plattform bei ruhendem Personenverkehr Güter befördert werden können.

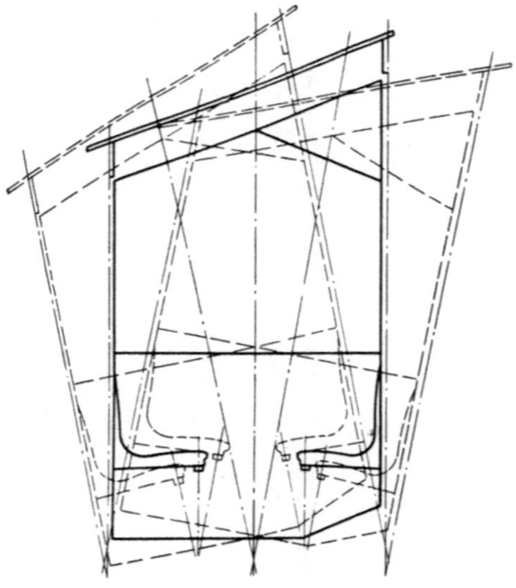

Abb. 122. Sitzbanklagen für End- und Mittelgefälle (Mendelbahn).

Die Personenwagen, die mit einer Aufnahmefähigkeit bis zu 130 Personen gebaut werden, haben ein Leergewicht von 3,60 bis 9,00 t, wobei auf den Platz 100 bis 200 kg (bei Wasserballast bis 400 kg) entfallen, je nachdem, ob die Wagen offen, halb- oder ganzgeschlossen sind. Der Fußboden und die Sitzbänke sind für eine mittlere Steigung horizontal; bei stärkeren Steigungen ergibt sich daher ein stufenförmiger Aufbau des Wagenkastens (siehe Abb. 121, 122). Bei der von Roll gebauten Seilbahn La Escontrilla-

[1] Dieses Untergestell ist vierachsig, während sonst die Standseilbahnwagen durchweg zweiachsig sind.

Reineta in Spanien ist der abnehmbare Wagenkasten horizontal auf das Untergestell aufgesetzt (Abb. 123).

Abb. 123. Wagen der Bahn La Escontrilla—Reineta (Roll).

Die Eingänge sind seitlich, und zwar in der Regel (bei stufenförmigen Wagen immer) für jedes Abteil getrennt vorhanden, nur wenige Bahnen (z. B. Lausanne-Ouchy) haben die Eingänge an den Wagenenden.

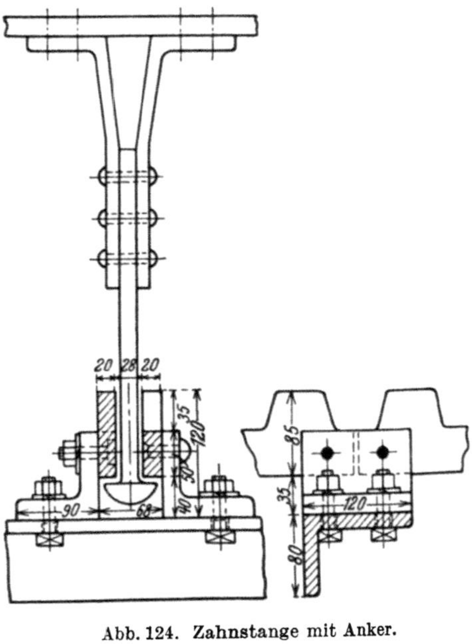

Abb. 124. Zahnstange mit Anker.

Bei den meist starken Steigungen der Standseilbahnen ist eine absolut sicher wirkende Brems- und Fangvorrichtung unbedingt erforderlich. Die älteren Bahnen hatten Zahnstangenbremsen und z. T. Anker (Bürgenstock, Abb. 124). Auf der Stanserhornbahn — 1893 — wurde von Bucher-Durrer erstmalig die Zangenbremse angewandt, die seitdem rastlos vervollkommnet worden ist und größte Verbreitung gefunden hat — fast alle Bahnen mit motorischem Antrieb sind mit ihr versehen (Ouchy-Lausanne hat eine Schlittenbremse), während bei den Wasserballast-Bahnen die Zahnradbremse naturgemäß ihren Platz behauptet.

Abb. 125 zeigt eine schematische Skizze der Schnellschlußbremse der L. von Rollschen Eisenwerke: Die Bremsung erfolgt durch die Zangen CC, welche durch Drehung der Spindel S, die mit Rechts- und Linksgewinde versehen ist, geschlossen werden. Der Antrieb der Bremsspindel S geschieht unter Zwischenschaltung einer Klinkenkupplung K. Auf der Bremsspindel S sitzt ferner ein Ritzel, das mit einer Zahnstange Z im Eingriff steht. Beim Nachlassen des Seilzuges am Seilhebel H des Wagens kommt das Gewicht G zum Fallen und löst mittels der

Klinke *P* die Zahnstange *Z* aus. die durch die gespannte Feder *F* vorgeschnellt wird, die Bremsspindel *S* dreht und die Bremszangen *C* fast augenblicklich gegen den Schienenkopf anlegt, wobei die Sperrklinken *K* über das Sperrad weggleiten. Gleichzeitig wird auch die Klauenkupplung *M* geschlossen.

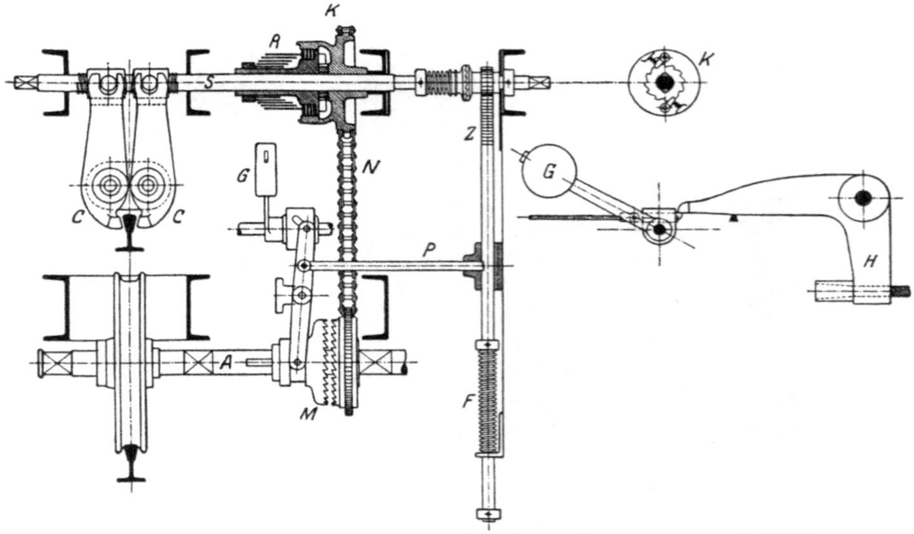

Abb. 125. Schematische Skizze der Schnellschlußbremse der L. von Rollschen Eisenwerke.

Sobald also die Bremszangen an den Schienen anliegen, bleibt die Schnellschlußvorrichtung stehen, die Bremsspindel wird nun von der Wagenachse *A* aus beim Rücklauf des Wagens mittels der Kette *N* durch die Reibungskupplung *R* und die Sperrklinken *K* weitergedreht, und dadurch werden die Bremszangen mit großem Druck an den Schienenkopf angepreßt, zur Erzeugung der zur Bremsung nötigen Reibung[1].

Die Schnellschlußbremse von Bell[2] ist so konstruiert, daß sie auch an gewöhnlichen Vignole-Schienen angewandt werden kann (Abb. 126).

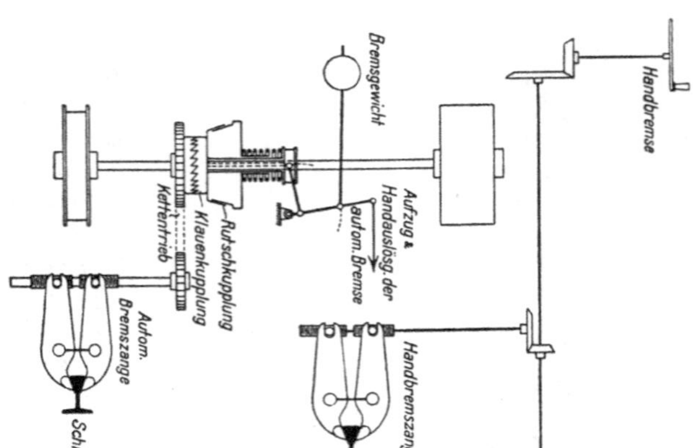

Abb. 126. Schematische Skizze der Bremse von Bell.

Gewöhnlich werden 3 Zangenbremsen angeordnet, zwei automatische und eine für den Handbetrieb; diese Bremsen, die den Schienenkopf immer umfassen, können nur einseitig (außen — an der Seite der Doppelflanschräder) angebracht werden, weswegen das Wagenuntergestell beim Bremsen — richtiger Fangen — besonders hohe Beanspruchungen auszuhalten hat und sehr kräftig gebaut werden muß (Abb. 127).

Bei schweren Wagen ist es daher zu empfehlen, auch an der entgegengesetzten Seite des Wagens andere Bremsvorrichtungen anzubringen, die den Schienen-

[1] Aus dem Prospekt der L. von R.schen Eisenwerke: „Standseilbahnen".
[2] Siehe Schweiz. Bauzg. Bd. 87, 1926.

kopf nicht zu umschließen brauchen — Schlittenbremsen, gewöhnliche Reibungsbremsen u. dgl.; bei der Oberweisbacher Bergbahn, die ganz besonders schwere

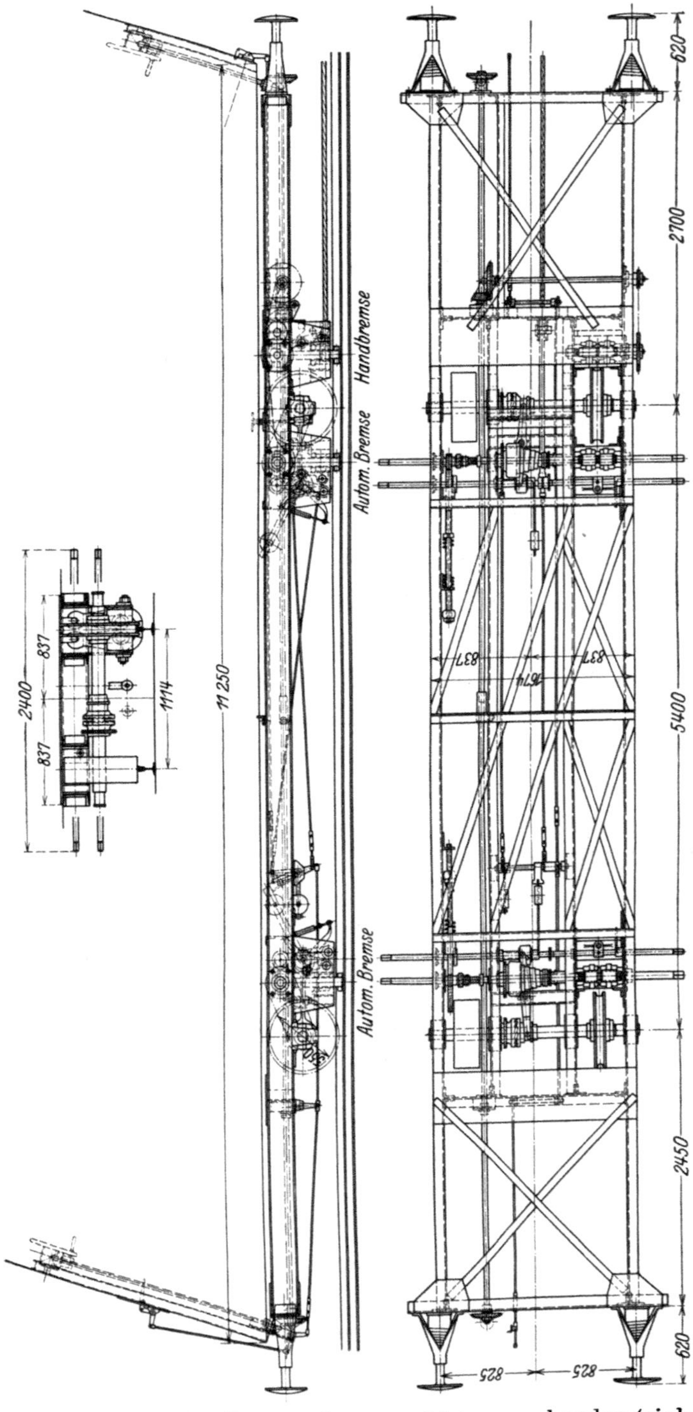

Abb. 127. Wagenuntergestell mit Bremsen (Bell).

Wagen hat (bis 50 t), ist eine Exzenterfangvorrichtung vorhanden (siehe Abb. 128), die allerdings den Nachteil hat, die Schiene sehr anzugreifen.

Die Befestigung des Seils am Seilbahnwagen erfolgt mittels einer Vergußkupplung am Hebel, der die automatische Bremse betätigt (vgl. Abb. 127 und

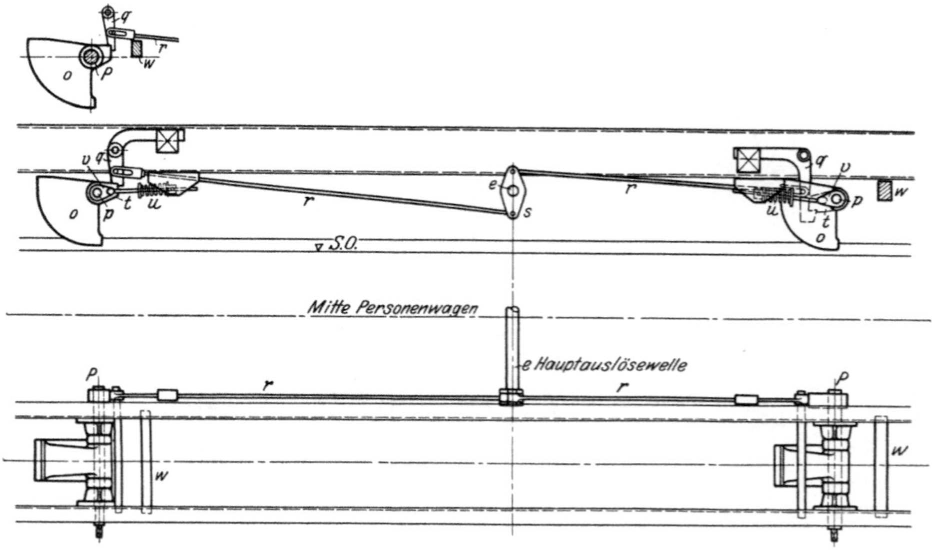

Abb. 128. Exzenter-Bremsvorrichtung der Oberweisbacher Bergbahn (Heckel).
o Exzenter, *p* Exzenterwelle, *t* Exzenterhebel, *e* Hauptauslösewelle, *s* Hebel, *r* Zugstange, *q* Stützhebel, *u* Spiralfeder, *v* Federhebel, *w* Anschlag.

Abb. 129). Manchmal (Gütschbahn in Luzern) wird zwischen die Vergußkupplung und den Hebel noch eine Schraube zwischengeschaltet, so daß bei

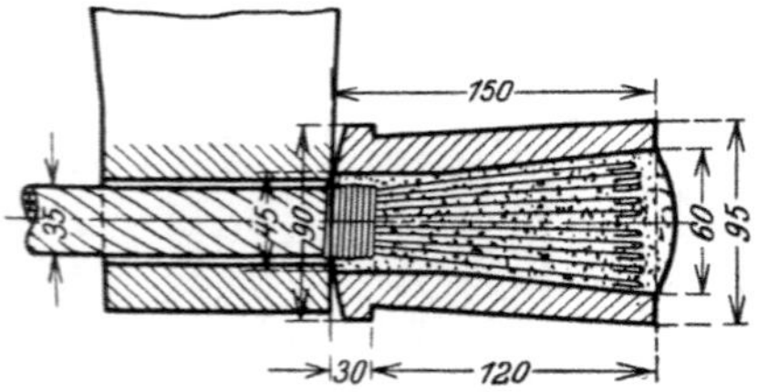

Abb. 129 Befestigung des Seils am Wagen.

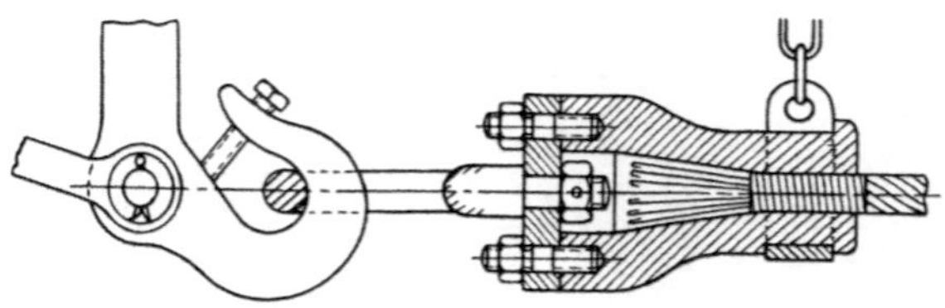

Abb. 130. Lösbare Befestigung des Seils am Wagen (Lausanne-Ouchy).

einer nicht zu starken Dehnung das Seil nachgestellt werden kann und ein Kürzen und Neuvergießen des Seils nicht erforderlich ist. Die Abb. 130 zeigt die abnehmbare Befestigung des Seils bei der Bahn Lausanne-Ouchy. Hier kann das Seil sich beim Abwickeln von der Trommel frei drehen.

6. Antrieb.

Bei Seilbahnen mit Motorbetrieb ist die erforderliche Zugkraft für den theoretischen Längenschnitt nach Gleichung (5):

$$Z = \frac{(P_2 - P_1)\,H}{L} + W. \tag{55}$$

Für einen Längenschnitt, der nicht genau dem theoretischen entspricht, und das ist praktisch jeder, ergibt sich die jeweilige Zugkraft aus Gleichung (1) zu:

$$Z = P_2 \sin\beta - P_1 \sin\alpha \pm p h + W \tag{56}$$

(ph ist positiv, wenn der steigende Wagen unter der Bahnmitte ist).

Da die Geschwindigkeit auf Standseilbahnen konstant zu sein pflegt, so ist die erforderliche Maschinenleistung in mkg/sec:

$$N = \frac{Z v}{\eta} \quad \text{oder} \quad N_1 = \frac{Z v}{75 \eta} \text{PS}, \tag{57}$$

wo η der Wirkungsgrad des Antriebs ist.

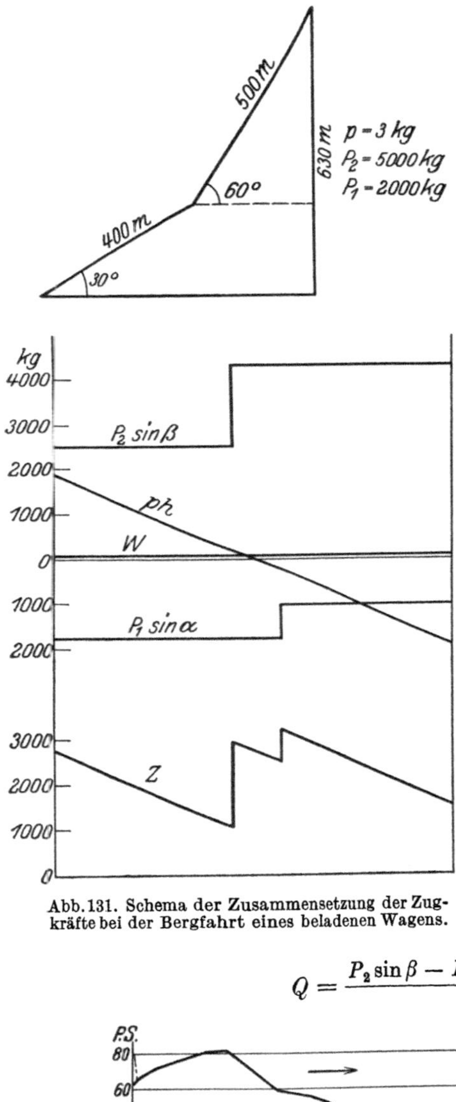

Abb. 131. Schema der Zusammensetzung der Zugkräfte bei der Bergfahrt eines beladenen Wagens.

Die erforderliche Arbeit bestimmt man am einfachsten durch graphische Auftragung der Zugkräfte und Planimetrieren der Arbeitsfläche — als Abszisse wird hierbei die Bahnlänge gewählt — die Arbeit ergibt sich in mkg. Wird die Leistung über der Länge aufgetragen, so ist die sich ergebende Fläche durch v zu teilen, um die Arbeit in mkg zu erhalten. (1 PS-Stunde = 270000 mkg).

Wie aus der Gleichung (56) ersichtlich, sind $P_2 \sin\beta$ und W positiv aufzutragen, $P_1 \sin\alpha$ negativ und ph positiv oder negativ, je nach der Lage der Wagen.

Abb. 131 zeigt diese Zusammensetzung der Zugkräfte bei der Bergfahrt des beladenen Wagens schematisch, Abb. 132 das Zugkraftdiagramm für die Niesenbahn.

In der vorstehenden Berechnung der Zugkraft und Leistung sind die infolge der Schwingungen des Seils erforderlichen Zusatzkräfte wie üblich nicht berücksichtigt worden.

Ähnlich wie Z läßt sich auch der erforderliche Wasserballast Q berechnen, und zwar ist:

$$Q = \frac{P_2 \sin\beta - P_1 \sin\alpha \pm ph + W}{\sin\alpha}. \tag{58}$$

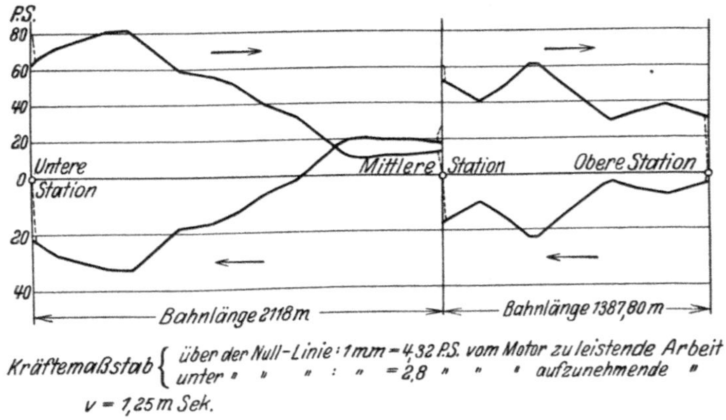

Abb. 132. Zugkraftdiagramm für die Niesenbahn (Schweiz. Bauzg.).

Es ist $Q_{\max}$ zu ermitteln und danach die Größe der Wasserbehälter und der erforderlichen Wassermenge zu bestimmen. Die überschüssigen Kräfte werden abgebremst.

Das Seil wird durch Umlenkrollen auf die Antriebsscheibe geführt, die gewöhnlich mehrrillig angeordnet ist.

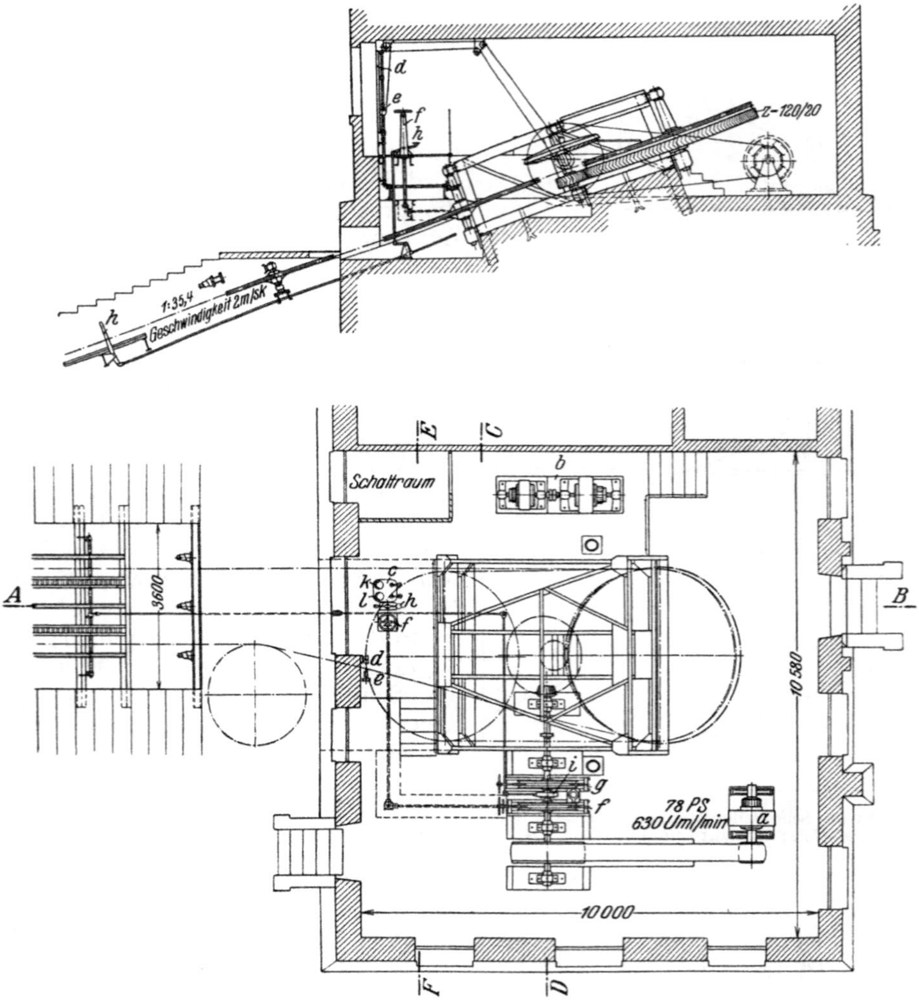

Abb. 135. Antrieb der Bergbahn Heidelberg—Molkenkur.
a Motor, *b* Motorgenerator, *c* Fahrschalter, *d* Teufenzeiger, *e* Geschwindigkeitsanzeiger, *f* Handbremse, *g* automatische Bremse, *h* Bremsauslösung, *i* Regler, *k* Strommesser, *l* Spannungsmesser.

Den erforderlichen Umschlingungswinkel α bestimmt man nach der bekannten Beziehung

$$S_1 = S_2 e^{\mu \alpha}, \tag{59}$$

wobei für S_1 der Höchstwert, für S_2 der Mindestwert des Seilzugs einzusetzen ist. Der Reibungsbeiwert μ schwankt in sehr weiten Grenzen von 0,05 bis 0,15. Sicherer ist es, vor allem für Bahnen mit Winterbetrieb, bei denen das Seil vereisen kann, mit kleinem μ zu rechnen. Der Umschlingungswinkel α wird ungern größer als 6π gewählt, da die ungleiche Beanspruchung des Seils bei den verschiedenen Umschlingungen der Scheibe und der mehrfache Richtungswechsel die Lebensdauer des Seils ungünstig beeinflussen.

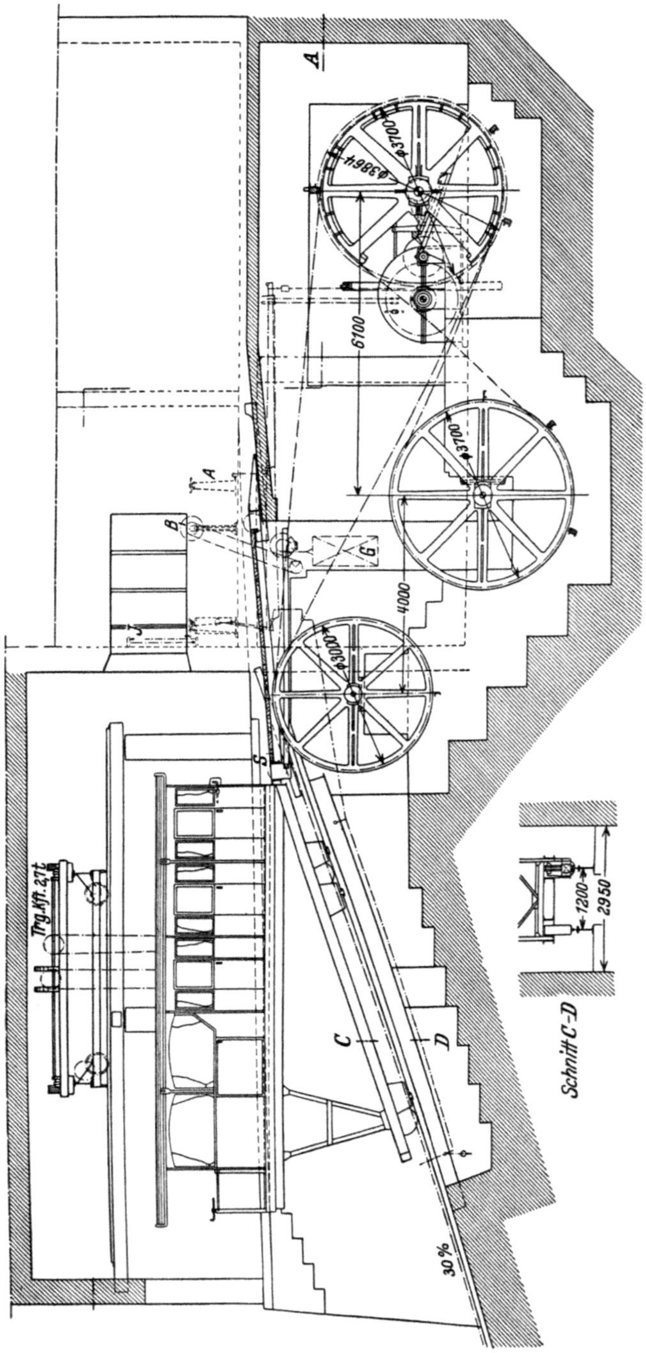

Abb. 133. Antrieb der Seilbahn La Escontrilla-Reineta (Roll).

M Motor, *A* automatische Bremse, *H* Handbremse, *R* Getriebe, *K* Kontroller, *J* Teufenzeiger, *T* Transformator, *B* Handrad zur Verschiebung der Ladebrücke, *G* Gegengewicht der Ladebrücke, *F* Fliehkraftregler, *Z* Bremse.

Die Seilscheibe wird gewöhnlich auf einer horizontalen Welle angebracht (Abb. 133, 134); ist der Raum aber beschränkt, so daß die Unterbringung der

Umlenkrollen auf Schwierigkeiten stößt, so kann die Seilscheibe auch in der Bahnebene angeordnet werden (Abb. 135 S. 107).

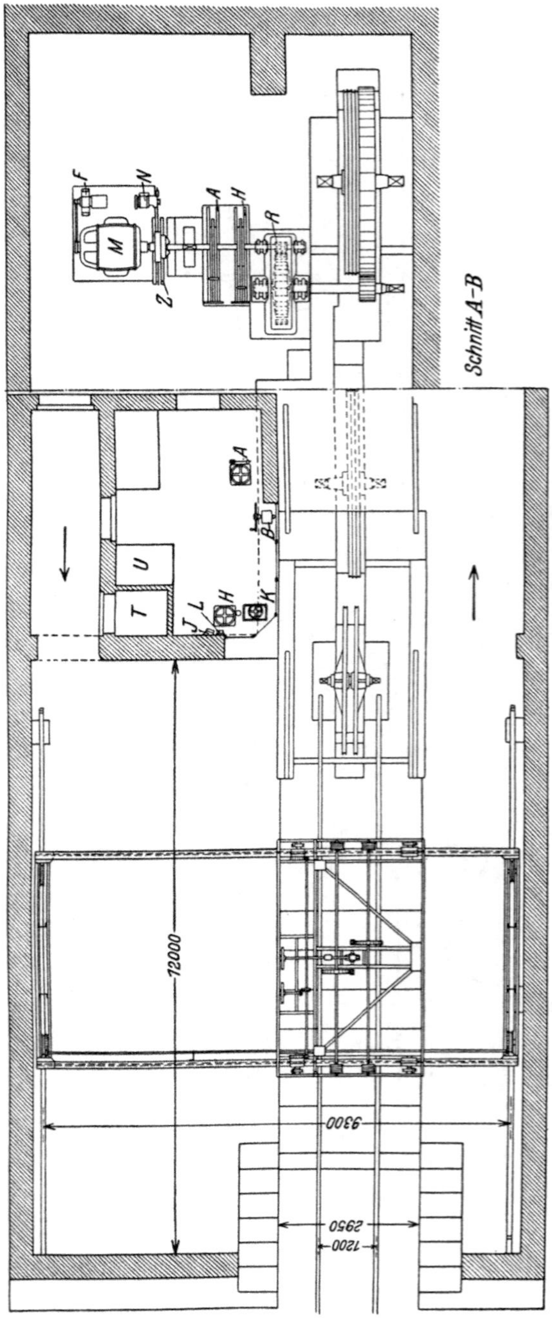

Abb. 134. Antrieb der Seilbahn La Escontrilla-Reineta (Roll).
M Motor, *A* automatische Bremse, *H* Handbremse, *R* Getriebe, *K* Kontroller, *J* Teufenzeiger, *T* Transformator, *B* Handrad zur Verschiebung der Ladebrücke, *G* Gegengewicht der Ladebrücke, *F* Fliehkraftregler, *Z* Bremse.

Als Antriebskraft kommt fast immer elektrischer Strom zur Verwendung, und zwar sowohl Gleichstrom wie Drehstrom.

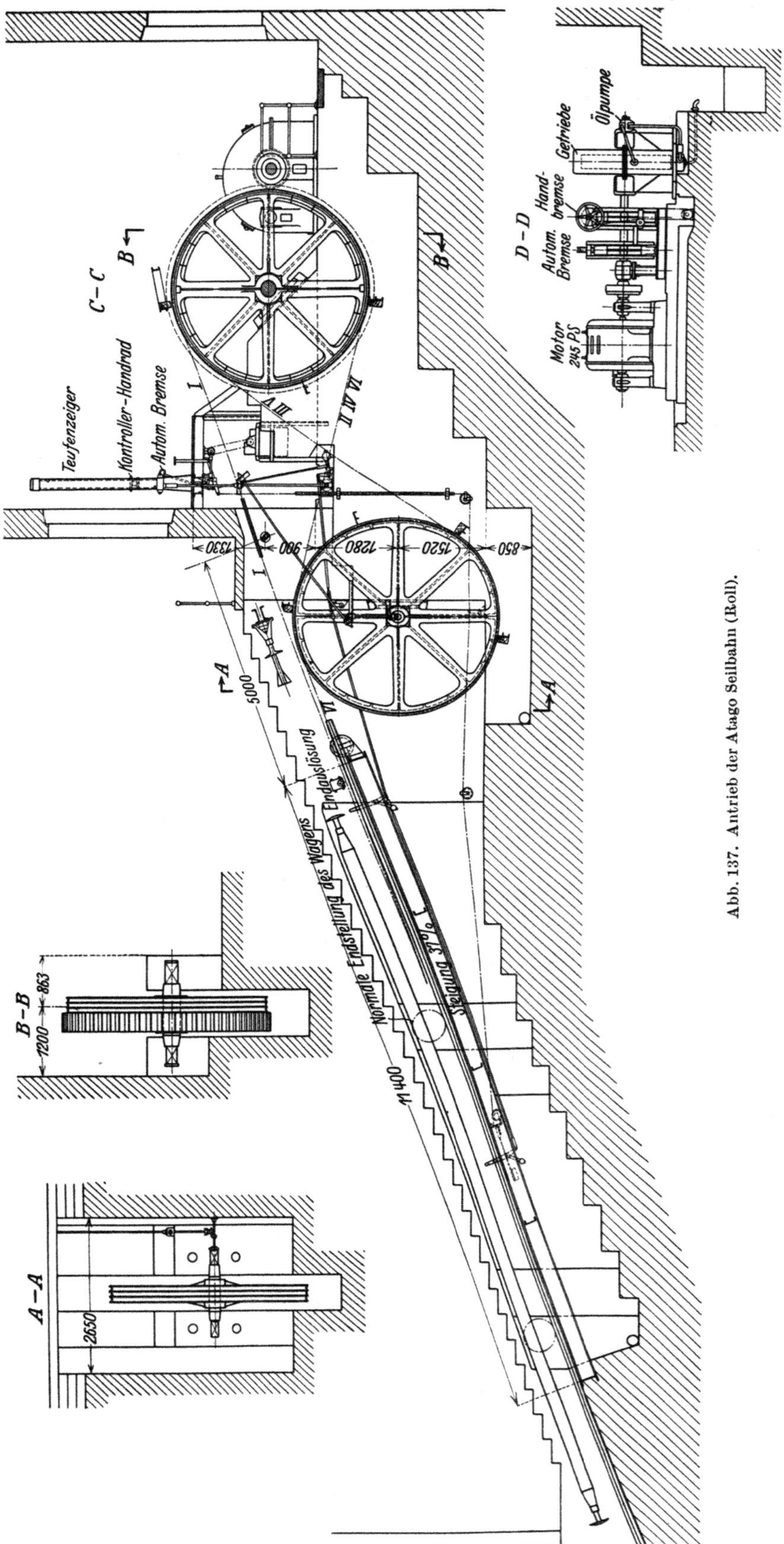

Abb. 137. Antrieb der Atago Seilbahn (Roll).

Am Antrieb sind stets folgende Bremsen vorgesehen: 1. eine Handbremse, die der Maschinenwärter von seinem Stand aus bedienen kann, 2. eine Flieh-

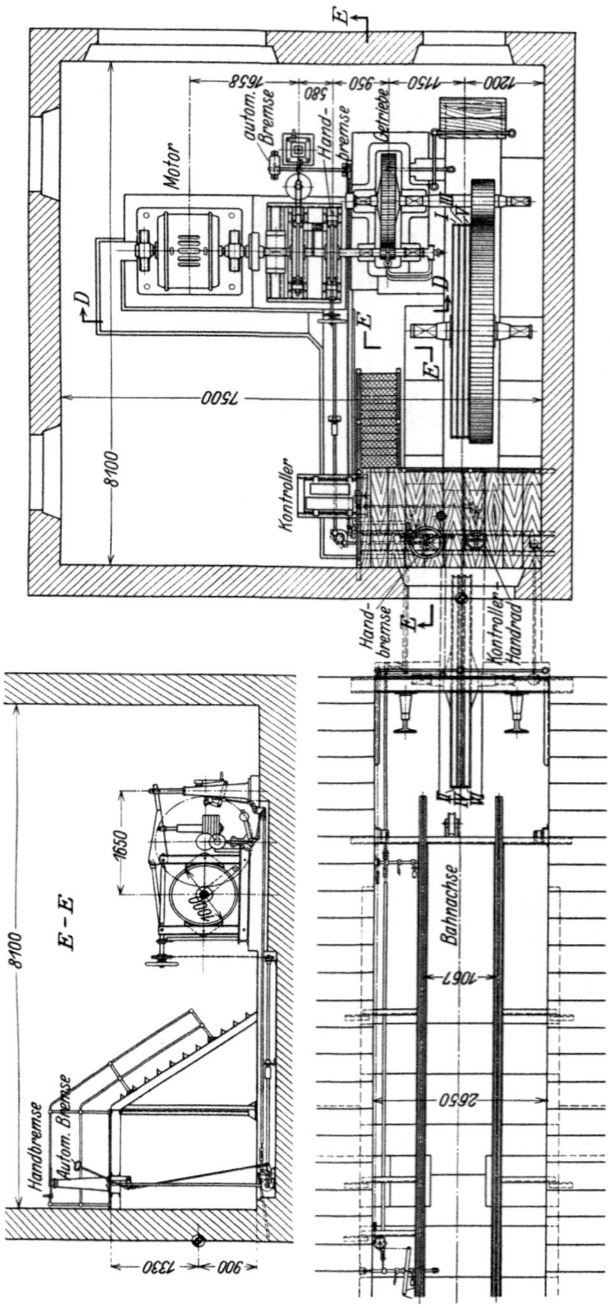

Abb. 138. Antrieb der Atago Seilbahn (Roll).

kraftbremse, die den Antrieb bei Überschreiten einer bestimmten Geschwindigkeit stillsetzt und 3. eine elektromagnetische Bremse, die beim Ausbleiben des Stroms oder Überschreiten einer bestimmten Stromstärke in Tätigkeit tritt.

Durch sämtliche Bremsen wird der Betriebsstrom automatisch ausgeschaltet. Abb. 136 zeigt das Bremsschema der Bahn Treib-Seelisberg.

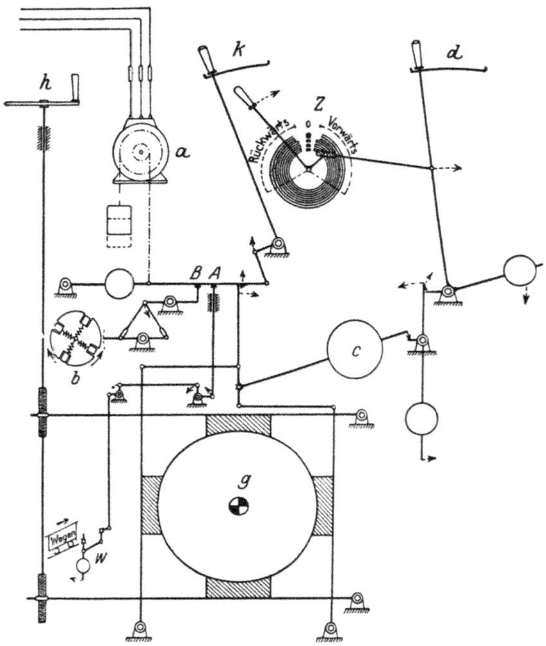

Abb. 136. Bremsschema der Bahn Treib-Seelisberg (Bell). *a* Hilfsmotor für die Nullstrom-Bremsauslösung, *b*—*B* Fliehkraft-Auslöser, *c* Bremsgewicht, *d* Entriegelung des Fahrschalters, *g* Bremsscheibe, *h* Handbremse, *k* Handauslösung der automatischen Bremse, *w*—*A* Bremsauslösung durch den Wagen, *z* Kontroller.

Ferner ist eine Vorrichtung vorhanden, die den Antrieb automatisch stillsetzt, wenn die Wagen bei der Einfahrt in die Stationen einen gewissen Punkt erreichen.

Der Stand des Maschinenwärters ist so anzuordnen, daß er einen möglichst großen Teil der Bahn übersehen kann. Teufenzeiger unterrichten ihn über den jeweiligen Stand der Wagen, auch wenn er sie nicht sehen kann, und ein Telephon gibt ihm die Möglichkeit, sich mit der unteren Station und auch erforderlichenfalls mit den Wagenführern zu verständigen. In Abb. 137 u. 138 (S. 110/11) ist eine ganz moderne Seilbahnstation dargestellt, die Einzelheiten sind aus der Beschriftung der Abbildungen zu ersehen.

Diese Anordnung des Antriebs in der Bergstation ist die normale — ausnahmsweise ist der Antrieb in die untere Station verlegt (Vesuv), dann muß natürlich ein geschlossenes Seil verwandt werden. Bei der Bahn Lugano-S. Salvatore befindet sich die Antriebsstation in der Mitte der Strecke — hier wird umgestiegen — oberhalb und unterhalb befindet sich nur je ein an einem offenen Seil befestigter Wagen. Der Antrieb der Klein-Seilbahn Harrissenbucht-Fürigen kann ferngesteuert werden, und zwar von einem der Seilbahnwagen aus.

7. Wirtschaftliches.

Die Baukosten schwanken in weiten Grenzen und hängen in hohem Maße von den verhältnismäßig großen Unterbaukosten ab; die Kosten je km werden ferner bedingt durch die Länge der Bahn, da die Stationskosten für eine kurze Bahn nicht viel geringer sind, als für eine lange.

Die kilometrischen Kosten der Schweizer Standseilbahnen schwanken nach den Angaben der Statistik der Schweizer Eisenbahnen für 1926 von 229000 Frs. (Zugerberg) bis 3535000 Frs. (Lausanne-Ouchy) und betragen im Mittel 612000 Frs.

Die Betriebsausgaben betrugen 1926 im Durchschnitt der Schweizer Bahnen 54461 Frs. je Bahnkilometer oder 3,02 Frs. je Zugskilometer; der mittlere Betriebskoeffizient war 63,8%.

Die im Durchschnitt des Jahres 1926 von den Schweizer Standseilbahnen gezahlten Zinsen und Dividenden betrugen 3,83%, das Maximum war 9,05%; mehrere Bahnen arbeiteten aber auch mit Verlust.

III. Seilschwebebahnen für den Personenverkehr.

1. Allgemeines, historische Entwicklung.

Eine Bahn, bei der die feste Schienenbahn durch ein oder mehrere, die Endpunkte miteinander unmittelbar verbindende oder über Zwischenstützen gespannte Seile, die Tragseile, ersetzt wird, nennt man eine Seilschwebebahn. Die Wagen befinden sich bei dieser Bahnart nicht über der Fahrbahn, sondern hängen an besonderen Laufwerken unter der Fahrbahn — dem Seil[1]. Die Zugkraft wird hierbei stets durch ein oder mehrere (zwei) Zugseile ausgeübt.

Seilschwebebahnen in primitiver Form gehören zu den ältesten Errungenschaften der Technik und sind bei den Chinesen und Japanern wohl schon seit Jahrtausenden im Gebrauch gewesen[2]; auch in den alten Kulturländern Amerikas finden sich derartige Anlagen, die zum Überbrücken tiefer Schluchten angewandt werden und hauptsächlich der Personenbeförderung dienen. Seit dem Beginn des XV. Jahrhunderts sind auch in Europa Seilbahnen gebaut worden, aber nur in beschränktem Maße, hauptsächlich zur Versorgung von Festungen und bei Bauarbeiten (Danzig, XVII. Jahrhundert).

Einer weiteren Verbreitung stand vor allem die Notwendigkeit, die nur wenig haltbaren Hanfseile zu verwenden, entgegen — und auch nach der Erfindung (oder vielmehr Wiedererfindung) der Drahtseile[3] durch den Bergrat Albert in Clausthal im Jahre 1834 hat es einiger Zeit bedurft, bis sich das Seilbahnwesen entwickelte. Ende der sechziger Jahre des XIX. Jahrhunderts entstand in Amerika eine Drahtseilbahn und wenige Jahre später (1872) erbaute von Dücker die erste deutsche Seilschwebebahn in Metz, nachdem er schon seit 1861 Hängebahnen, bei denen die Fahrbahn durch Rundeisen gebildet wurde, angelegt hatte.

Das deutsche Bahnsystem, bei dem Zugseil und Tragseil getrennt sind[4], ist seit dem Anfang der siebziger Jahre des vorigen Jahrhunderts vor allem von Bleichert ausgebildet worden, der mit noch einigen Firmen, wie Mackensen (1877), Pohlig (1880), Heckel und anderen, die ihm nachfolgten, den deutschen Seilbahnen bald Weltruf verschaffte. Diese Bahnen, die in den letzten 50 Jahren eine außerordentlich große Verbreitung gefunden haben, dienen in der Hauptsache dem Lastenverkehr.

Für den Personenverkehr waren im letzten Jahrzehnt des XIX. und im ersten dieses Jahrhunderts einige Seilschwebebahnen zur Überbrückung von Flüssen, auf Ausstellungen usw. gebaut worden. Ebenso wurden die Lastenseil-

---

[1] Nur ganz ausnahmsweise ist der Wagen über einer Fahrbahn aus mehreren Seilen rollend angeordnet worden.

[2] Vgl. hierzu Woernle: Zur Beurteilung der Drahtseilschwebebahnen für Personenbeförderung in Z. d. Verb. Deutscher Dipl.-Ing. 1913, wo auch eine erschöpfende Übersicht der Literatur über dieses Gebiet gegeben wird; ferner Stephan: Die Drahtseilbahnen, 4. Aufl. 1926.

[3] Drahtseile haben schon das Altertum und das Mittelalter gekannt und im Bergbau verwandt.

[4] Beim englischen Bahnsystem ist nur ein Seil vorhanden, das zugleich Zug- und Tragseil ist. Solche Anlagen finden auch in Deutschland als Hilfsbahnen Verwendung, z. B. beim Bau der Kreuzeckbahn.

bahnen vielfach zur Beförderung von Personen, hauptsächlich Arbeitern, benützt, wie z. B. die sehr bekannt gewordene Seilbahn beim Bau des Leuchtturms auf Beachy Head. Diese Bahnen hatten z. T. nur einen Wagen, der hin- und zurückfuhr, zum großen Teil zwei, die ebenso wie bei den Standseilbahnen hin- und herpendelten; z. T. waren sie nach dem Umlaufsystem erbaut.

Abb. 139. Seilbahn in S. Sebastian.

Obgleich v. Dücker schon 1869 die Anwendung der Seilschwebebahnen zur Überwindung großer Höhenunterschiede speziell für den Personenverkehr empfahl und direkte Hinweise auf mögliche Anlagen in den Schweizer Bergen gab, und obgleich, gestützt auf die Erfahrungen mit einigen Seilbahnen, zur horizontalen Personenbeförderung[1] seit dem Jahre 1889[2] Entwürfe für Seilbahnen in den Alpen bearbeitet und sogar konzessioniert wurden, hat es doch bis zur Mitte des ersten Jahrzehnts des XX. Jahrhunderts gedauert, bis derartige Anlagen in Europa tatsächlich gebaut wurden.

Als erste wurde die von Torres errichtete Bahn in San Sebastian im Jahre 1907 eröffnet, eine Bahn, die allerdings nur eine sehr geringe Steigung hat (im Mittel 10%). Hier besteht die Fahrbahn aus 6 parallelen Tragseilen, die zu je 3 auf jeder Seite der Bahn angeordnet und am oberen

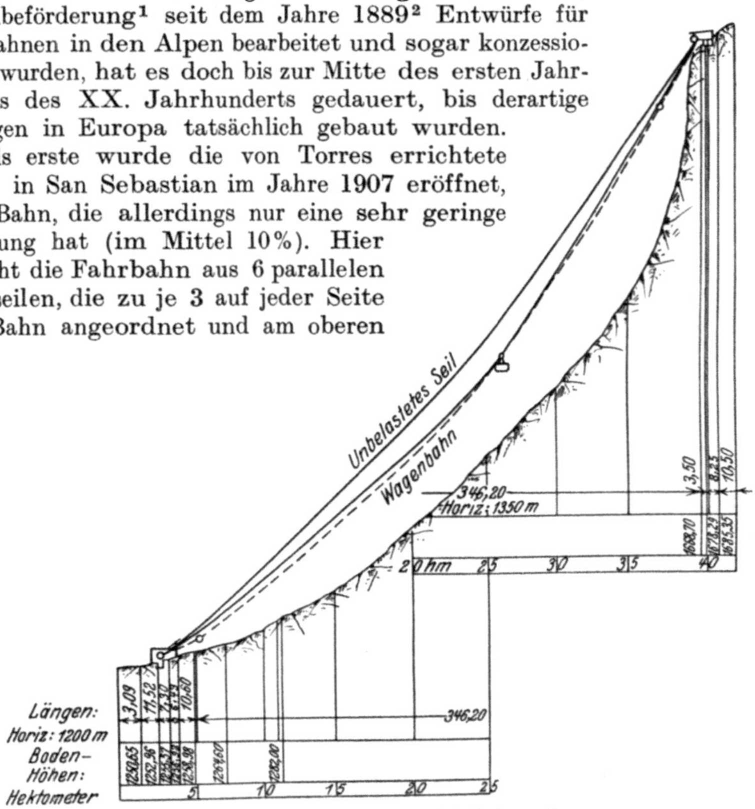

Abb. 140. Längenschnitt des Wetterhornaufzuges.

[1] Schaffhausen, Blackpool in Neuseeland.

[2] Entwurf von Torres für eine Seilbahn Pilatus-Klimsenhorn, Schweiz. Bauzg. Bd. 15, 1890.

Ende einzeln durch Gewichte gespannt sind. Das endlose Zugseil wird gleichfalls in der oberen Station gespannt, während der Antrieb sich in der unteren befindet. Es verkehrt nur ein Wagen im Pendelverkehr (Abb. 139). Der Wagen hängt zwischen den Tragseilen, so daß die Gefahr der Beschädigung durch ein etwa reißendes und herabfallendes Seil nur gering ist. Das Vorhandensein von

Abb. 141. Wagen des Wetterhornaufzuges.

6 Tragseilen gibt auch eine große Sicherheit für den Fall eines Seilbruchs, da der Bruch eines Seiles die Tragfähigkeit der ganzen Fahrbahn nur um rd. 16% schwächt, daher konnten die Tragseile auch sehr straff gespannt werden — bis zu einem Drittel der Bruchlast. Für den Fall eines Zugseilrisses sind automatische und Handbremsen vorhanden.

Sehr bekannt geworden ist der kühne, 1908 eröffnete Wetterhornaufzug, der nach den Ideen und Entwürfen von Feldmann, dem 1907 verstorbenen Bauleiter der Barmen-Elberfelder und Loschwitzer Schwebebahnen, von Strub erbaut wurde. Ursprünglich waren vier Abschnitte geplant, aber nur der unterste ist ausgeführt worden und auch dieser ist seit dem Kriege außer Betrieb. Hier ist nur eine Spannweite von rd. 560 m Länge vorhanden — die mittlere Steigung beträgt 115%, die stärkste 200% (Abb. 140). Die Fahrbahn besteht aus je zwei übereinanderliegenden Tragseilen; Zugseile sind gleichfalls zwei vorhanden und horizontal nebeneinander angeordnet. Es verkehren zwei Wagen im Pendelbetrieb (Abb. 141) in der gleichen Weise wie bei den Standseilbahnen. Für den Fall eines Zugseilrisses sind automatische Fangvorrichtungen vorgesehen[1].

[1] Wegen Einzelheiten vgl. auch Woernle: a. a. O.

Diese Seilschwebebahn ist lange Zeit die einzige im Lande der Bergbahnen — der Schweiz — geblieben und erst 1927 ist bei Engelberg wieder eine Seilschwebebahn gebaut worden (Bleichert).

Vor dem Kriege entstanden in Tirol noch einige Schwebebahnen, die von Bleichert (Kohlererbahn) und von Ceretti und Tanfani (Lana-Vigiljoch, Zambana-Fai) erbaut wurden[1]. Nach dem Kriege, und zwar seit dem Jahre 1926 hat die Bauweise Bleichert-Zuegg[1] große Ausbreitung gefunden (Zugspitzbahn u. a.), nachdem im Jahre 1921 die Bahn Meran-Hafling unter Ausnutzung der mit den Kriegsseilbahnen gemachten Erfahrungen als erste nach diesem System errichtet wurde. Auch Ceretti und Tanfani haben nach dem Kriege eine Reihe von neuen Bahnen gebaut, die wesentliche Verbesserungen gegenüber den älteren Ausführungen auf Grund der sehr großen, gerade von dieser Firma im Kriege gemachten Erfahrungen aufweisen.

2. Betriebsart.

Der Betriebsart nach unterscheidet man Bahnen mit Pendelverkehr, die bisher für Personenbahnen (Abb. 142) fast ausschließlich angewandt wurden, und

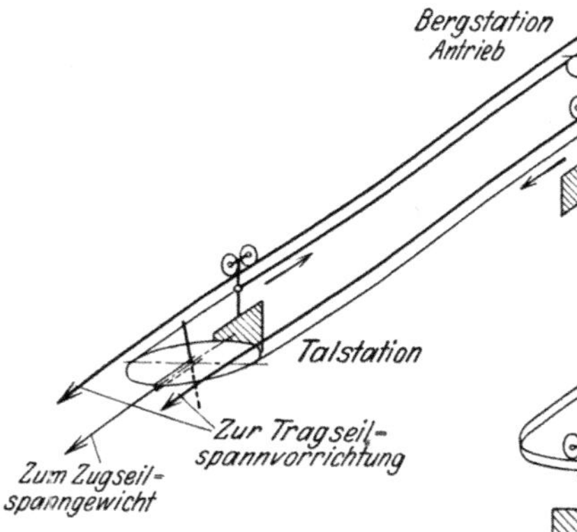

Abb. 142. Schema einer Seilbahn mit Pendelverkehr.

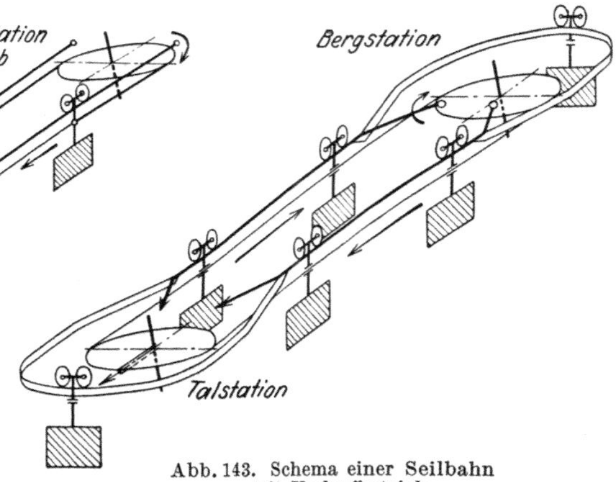

Abb. 143. Schema einer Seilbahn mit Umlaufbetrieb.

solche mit Umlaufbetrieb (Abb. 143), die im Güterverkehr die Regel bilden und in großen wie kleinen Anlagen, über die ganze Welt verteilt, ein ruhmvolles Zeugnis von der Leistungsfähigkeit deutscher Technik ablegen.

a) Pendelbetrieb.

Abgesehen von einigen wenigen Bahnen, bei denen nur ein einziger Wagen hin und her pendelt (San Sebastian, Rio de Janeiro) erfolgt der Pendelbetrieb mit zwei Wagen genau in der gleichen Weise wie bei den Standseilbahnen, nur ist bei den Schwebebahnen fast stets ein Gegenseil vorhanden, wobei der Antrieb sowohl in der oberen Station (Kreuzeck), wie auch in der unteren (Zugspitze) erfolgen kann. Die erste Anordnung ist die viel einfachere und wird daher in der Regel angewendet. Wegen der ungleichmäßigen Steigungen des elastischen und beweglich aufgelagerten Tragseils sind die Zugkraftschwankungen meist größer als bei Standseilbahnen. Der Antrieb erfolgt durchweg durch Elektromotoren. In der Tabelle 8 sind die wichtigsten Angaben über eine Reihe bemerkenswerter Seilschwebebahnen zusammengestellt.

[1] Siehe Literaturverzeichnis. 1910 schon wurde mit dem Bau der Seilschwebebahn auf den Montblanc begonnen, doch wurden die Arbeiten durch den Krieg unterbrochen, so daß der erste Abschnitt erst 1924 vollendet wurde, der zweite 1927 (Ceretti u. Tanfani).

Tabelle 8. Übersicht über einige bemerkenswerte Seilschwebebahnen für Personenverkehr.

	S.Sebastian	Wetterhorn	Kohlerer alt	Lana-Vigiljoch	Rio de Janeiro	Kohlerer neu	Meran-Hafling	Zugspitze	Cortina d'Ampezzo-Pocol
Erbauer	Torres	Feldmann-Strub	Simmeringer Maschinen- u. Waggonbau-FabriksA.-G.[1]	Ceretti-Tanfani-Strub	Pohlig	Bleichert	Zuegg	Bleichert-Zuegg	Ceretti und Tanfani
Betriebseröffnung	1907	1908	1908	1912	1912/13	1913	1921	1926	1926
Zahl der Tragseile je Fahrbahn	6[2]	2	1	1	2[2]	2	1	1	1
Anordnung der Tragseile in jeder Fahrbahn	··· ···	:	·	·	· ·	· ·	·	·	·
Zahl der Zugseile	1	2*	1	1	1	2	1	1	1
Zahl der Hilfseile	1	1	1	1[5]	1	0	1	1	1
Hilfseil im gewöhnl. Betriebe stillstehend od. mitlaufend	Notseil[3]	Hilfseil in der Bergstation[4]	mitlaufend	stillstehendes Bremsseil	mitlaufend	—	stillstehend	stillstehend	stillstehendes Bremsseil
Verhältnis von Tragseilzugspannung zu Bruchfestigkeit	1 : 3	1 : 11	1 : 12	1 : 10	1 : 4,5	1 : 5		1 : 4[6]	1 : 3,5
Fangen am Tragseil oder Hilfseil	Tragseil	Tragseil	0	Hilfseil	Tragseil[7]	Tragseil	Tragseil	Tragseil	Hilfseil
Betätigung der Fangvorrichtung	Federkraft	Federkraft	0	Wagengewicht	Wagengewicht	Federkraft	Federkraft	Federkraft	Wagengewicht
Bahnlänge	hor. 280	hor. 365	1500	hor. 905 / 972[8]	hor. 575 / 800[9]	1650	2585	3380	hor. 1950
Bahnhöhenunterschied	28	420	795	520 / 633[8]	200 / 200[9]	835	891	1581	313
Mittlere Steigung %	10	118	53	57,5 / 65[8]	35 / 25[9]	50	34	47	16
Zahl der Zwischenstützen	0	0		39[8]	0	12	3	6	2
Größte Spannweite	280	560		260	800	400	1470	1150	1084
Fahrgeschwindigkeit m/sec		1,3	1,67	2	2,5	2	3,6[10]	3,6	3,6
Wagengröße: Personen	14	16	6	15	16	16	16	19	18
Wagengewicht je Person kg	56,5	256	133	147	100—150[11]	187,5	60	57	55
Zahl der Laufräder	6 × 2	2 × 2	2 + 2	4	2 × 4	2 × 4	8	8	8

[1] Umbau einer Lastenbahn.
[2] eine Fahrbahn, ein Wagen
[3] dem Wagenführer zugeworfen.
[4] für die Notkabine.
[5] außerdem ein Führungsseil.
[6] Kreuzeck 1 : 3,5.
* ohne Gegenseil.
[7] Geschwindigkeitsüberschreitung.
[8] zwei Abschnitte.
[9] zwei Abschnitte.
[10] kann bis 5 m/sec gesteigert werden.
[11] Wagengewicht 2400 kg, normal 16 Fahrgäste, höchstzulässig 24 Fahrgäste.

Bis auf die Bahn Engelberg-Gerschnialp haben die modernen Pendel-Seilschwebebahnen durchweg ein Tragseil in jeder Fahrbahn. Die meisten Bahnen haben ein Zug- und ein Gegenseil, sowie ein im gewöhnlichen Betrieb stillstehendes Hilfsseil (Bleichert, Ceretti und Tanfani); nur wenige Anlagen haben doppeltes Zug- und Gegenseil, dafür aber kein Hilfsseil, da der gleichzeitige Bruch beider Zugseile als zu unwahrscheinlich nicht in Betracht gezogen wird (Johannisbad-Schwarzenberg).

Bei fast allen Bahnen sind Fangvorrichtungen angeordnet, die im Fall eines Zugseilbruchs den Wagen am Trag- oder Hilfsseil festbremsen. Wie schon an-

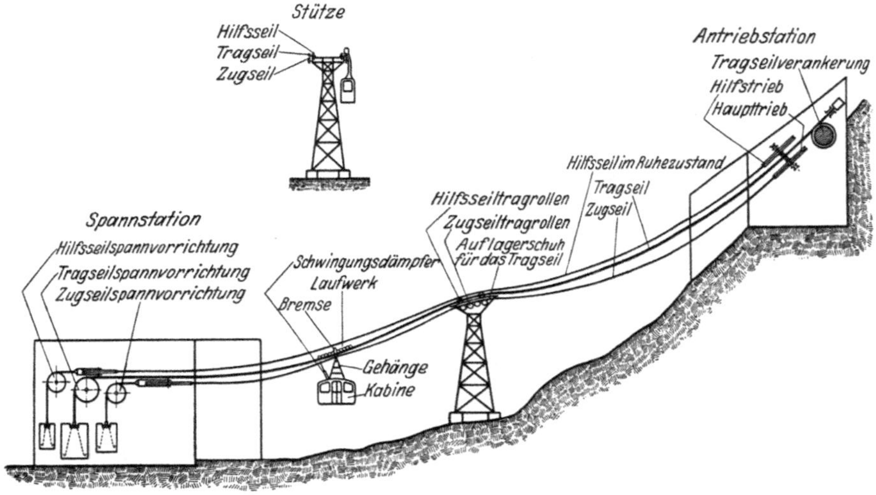

Abb. 144. Schema einer Seilbahn von Bleichert-Zuegg.

geführt, sind es vor allem Bleichert und Ceretti und Tanfani, die Personen-Seilbahnen bauen und an deren Vervollkommnung arbeiten. Außerdem sind noch zu nennen die Fabbag in Wien, Fühles und Schultze in München, Heckel in Saarbrücken, Wiessner und Rudolph (ATG).

Die Systeme von Bleichert und von Ceretti und Tanfani unterscheiden sich hauptsächlich dadurch, daß bei ersteren am Tragseil gebremst wird und das Hilfsseil zum Heranbringen eines Rettungswagens und zur Bergung des gebremsten Wagens dient, während bei letzterem die Bremsung am Hilfsseil erfolgt, das damit ohne weiteres an Stelle des gerissenen Zugseils tritt.

Die Abb. 144, 145 und 146—148 geben Systemskizzen der neuen Bahnen von Bleichert-Zuegg und Ceretti und Tanfani.

b) Umlaufbetrieb.

Bei Bahnen mit Umlaufbetrieb besteht die Fahrbahn gleichfalls aus einem oder mehreren Tragseilen, die ebenso wie bei der Pendelbahn in der Regel am oberen Ende verankert und unten durch Gewichte gespannt sind. Hier sind die Wagen nicht fest mit dem Zugseil verbunden, sondern lösbar angekuppelt. Für diese Kupplung ist eine große Zahl von Vorrichtungen erdacht, die z. T. von Hand bedient werden, zum größten Teil aber automatisch wirken; die Klemmkraft, die die Backen des Kupplungsapparates an das Zugseil andrückt, wird durch das Wagengewicht, durch Federn oder durch das Anziehen einer Schraube bewirkt. Es kann eine große Anzahl Wagen an das Zugseil angehängt werden, so daß die Leistung gegenüber der Pendelbahn wesentlich gesteigert werden kann. Die Fahrrichtung ist immer gleichbleibend. In den Stationen müssen

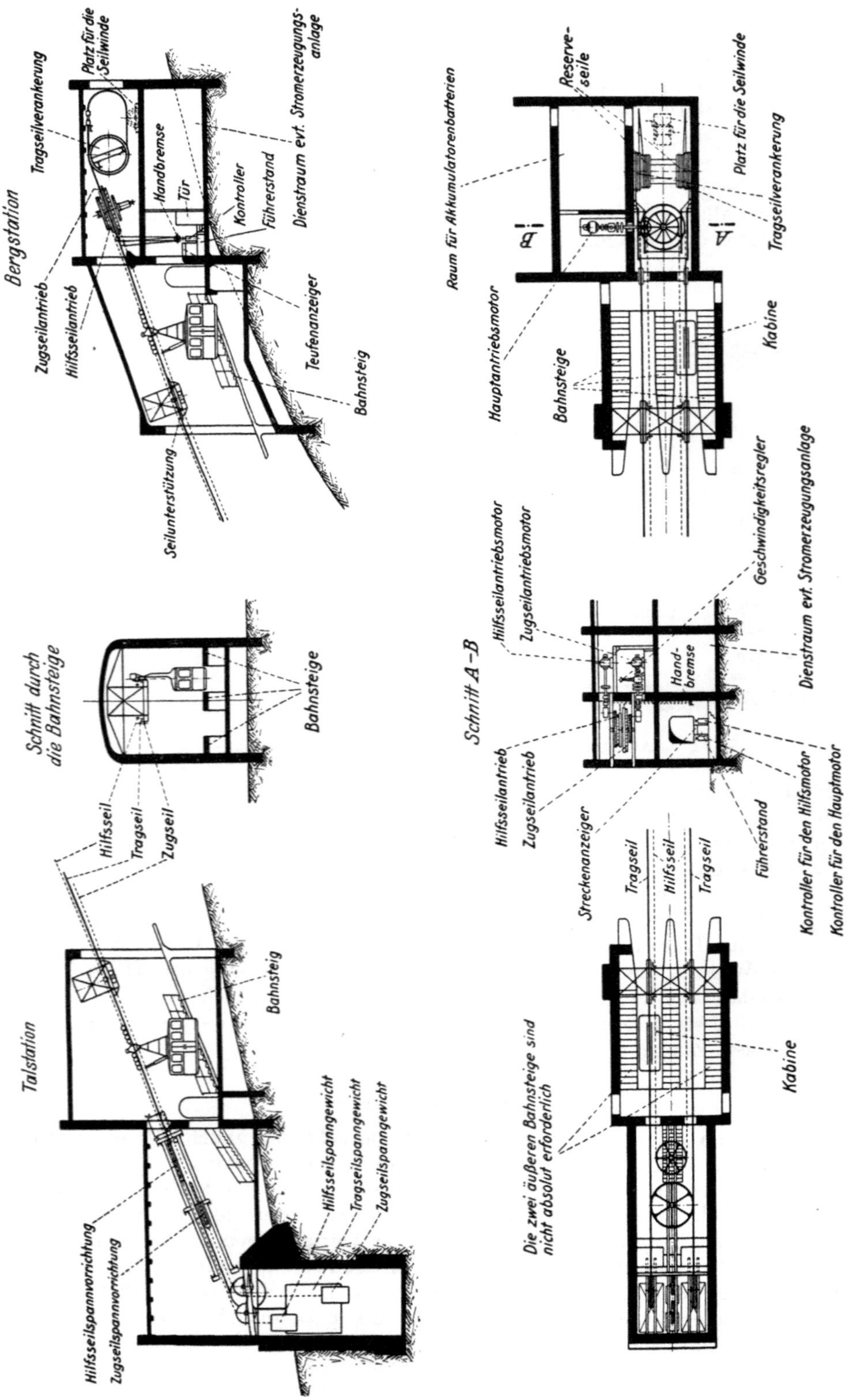
Bergstation
Tragseilverankerung
Platz für die Seilwinde
Zugseilantrieb
Hilfsseilantrieb
Handbremse
Tür
Kontroller
Führerstand
Dienstraum evt. Stromerzeugungsanlage
Teufenanzeiger
Bahnsteig
Seilunterstützung
Schnitt durch die Bahnsteige
Bahnsteige
Hilfsseil
Tragseil
Zugseil
Talstation
Bahnsteig
Hilfsseilspannvorrichtung
Zugseilspannvorrichtung
Hilfsseilspanngewicht
Tragseilspanngewicht
Zugseilspanngewicht
Raum für Akkumulatorenbatterien
Reserveseile
Platz für die Seilwinde
Tragseilverankerung
Hauptantriebsmotor
Bahnsteige
Kabine
Schnitt A–B
Hilfsseilantriebsmotor
Zugseilantriebsmotor
Geschwindigkeitsregler
Dienstraum evt. Stromerzeugungsanlage
Handbremse
Hilfsseilantrieb
Zugseilantrieb
Streckenanzeiger
Führerstand
Kontroller für den Hilfsmotor
Kontroller für den Hauptmotor
Tragseil
Hilfsseil
Tragseil
Kabine
Die zwei äußeren Bahnsteige sind nicht absolut erforderlich

die Wagen vom Zugseil abgekuppelt und von der einen auf die andere Fahrbahn herumgeführt werden, wozu besondere Schienen vorhanden sind, die durch

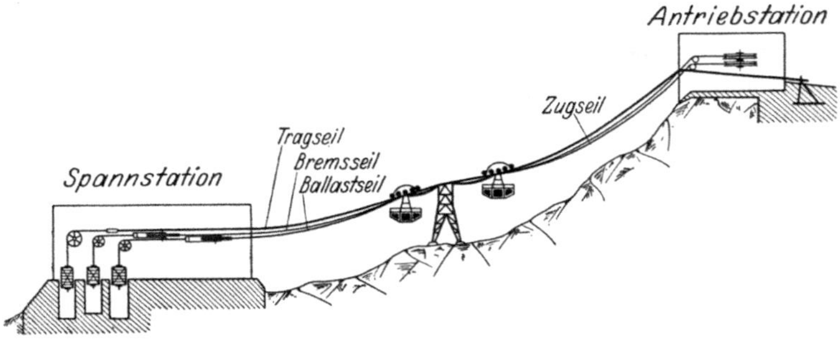

Abb. 146. Schema einer Seilbahn von Ceretti und Tanfani.

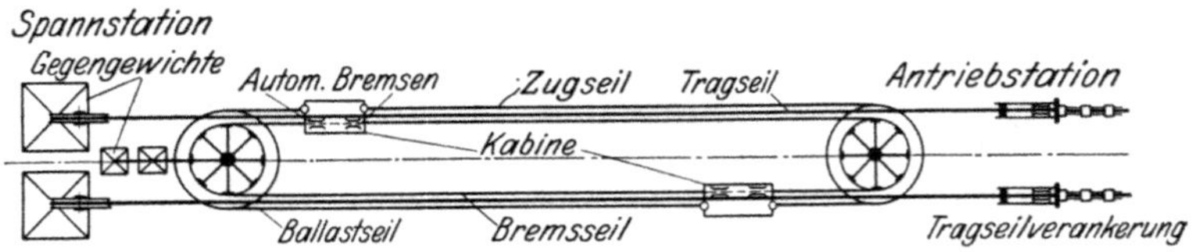

Abb. 147. Schema einer Seilbahn von Ceretti und Tanfani. Grundriß.

Weichen mit dem Tragseil in Verbindung stehen und auf denen die Wagen von Hand oder auch durch eine mechanische Vorrichtung fortbewegt werden. Das An- und Abkuppeln erfolgt bei den Lastenbahnen während das Zugseil umläuft.

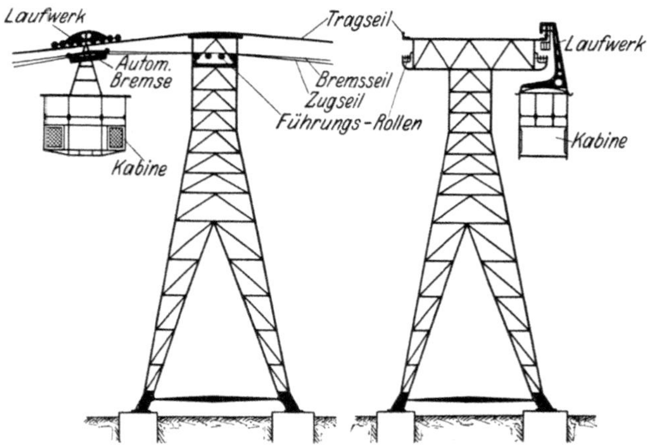

Abb. 148. Schema einer Seilbahn von Ceretti und Tanfani. Stütze mit Wagen.

Diese Bahnen sind für den Güterverkehr weit verbreitet und sehr gut durchgebildet[1], es soll aber hier nicht weiter auf sie eingegangen werden, sondern im folgenden sollen ebenso wie bei den Standseilbahnen nur die Bahnen für den öffentlichen Verkehr, die durchweg der Personenförderung dienen, behandelt werden. Für diese hat der Umlaufbetrieb bisher noch keine Anwendung gefunden, hauptsächlich, weil es noch nicht gelungen ist, absolut sicher wirkende selbsttätige Kupplungen zu konstruieren und wegen der großen Schwierigkeit, einwandfreie automatische Fangvorrichtungen an diesen Bahnen anzubringen, da die bei den Pendelbahnen die Auslösung bewirkende Entspannung (Reißen) der Zugseile hier diesem Zwecke nicht nutzbar gemacht werden kann.

Zur Zeit wird von Heckel-Saarbrücken eine Bahn für Umlaufbetrieb auf den Schauinsland bei Freiburg i. Br. gebaut. Hier werden die Wagen bei still-

[1] Vgl. Stephan: a. a. O.

stehendem Seil an- und abgekuppelt. Wegen der schwachen Steigung der Bahn (im Mittel 21%, Höchststeigung 50%) hat man mit Recht von einer automatischen Fangvorrichtung abgesehen, und sich mit einer von Hand zu bedienenden Fangvorrichtung begnügt. Die schräge Länge der Bahn beträgt 3565 m, bei einem Höhenunterschied von 747 m. In halber Länge ist eine Zwischenstation vorgesehen worden, bei der ein- und ausgestiegen werden kann. Bei Vollbetrieb sollen auf der Bahn 8 Wagen mit einem Fassungsvermögen von je 23 Personen (+ ein Führer) verkehren. Die stündliche Höchstleistung beträgt bei einer vorgesehenen Fahrgeschwindigkeit von 4 m/sec 340 Personen in jeder Richtung Nähere Einzelheiten über diese interessante Anlage sind noch nicht bekannt geworden.

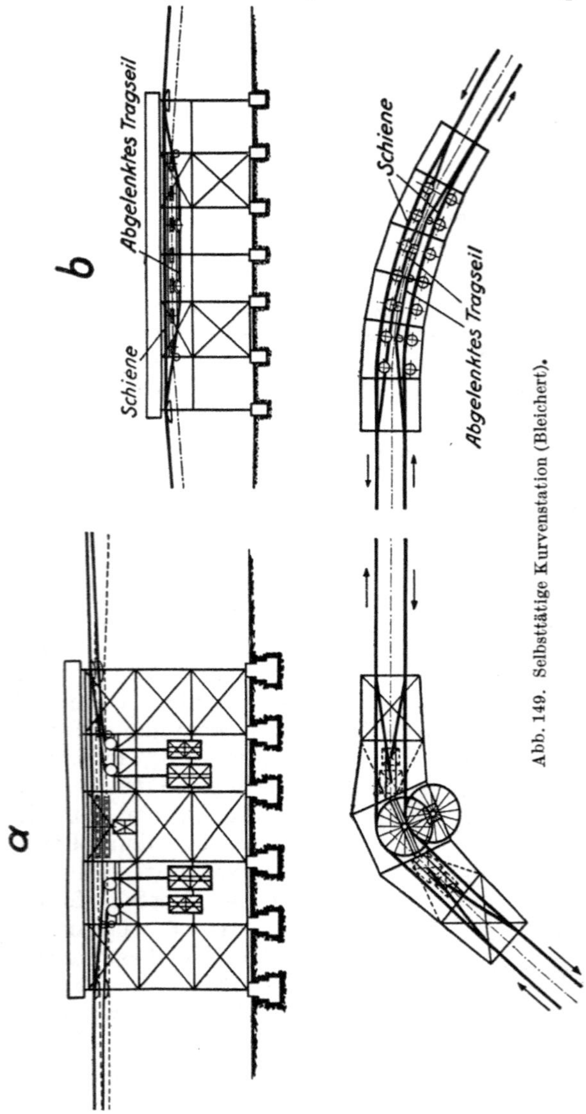

Abb. 149. Selbsttätige Kurvenstation (Bleichert).

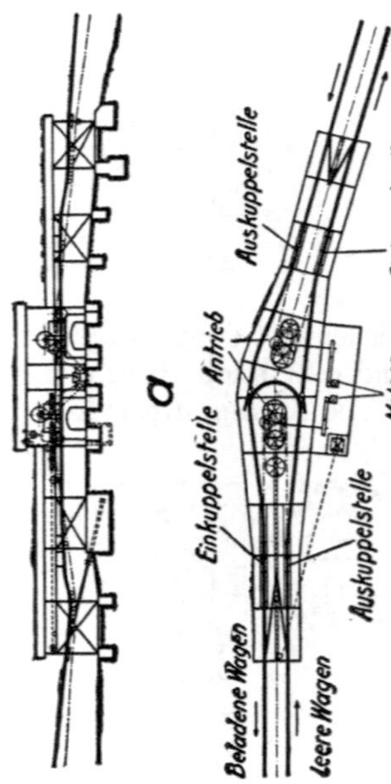

Abb. 150. Von Hand zu bedienende Kurvenstation (Bleichert).

Auch andere Seilbahnfirmen beschäftigen sich mit der Frage der Personenseilschwebebahnen für Umlaufbetrieb und haben Entwürfe für solche Bahnen ausgearbeitet, die jedoch noch nicht verwirklicht worden sind.

3. Linienführung.

Die Linienführung der Seilschwebebahnen ist recht einfach. Abweichungen von der Geraden in horizontaler Richtung sind bei Personenbahnen nie, bei Lastenbahnen auf der freien Strecke nur ausnahmsweise bei sehr großen Krümmungsradien und kleinen Ablenkungswinkeln verwandt worden. Größere Abweichungen, die bei Lastenbahnen häufig genug vorkommen, werden in besondere Winkelstationen verlegt, wo die Tragseile unterbrochen und durch Kurvenschienen ersetzt werden, während die Zugseile über Kurvenrollen durchgeführt werden können oder ebenfalls unterbrochen werden; im ersten Fall geht der Verkehr selbsttätig durch, im anderen ist Bedienung von Hand erforderlich

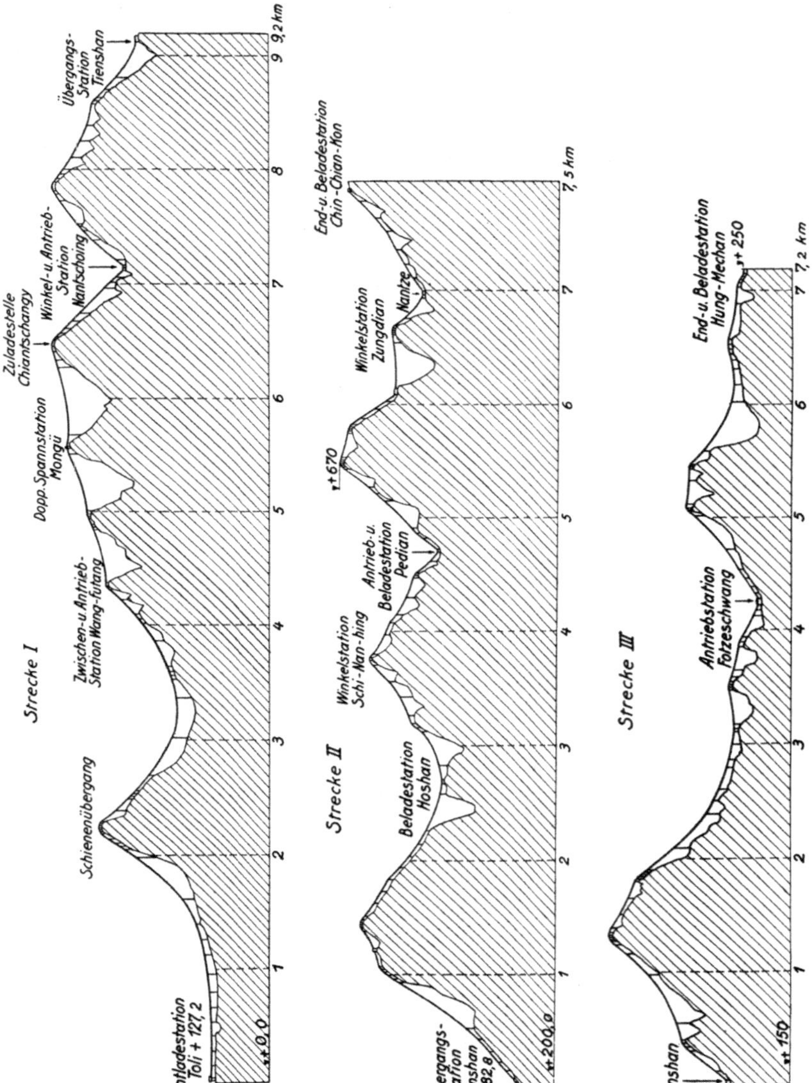

Abb. 151. Längenschnitt einer Lastenseilbahn in China (Bleichert).

(Abb. 149, 150). Derartige Stationen ließen sich gegebenenfalls auch bei Personenbahnen anwenden.

In vertikaler Richtung besteht sehr große Freiheit in der Linienführung, wie z. B. der Längenschnitt einer Lastenseilbahn in China zeigt (Bleichert) (Abb. 151). Die Längenschnitte der Personenbahnen sind im allgemeinen viel einfacher und weisen in der Regel keine Gegensteigungen auf. Die Seilschwebebahn ist die von der Bodengestaltung unabhängigste Bahnform, für sie sind sogar Geländebildungen günstig, die der Erbauung von Standbahnen unüberwindliche Schwierigkeiten entgegenstellen würden; wegen des auch bei straff gespannten Seilen noch bedeutenden Durchhangs sind große Spannweiten nur da möglich, wo das Gelände genügend tief unter dem Seil liegt, sonst wird die Errichtung von besonders hohen Stützen erforderlich. Unbequem sind zu überquerende Bergrücken, weil hier wegen der geringen zulässigen Knickungswinkel der Tragseile eine sehr dichte Stützenfolge notwendig wird (vgl. Abb. 151).

Bei in einer Seilsenke stehenden Stützen ist unter Umständen ein Abheben des Seils von den Stützen möglich; es ist daher stets die Sicherheit der Seilauflage rechnerisch nachzuprüfen, wobei der Winddruck auf die Seile zu berücksichtigen ist; nach den italienischen Seilbahnvorschriften ist mit einem senkrecht nach oben gerichteten Winddruck von 50 kg/m² zu rechnen, wobei die Sicherheit gegen Abheben mindestens 1,5fach sein soll.

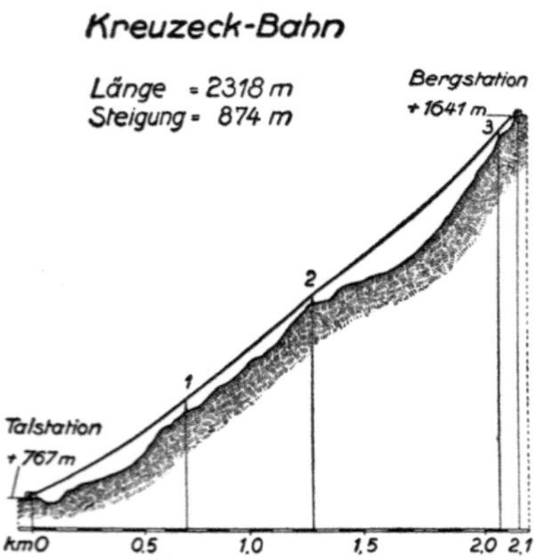

Abb. 152. Längenschnitt der Kreuzeckbahn (Bleichert).

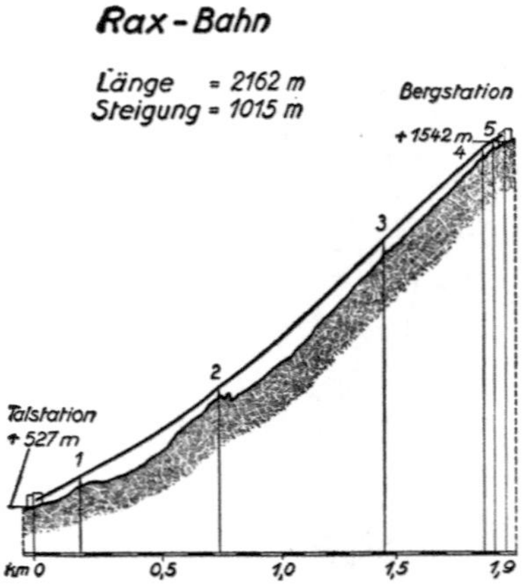

Abb. 153. Längenschnitt der Raxbahn (Bleichert).

Beispiele glücklicher Linienführung, bei denen auch die Stützenentfernungen keine sehr großen Unterschiede aufweisen, zeigen die Kreuzeck- und die Raxalpbahn (Abb. 152, 153), beide von Bleichert.

Wie schon erwähnt, finden als Fahrbahn mehrere oder auch nur ein Seil Verwendung. Während früher für Personenbahnen mehrfach zwei Seile angewandt wurden, was die Sicherheit gegen den allerdings sehr unwahrscheinlichen Tragseilbruch erhöhte, ist man in letzter Zeit dazu übergegangen, sich mit nur einem Tragseil zu begnügen und von der Möglichkeit eines Tragseilbruches abzusehen, dafür aber kürzere Liegezeiten und sorgfältigste Beobachtung der Tragseile vorzuschreiben. Nur die Schweiz[1] hält noch an der Forderung zweier Tragseile fest, während in Deutschland, Österreich, Frankreich und Italien Anlagen mit einem Seil gebaut werden.

Abgesehen von der Kostenfrage und der großen Unwahrscheinlichkeit eines Tragseilbruches ist hier noch die richtige Erwägung bestimmend gewesen, daß es zweifelhaft ist, ob der Wagen beim Bruch des einen Tragseils nicht durch dieses vom anderen abgerissen wird, auch erscheint es sehr möglich, daß der Bruch eines Tragseils so weitgehende Zerstörungen der übrigen Teile einer Seilbahn, vor allem der Stützen mit sich bringen würde, daß das zweite Tragseil dann doch nutzlos wäre. Ferner entstehen bei Verwendung zweier Tragseile noch verschiedene Unbequemlichkeiten durch das Querpendeln der Wagen, worauf schon Woernle[2] hingewiesen hat.

[1] Vgl. Anhang. Provisorische Vorschriften für den Bau von Luftseilbahnen, die für Personentransport konzessioniert sind.

[2] a. a. O.

Abb. 154. Spiralseil (St. Egydyer Eisen- und Stahl-Industrie-Gesellschaft).

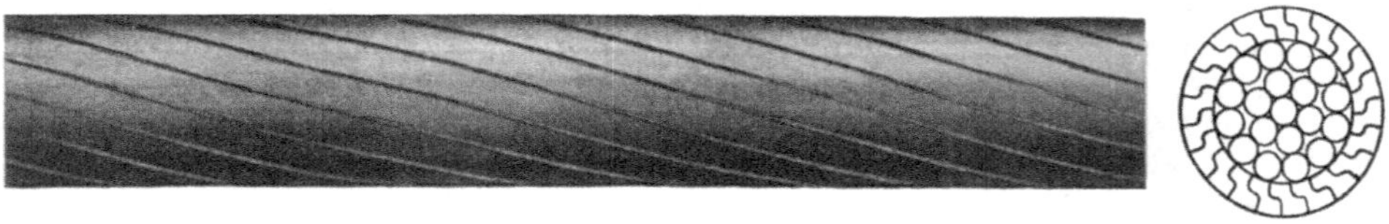

Abb. 155. Verschlossenes Seil (St. Egydyer Eisen- und Stahl-Industrie-Gesellschaft).

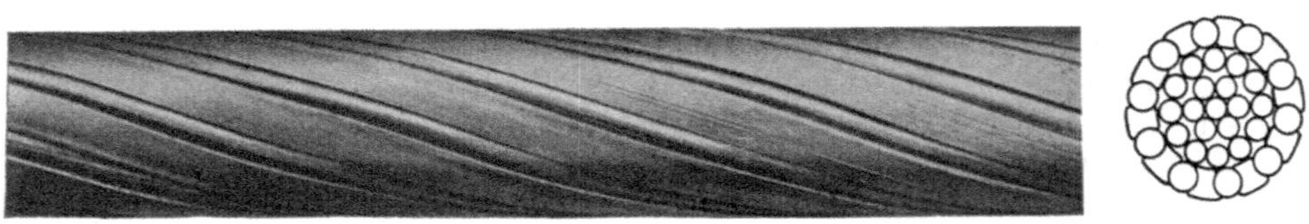

Abb. 157. Halbverschlossenes Seil (St. Egydyer Eisen- und Stahl-Industrie-Gesellschaft).

Abb. 158. Litzenseil, Gleichschlag (St. Egydyer Eisen- und Stahl-Industrie-Gesellschaft).

Abb. 159. Litzenseil, Kreuzschlag (St. Egydyer Eisen- und Stahl-Industrie-Gesellschaft).

Abb. 162. Litzenspiralseil (Herkulesseil) (St. Egydyer Eisen- und Stahl-Industrie-Gesellschaft).

4. Das Seil.

a) Bauarten.

Das wichtigste Konstruktionselement der Seilbahnen ist das Seil, das aus in Schraubenlinien zusammengedrehten Drähten geflochten ist.

Man unterscheidet verschiedene Arten von Seilen: für Tragseile kommen bei Lastenbahnen vor allem die sogenannten Spiralseile (Abb. 154) in Betracht, die aus mehreren Lagen übereinander gedreht sind; die innere Lage, gewöhnlich aus 6 Drähten gebildet, wird um den geraden Kerndraht gewunden. Die Drehrichtung der Drähte — der Drall — wechselt gewöhnlich von Lage zu Lage. Der Winkel, den die Drähte mit der Seilachse bilden, schwankt zwischen 15^0 und 20^0.

Ein aus gewöhnlichen Runddrähten hergestelltes Seil heißt ein offenes Seil[1]; da hier bei einem Drahtbruch der Draht sich auf mehrere Meter abwickeln würde, muß für solche Seile besonders hochwertiges Drahtmaterial ohne Löt- und Schweißstellen gewählt werden. Die offenen Seile müssen zur Verhütung des Eindringens von Wasser in das Innere des Seils immer sorgfältig geschmiert werden.

Wegen der unebenen Oberfläche werden die offenen Seile besonders stark durch die Schlagwirkung der darüber hinwegrollenden Räder angegriffen; um dem großen Verschleiß der äußeren Drähte vorzubeugen, werden diese manchmal dicker gewählt als die Drähte der inneren Lagen.

Um eine möglichst glatte Oberfläche zu erzielen, werden jetzt vor allem in Deutschland als Tragseile vielfach die sogenannten verschlossenen Seile (Abb. 155) verwandt, deren Außenlage aus gut ineinander passenden Z-förmigen Drähten besteht; zwischen diese Lage und die inneren Runddrähte können noch eine oder mehrere Lagen aus Keildrähten eingeschaltet werden (Abb. 156). Diese Seile sind wenig biegsam und haben naturgemäß bei gleichem Durchmesser einen viel größeren Metallquerschnitt als die offenen Seile. Die Formdrähte können aber nicht aus so festem Material gezogen werden, wie die Runddrähte, so daß dieser Vorteil z. T. verloren geht. Die verschlossenen Seile sind teurer als die offenen. Bei verschlossenen Seilen ist das Heraustreten eines gebrochenen Drahtes aus dem Seilverbande nicht möglich, so daß hier Schweißung der Drähte zugelassen werden kann.

Abb. 156. Verschlossenes Seil mit Keildrähten (St. Egydyer Eisen- und Stahl-Industrie-Gesellschaft).

Eine etwas weniger glatte Oberfläche als die verschlossenen Seile, aber sonst die gleichen Vorzüge, haben die sogenannten halbverschlossenen Seile, bei denen die äußeren Lagen abwechselnd aus Rund- und Formdrähten bestehen (Abb. 157). Diese Seilart hat aber nur wenig Anwendung gefunden.

Als Zugseile werden in der Regel Litzenseile verwandt; die einzelne Litze wird in einer oder mehreren Lagen ebenso wie ein Spiralseil geflochten, wobei an Stelle des Kerndrahtes oft eine Hanfeinlage tritt. Die einzelnen Litzen werden in gleicher Weise um eine Hanfseele zum Seil zusammengeflochten. Ist der Drehsinn der Litzen der gleiche, wie derjenige der Drähte, so spricht man von Lang- oder Albert-Schlag[2], auch Gleichschlag genannt (Abb. 158), ist er entgegengesetzt, von Kreuzschlag (Abb. 159). Gewöhnlich werden Langschlagseile

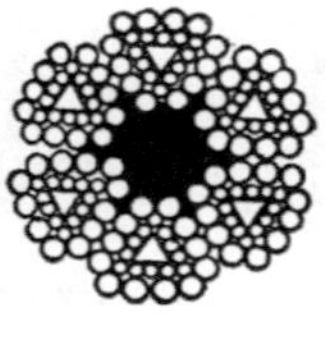

Abb. 160. Dreikantlitzenseil. (St. Egydyer Eisen- und Stahl-Industrie-Gesellschaft).

[1] Diese Seile sind in Italien für Bahnen zur Personenbeförderung ausdrücklich verboten und werden auch anderwärts nicht als Tragseile für Personenbahnen verwandt.

[2] Nach dem Erfinder Bergrat Albert so genannt.

als Zugseile verwandt, während die Kreuzschlagseile hauptsächlich für Aufzüge, Krane und dergleichen gebraucht werden.

Wird die Hanfeinlage in den Litzen durch besonders geformte Drähte ersetzt, so entstehen die Dreikant- und flachlitzigen Seile (Abb. 160, 161), die eine glattere Oberfläche haben als die gewöhnlichen Litzenseile und daher auch als Tragseile Verwendung finden, im Seilbahnbau aber vor allem dazu dienen, um das Spanngewicht mit dem sehr viel starreren Tragseil zu verbinden (Spannseile).

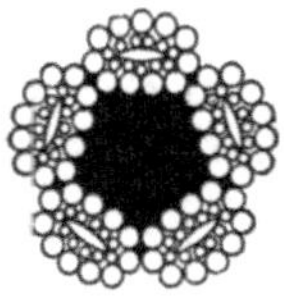

Abb. 161. Flachlitziges Seil (St. Egydyer Eisen- und Stahl-Industrie-Gesellschaft).

Litzenspiralseile, sogenannter Herkules-Bauart, wie sie von den St. Egydyer Stahlwerken in der Weise hergestellt werden, daß mehrere Litzen statt der einzelnen Drähte zu einem Spiralseil zusammengeflochten werden, haben namentlich in Österreich, aber auch in Italien und Frankreich als Tragseile ausgedehnte Anwendung gefunden (Abb. 162).

Als Material für die Drahtseile wird ausschließlich bester Tiegelgußstahl angewandt, der eine Bruchfestigkeit von 10000 bis 20000 kg/cm² hat.

b) Lagerung und Spannung der Seile.

An den Stützen liegen die Tragseile auf besonderen Schuhen auf, die nach einem großen Halbmesser (15 bis 25 m) gekrümmt[1] (Abb. 163, 164) und häufig um eine zur Bahnebene senkrechte Achse drehbar angeordnet sind. Die Länge der Schuhe muß genügend groß sein, um einen gleichmäßigen, allmählichen Übergang von der nach oben konvexen Krümmung des auf dem Schuh liegenden Seils in die konkave des frei hängenden Seils zu gewährleisten. Besteht bei Seilsenken die Gefahr eines Abhebens, so wird das Seil durch besondere Bügel am Schuh festgehalten; diese Anordnung ist bei Lastenbahnen bisweilen gewählt worden, um hohe Stützen zu vermeiden; bei Personenbahnen sind solche Bügel bisher nicht angewandt worden, auch bei Lastenbahnen sind sie nur ein Notbehelf.

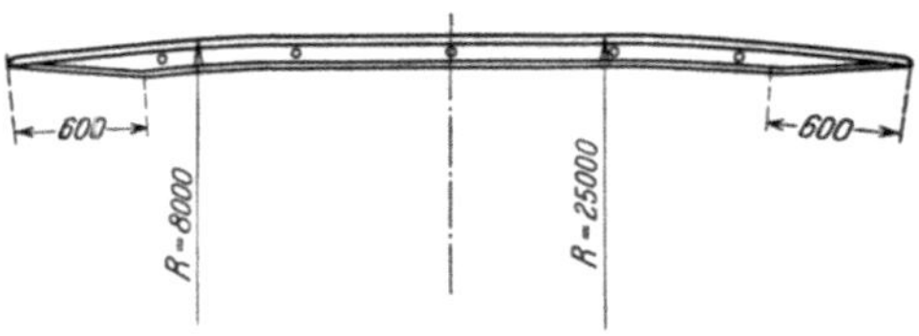

Abb. 163. Seilschuh von Ceretti und Tanfani.

Abb. 164. Stützenkopf (Bleichert).

Das Zugseil wird an den Stützen über Rollen geführt und zwar teils über eine einzige von großem Durchmesser, die tief liegt, meist aber über Batterien von kleineren Rollen, die unmittelbar unter oder neben dem Tragseilschuh angeordnet sind.

Die älteren Bahnen von Ceretti und Tanfani haben eine tiefe Seilablage, die aber nicht zu empfehlen ist, da hierbei das Zugseil einen stärkeren Druck auf das Fahrzeug und damit auf das Tragseil ausübt als bei der hohen Seilablage, die darum auch bei den neueren An-

[1] Vgl. S. 130.

lagen von Ceretti und Tanfani und bei den Bleichertschen Bahnen angewandt wird. Bei der tiefen Seilablage (Abb. 165) sind auch besondere Führungsbügel erforderlich, um das Zugseil, das beim Überfahren der Stützen weit von der Rolle abgehoben wird, wieder sicher zurückzuführen. Bei der hohen Seilablage (Abb. 166), wo das Zugseil nur wenig gehoben wird, ist eine solche Führung nicht notwendig; bei den vielen kleinen Rollen der hohen Seilablage ist die Ablenkung des Zugseils eine geringere als bei der einzigen Rolle der tiefen Seilablage, und daher auch die Beanspruchung des Seils geringer.

Abb. 165. Tiefe Seilablage (Ceretti u. Tanfani — Montblanc-Bahn).

Die Seile — Trag- wie Zugseile — werden durch besondere Gewichte gespannt, die meist aus Eisenbeton hergestellt werden und sich in der Regel am unteren Ende des Seils befinden. Sind die Gewichte am oberen Ende des Seils angebracht, so ergibt sich eine sehr ungleichmäßige Spannung des Seils, im oberen Teil sehr viel stärker als im unteren, so daß, um hier nicht zu starke Durchhänge zu erhalten, das ganze Seil stärker angespannt und auch bemessen werden muß, als notwendig wäre, wenn das Spanngewicht sich unten befände.

Das sehr starre Tragseil ist meist mit dem Spanngewicht durch biegsamere Flach- oder Dreikantlitzenseile verbunden, die sich der Seilscheibe gut anschmiegen.

Die Verbindung zwischen Tragseil und Spannseil erfolgt durch eine doppelte

Vergußkupplung (Abb. 167); wegen der Ausführung vgl. Anhang: Ital. Seilbahnvorschriften, Teil I, Abschnitt VI. Unter Umständen, falls die Kupplung nicht genügend gesichert erscheint, werden noch Schraubenklemmschellen als Ersatzverbindung angewandt (Österr. Vorschrift).

Abb. 166. Hohe Seilablage (Ceretti u. Tanfani—Kyoto—Eyzan-Bahn).

Das Tragseil wird mit dem anderen Ende verankert, wofür verschiedene Konstruktionen möglich sind. Am einfachsten ist eine feste Verankerung (Abb. 168); es erscheint aber oft wünschenswert, das Seil zu verlängern, damit andere Teile des Seils auf die Auflagerschuhe (Stelle der stärksten Beanspruchung) zu liegen kommen. Bleichert verwendet bei seinen neuen Bahnen hierzu Betontrommeln von großem Durchmesser, um die das Seil geschlungen wird und an der ein großer Teil der Zugkraft durch Reibung vernichtet wird, während das Ende des Seils durch eine lösbare Vorrichtung festgehalten wird (Abb. 169); auf diese Weise ist es möglich, jederzeit beliebige Längen des Seils nachzulassen. Bleichert verwendet für jedes

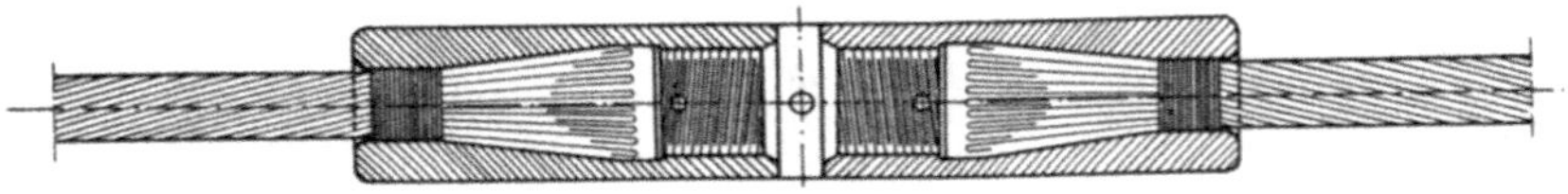
Abb. 167. Seilkupplung.

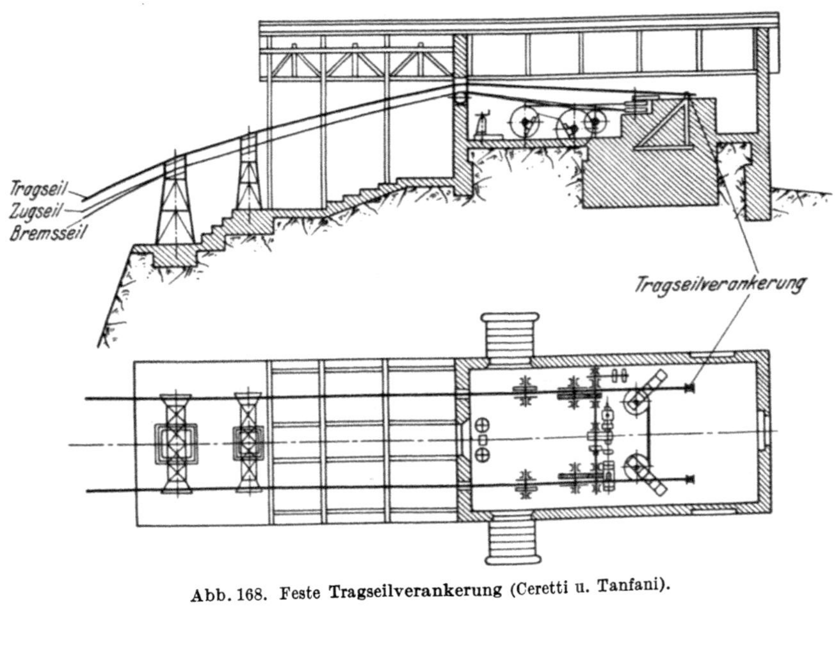

Abb. 168. Feste Tragseilverankerung (Ceretti u. Tanfani).

Seil eine besondere Trommel mit wagerechter Achse. Ceretti und Tanfani haben bei ihren neuesten Anlagen eine einzige Trommel vorgesehen, deren Achse senkrecht zur Bahnebene oder schwach geneigt ist; um diese Trommel

Abb. 169. Tragseilverankerung auf vertikalen Trommeln (Bleichert-Kreuzeckbahn).

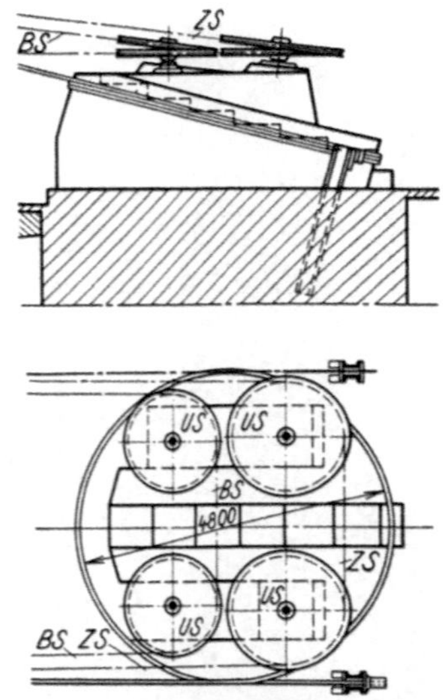

Abb. 170. Tragseilverankerung auf horizontaler Trommel (Ceretti u. Tanfani).

werden beide Tragseile geschlungen. Auf der Trommel können die Umführungsscheiben für das Zugseil angebracht werden (Abb. 170), (Val Chisone bei Turin).

Die nachträgliche Längung des Tragseils wird auch ermöglicht durch Anwendung eines zweiten, oberen Spanngewichtes, das normalerweise fest auf dem Boden oder einem Gerüst aufliegt und zum Längen des Seils gehoben wird.

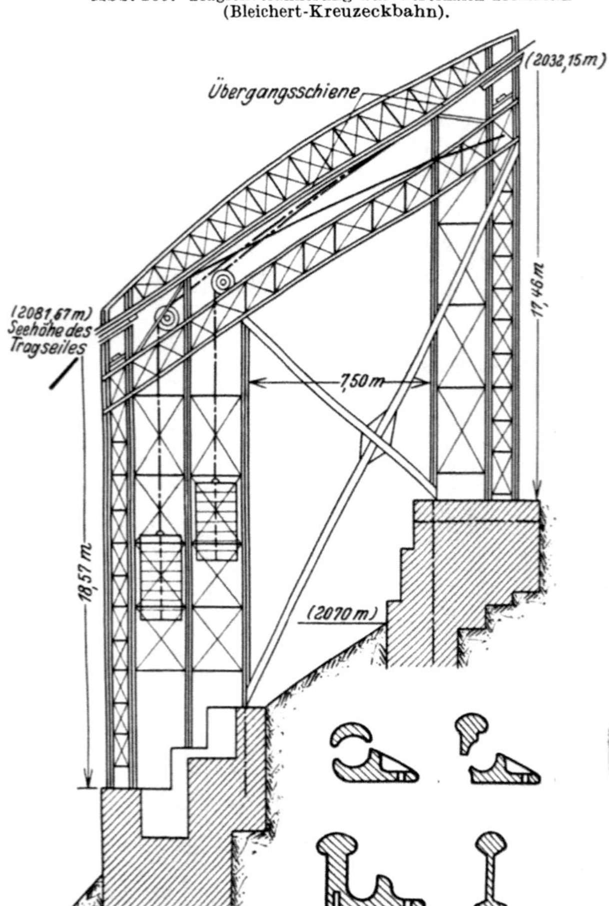

Abb. 171. Spanngerüst der Montblanc-Bahn (Ceretti u. Tanfani).

Abb. 172. Umführungsscheibe des Zugseils auf Schlitten (Stephan).

Ist die Bahnlänge zu groß, um durch ein Seil überspannt zu werden, so ordnet man Spanngerüste an (Abb. 171), auf denen die von einer Seite kommenden Seile verankert, die anderen durch Gewichte gespannt werden, der Übergang von einem auf das andere Seil erfolgt durch besondere Schienen. Manchmal werden auch die Spanngewichte für beide Seilstrecken in der Mittelstation angeordnet, was aber aus den vorstehend angeführten Gründen weniger günstig ist.

Die Umführungsscheibe des Zugseils ist auf Rollen oder einem Schlitten beweglich angeordnet (Abb. 172); das Spanngewicht ist an der Umführungsscheibe angehängt.

c) Berechnung.

Die Drahtseile bilden keinen homogenen, isotropen Körper, daher ist ihre Berechnung sehr schwierig und nur auf Grund gewisser Annahmen durchführbar. Die Grundlagen für die Berechnung der Seile sind in den Arbeiten von Isaachsen, Woernle und Benoit gegeben.

α) **Das Tragseil.** Die Zugbeanspruchung der Seile σ_z wird allgemein auf Grund der nicht zutreffenden Annahme berechnet, daß alle Drähte einander parallel liegen und gleichmäßig tragen, also

$$\sigma_z = \frac{S}{F_s} \tag{1}$$

ist, wo S die Zugkraft im betrachteten Seilquerschnitt und F_s die Summe der einzelnen Drahtquerschnitte bedeutet:

$$F_s = i\,\frac{\pi\,\delta^2}{4}$$

(i = Zahl der Drähte, δ = Drahtdurchmesser).

Zu der Zugspannung tritt noch die Biegungsspannung auf dem Auflagerschuh oder unter den Rädern des Laufwerks, so daß die Gesamtspannung im Tragseil

$$\sigma = \sigma_z + \sigma_b$$

wird.

Die Biegungsbeanspruchung des Seils auf den Auflagerschuhen kann nach der bekannten Reuleauxschen Gleichung bestimmt werden:

$$\sigma_b' = \frac{\delta}{2\,R}\,E, \tag{2}$$

wo R der Halbmesser des Auflagerschuhes, δ wie bisher der Drahtdurchmesser und E die Elastizitätsziffer des Drahtmaterials sind. Bei den großen Krümmungshalbmessern der Seilschuhe ist dieser Wert so gering, daß er meist außer acht gelassen werden kann.

Die Biegungsbeanspruchung des Seils infolge des Raddruckes wird nach der Gleichung:

$$\sigma_{b\,\max}'' = \frac{Q}{2}\,e\sqrt{\frac{E}{S\cdot\Sigma J_d}} \tag{3}$$

bestimmt, die erstmalig von Isaachsen abgeleitet wurde[1].

Hier bedeutet:

Q = den Raddruck in kg,

J_d = das Trägheitsmoment des einzelnen Drahtes, bezogen auf seine Nullinie,

e = den größten Wert des Abstandes der äußersten Faser eines Drahtes von seiner Nullinie.

---

[1] Z. V. d. I. 1907.

Für ein Seil aus Runddrähten von gleichem Durchmesser geht vorstehende Gleichung über in:

$$\sigma_b'' = \frac{Q \cdot \delta}{4} \sqrt{\frac{E}{S \cdot i \frac{\pi \delta^4}{64}}} = Q \sqrt{\frac{E}{S \cdot F_s}} = \frac{Q}{F_s} \sqrt{\frac{E}{\sigma_z}}; \qquad (3')$$

die Biegungsbeanspruchung bei solchen Seilen ist also unabhängig von der Dicke der einzelnen Drähte.

Die Biegungsbeanspruchung infolge des Raddrucks nimmt in einiger Entfernung vom Rad sehr schnell ab, so daß eine Überlagerung der Beanspruchung durch den Druck zweier benachbarter Räder eines Laufwerkes praktisch nicht in Betracht kommt; die Entfernung x vom Angriffspunkt der Querkraft, bei der die Beanspruchung $^1/_n$ der größten Biegungsbeanspruchung beträgt, wird bestimmt durch die Gleichung:

$$x = \frac{1}{4} \ln n \cdot \sqrt{\frac{E}{\sigma_z}}\, \delta = \ln n \cdot \sqrt{\frac{E J_d}{S}}\,.\text{[1]} \qquad (4)$$

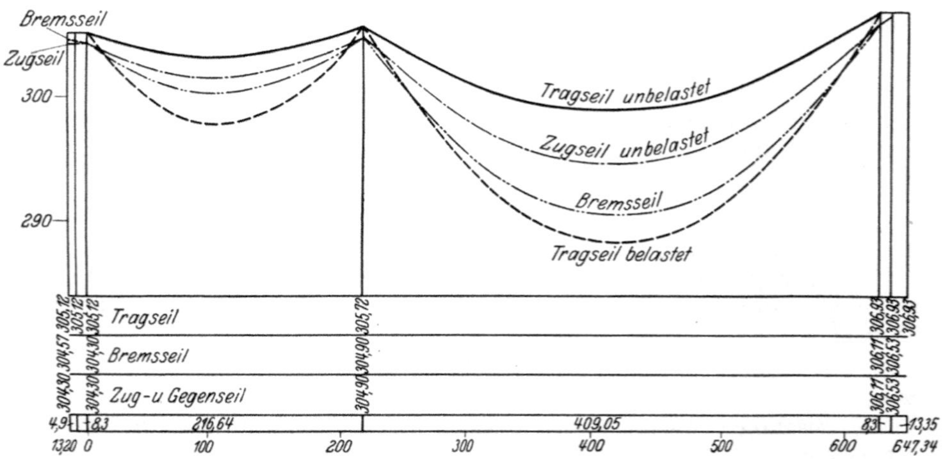

Abb. 173. **Längenschnitt der Bahn Kyoto—Eizan (Ceretti u. Tanfani).**

Wie aus den Gleichungen (3) und (3′) ersichtlich, ist die Biegungsspannung umgekehrt proportional der quadratischen Wurzel aus der Zugspannung, es kann also bei größerer Zugspannung auch eine größere Querbelastung zugelassen werden. Aus diesem Grunde wird bei den Tragseilen der modernen Seilschwebebahnen das Verhältnis der zulässigen Spannung zur Bruchfestigkeit größer gewählt als früher üblich war: $^1/_3$ bis $^1/_5$; die Seile werden also straffer gespannt, was auch noch den Vorteil hat, daß der Durchhang und die Knickwinkel an den Stützen kleiner werden.

Die Berechnung der Biegungsbeanspruchung wird oft nicht durchgeführt; man begnügt sich damit festzustellen, daß das Verhältnis von Raddruck zu kleinster Tragseil-Zugspannung $^1/_{80}$ bis $^1/_{100}$ nicht übersteigt, vielfach ist es noch kleiner.

Es sei noch hervorgehoben, daß der Durchmesser des Laufrades, wie aus den obenstehenden Gleichungen ersichtlich, keinen Einfluß auf die Biegungsbean-

[1] Beim Rundstab wäre $x = \frac{1}{4} \ln n \cdot \sqrt{\frac{E}{\sigma_z}}\, d.$

spruchung des Tragseils ausübt. Bei kleinen Rädern wird allerdings der Verschleiß der äußeren Drähte um ein Unbedeutendes stärker sein als bei großen Raddurchmessern; diesem Vorteil der großen Räder steht aber wieder der Nachteil ihres größeren Gewichts entgegen.

Abb. 174. Japanisches Plakat der Seilbahn Kyoto—Eizan (Ceretti u. Tanfani).

β) **Zugseil.** Die Berechnung des Zugseils erfolgt in der gleichen Weise wie bei den Standseilbahnen, nur, daß hier noch das Spanngewicht und das Gegenseil zu berücksichtigen sind.

Bei allen Berechnungen der Seile ist im Auge zu behalten, daß sie nur angenähert richtig sind, da in den Drähten durch das Verseilen schon starke Vorspannungen vorhanden sind[1].

Beispiel: Die praktische Durchführung der Seilberechnung soll am Beispiel der im Jahre 1927 von Ceretti und Tanfani erbauten Seilbahn Kyoto—Eizan gezeigt werden. Die Berechnungen und sonstigen Unterlagen sind zu diesem Zweck von der Firma Ceretti und Tanfani freundlichst zur Verfügung gestellt worden, wofür ihr hier noch besonders gedankt sei.

Die Bahn ist eine normale Bahn der Bauart von Ceretti und Tanfani für Pendelbetrieb: sie hat je ein Tragseil in jeder Fahrbahn, ein Zug-, ein Gegen- und ein Bremsseil. Die Spanngewichte für die Seile befinden sich in der Talstation, der Antrieb und die Tragseilverankerung sind in der Bergstation angeordnet. (Abb. 173, 174.)

Die Hauptverhältnisse der Bahn sind:

Horizontale Länge	rd. 625 m
Höhenunterschied der Endpunkte	1,80 m
Fahrgeschwindigkeit	3 m/sec
Fahrgäste je Wagen	16
Gewicht des leeren Wagens	1300 kg
Gewicht des besetzten Wagens	2500 kg
Maschinenleistung	45 PS
Zahl der Zwischenstützen	1
Abstand der Tragseile voneinander	5 m
Tragseilspanngewicht	$S = 28000$ kg
Zugseilspanngewicht	4400 kg
Bremsseilspanngewicht	3200 kg

[1] Wegen der Berechnung der Drahtseile und wegen Einzelheiten sei außer auf die oben genannten grundlegenden Arbeiten von Isaachsen, Woernle und Benoit noch auf das Buch von Findeis: Rechnerische Grundlagen des Baues von Drahtseilbahnen, Leipzig 1923 verwiesen, das diese Fragen sehr eingehend behandelt.

Seile:

	Tragseil	Zugseil, Gegenseil, Bremsseil
Bauart	Litzenspiralseil (Herkules)	Litzenseil (Kreuzschlag mit Hanfseele)
Seildurchmesser	50 mm	18,5 mm
Zahl der Litzen	19	6
Zahl der Drähte in jeder Litze	7	12
Drahtdurchmesser	3,3 mm	1,52 mm
Bruchfestigkeit der Drähte	170 kg/mm²	170 kg/mm²
Seilgewicht	10 kg/m	1,15 kg/m
Seilquerschnitt[1]	1137 mm²	130 mm²
Rechnerische Bruchlast	193920 kg	22100 kg
Drahtmaterial	Tiegelguß-Stahl	Tiegelguß-Stahl

Seilberechnung: In der Tabelle 9 sind die Angaben über das unbelastete Tragseil: Höhen, Längen, Neigungswinkel (Abb. 175), Mindest-, Höchst- und mittlere Zugkräfte zusammengestellt. Die mittleren Zugkräfte in jedem Querschnitt sind gleich dem Gewicht der Spannvorrichtung zuzüglich der sich aus dem Höhenunterschied zwischen dem betrachteten Querschnitt und der Talstation ergebenden Seilgewichtskomponente ($g \cdot h$ — Spalte 7). Die Höchst- und Mindest-Zugkräfte ergeben sich durch Hinzufügen oder Abziehen der durch die Reibung[2] zwischen dem Tragseil und den Seilschuhen hervorgerufenen Zusatzkräfte. Bei Bewegung des Seils gegen die Spanngewichte (Senkung des Spanngewichts) wirken die Reibungskräfte der Zugkraft entgegengesetzt und vermindern sie, bei Hebung des Spanngewichts wirken die Reibungskräfte in Richtung der Zugkraft und vergrößern sie. Als Reibungsbeiwert zwischen Seil und Seilschuh ist 0,20 angenommen worden (Versuche von Ceretti und Tanfani hatten 0,18 ergeben. Andere Firmen rechnen mit 0,10 bis 0,25).

In der Tabelle 9 sind noch (Spalte 29 bis 44) die Höhen, Längen, Neigungswinkel und mittleren Spannungen des unbelasteten Gegen-, Zug- und Bremsseils gegeben.

Die Seilunterstützungspunkte sind in der Kolonne 1 der Tabelle 2 wie folgt bezeichnet:

R die Umlenkscheibe des Spannseils,

A, B } Stützen in der Talstation,

I Zwischenstütze,

C, D } Stützen in der Bergstation.

Tragseil: Bei der Bewegung des Wagens auf dem Tragseil verändert sich die Zugkraft im Seil ständig: bei der Bergfahrt tritt für eine Spannweite der Mindestwert (Spanngewicht weniger Reibungskräfte auf den unterhalb liegenden Stützen) in dem Moment ein, wo der Wagen gerade auf die bergseitige Stütze auffährt, dann kommt die talwärts gerichtete Bewegung des Tragseils zum Stillstand. Beim Überfahren der Stütze verändert sich die Zugkraft im Seil nicht, beim Verlassen der Stütze beginnt das Seil in der folgenden Spannweite, in die der Wagen nun eingetreten ist, unter dem Einfluß des Wagengewichts stärker durchzuhängen — das Seil bewegt sich bergwärts, zunächst nur um ein geringes Maß, so daß die Zugkraft im Tragseil $S_{\min}$ + Reibungskraft auf der letzten Stütze beträgt; beim weiteren Fortschreiten des Wagens wird immer mehr Seil bergwärts bewegt und die Zugkraft steigt um die Reibungskräfte auf den Stützen an, auf denen eine bergwärts gerichtete Seilbewegung stattfindet, um etwa in der Mitte der Spannweite den Höchstwert $S_{\max}$ = Spanngewicht + Reibungskräfte auf allen unterhalb liegenden Stützen zu erreichen. Nach Überschreitung dieses Punktes beginnt das Seil wieder talwärts zu wandern, und bei der Weiterfahrt bis zur nächsten Stütze nimmt die Zugkraft ab, um auf der Stütze $S_{\min}$ zu werden.

Die genaue Lage des Punktes zu bestimmen, in dem der Höchstwert $S_{\max}$ erreicht wird, ist nicht ganz einfach und auch nicht erforderlich. Es genügt vollkommen, den Wert S + Reibungskräfte für die Lage des Wagens unmittelbar unterhalb einer Stütze zu bestimmen, und zwar bei der Talfahrt (zunehmende Zugkraft bei der Bewegung von der Stütze zur Mitte der Spannweite). In dieser Lage ist auch die senkrechte Komponente des Zug-, Gegen- und

[1] Summe der Drahtquerschnitte.

[2] Bei der Ermittlung des Widerstandes der Spannseil-Umlenkscheibe ist die Steilsteifigkeit dadurch berücksichtigt worden, daß bei der Berechnung der Zapfenreibung die Reibungszahl für das Lager sehr hoch angenommen worden ist (0,15); der Scheibendurchmesser beträgt 1500 mm, der Durchmesser des Achsschenkels 150 mm.

Ta-

Seilauflagepunkte		Unbelastetes Trag-												
		Geometrische Elemente der Spannweiten				Mittlere Zugkraft				Mindest-				
1	2	3	4	5	6	7	8	9	10	11	12	13	14	15
Bezeichnung	Gesamtlänge	Höhencoten des Tragseils	Horizontale Länge L	Höhenunterschied h	Neigung der Sehne $100 \operatorname{tg} i$	$g\,h$	$\Sigma g\,h$	Mittlere Spannung S	$^1/_2\, g\, L$	$^1/_2\, g\, L \frac{100}{S_{\min}}$ $= 100 \sin \varepsilon$	$100 \operatorname{tg} \varepsilon$	$100 \operatorname{tg}(i_1 + \varepsilon_1)$ $= 100 \operatorname{tg} \alpha_1$	$100 \operatorname{tg}(i_2 + \varepsilon_2)$ $= 100 \operatorname{tg} \alpha_2$	$100 \operatorname{tg}(\alpha_1 - \alpha_2)$ $= 100 \operatorname{tg} \omega$
R	− 13,20	305,12					0	28000						
			4,90	0	0	0			24,50	0,0893	0,0893			
A	− 8,30	305,12					0	28000				0,0893	− 0,151	0,242
			8,30	0	0	0			41,50	− 0,151 + 0,151	− 0,151 + 0,151			
B	0	305,12					0	28000				0,151	− 3,67	3,82
			216,64	0,60	0,278	6			1083,20	− 3,95 + 3,95	− 3,958 + 3,96			
1	216,64	305,72					6	28006				4,23	− 7,23	11,48
			409,05	1,21	0,296	12,10			2045,25	− 7,520 + 7,703	− 7,530 + 7,724			
C	625,69	306,93					18,10	28018				8,01	− 0,156	8,174
			8,30	0	0	0			41,50	− 0,156 + 0,158	− 0,156 + 0,158			
D	633,99	306,93					18,10	28018				0,158	0,255	0,417
			13,35	0	0	0			66,75	− 0,255	− 255			
E	647,34	306,93					18,10	28018						

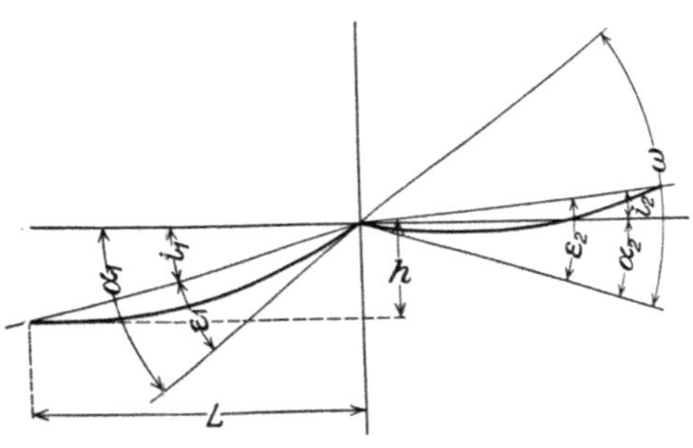

Abb. 175. Seilwinkel an der Stütze.

Geometrische Elemente der Spann-				
29	30	31	32	33
Höhencote des Zug- und Ballastseils	Höhencote des Bremsseils	Horizontale Länge L	Höhenunterschied des Zug- und Ballastseils h'	Höhenunterschied des Bremsseils h'''
304,30	304,57			
		10,50	0	− 0,27
304,30	304,30			
		216,64	0,60	0,60
304,90	304,90			
		409,05	1,21	1,21
306,11	306,11			
		8,30	0,42	0,42
306,53	306,53			

belle 9.

seil (Gewicht 10 kg/m)

zugkraft				Höchstzugkraft								
16	17	18	19	20	21	22	23	24	25	26	27	28
Seildruck auf dem Schuh $S_{\min} 2 \sin \frac{\omega}{2}$	Reibung $R = 0{,}2\, S_{\min}$	ΣR	Mindest-zugkraft $S_{\min}$	$^1/_2\, g\, L \frac{100}{S_{\max}}$ $= 100 \sin \varepsilon$	$100 \operatorname{tg} \varepsilon$	$100 \operatorname{tg} (i_1 + \varepsilon_1)$ $= 100 \operatorname{tg} \alpha_1$	$100 \operatorname{tg} (i_2 + \varepsilon_2)$ $= 100 \operatorname{tg} \alpha_2$	$100 \operatorname{tg} (\alpha_1 - \alpha_2)$ $= 100 \operatorname{tg} \omega$	Seildruck auf dem Schuh $S_{\max} 2 \sin \frac{\omega}{2}$	Reibung $R = 0{,}20\, S_{\max}$	ΣR	Höchst-zugkraft $S_{\max}$
$28000\sqrt{2} = 39500$	$39500 \frac{1}{10} 0{,}15 = 592$	592	27408						$28000\sqrt{2} = 39500$	$39500 \frac{1}{10} 0{,}15 = 592$	592	28592
				0,0856	0,0856							
68	13	605	27408 / 27395			0,0856	− 0,145	0,232	65	13	605	28592 / 28605
				+ 0,145 + 0,145	− 0,145 + 0,145							
1070	214	819	27395 / 27181			0,145	− 3,50	3,682	1027	205	810	28605 / 28810
				− 3,786 + 3,759	− 3,788 + 3,761							
3193	638	1457	27187 / 26549			4,079	− 6,813	11,002	3061	612	1422	28816 / 29428
				− 7,097 + 6,950	− 7,109 + 6,967							
2283	456	1913	26561 / 26105			7,261	− 0,140	7,474	2075	415	1837	29440 / 29855
				− 0,140 + 0,139	− 0,140 + 0,139							
117	23	1936	26105 / 26082			0,139	− 0,223	0,365	102	21	1858	29855 / 29376
				− 0,223	− 0,223							
			26082									29876

weiten		Gegenseil $g' = 1{,}15$ kg/m			Zugseil $g'' = 1{,}15$ kg/m			Bremsseil $g''' = 1{,}15$ kg/m			Auflage-punkte
34	35	36	37	38	39	40	41	42	43	44	45
Neigung der Sehne des Zug- u. Ballast-seils $100 \operatorname{tg} i' = 100 \operatorname{tg} i$	Neigung der Sehne des Brems-seils $100 \operatorname{tg} i'''$	$^1/_2\, g' \cdot L$	$g'\, h'$	Zugkraft $S_z = 2200 + \Sigma g' h'$	$^1/_2\, g''\, L$	$g''\, h''$	$\Sigma g''\, h''$	$^1/_2\, g'''\, L$	$g'''\, h'''$	Zugkraft $S_{br} = 1600 + \Sigma g'''\, h'''$	Lage
											R
											A
0	2,57	6,05	0		6,05	0		6,05	0,31		
				2200			0			1600	B
0,278	0,278	124	0,69		124	0,69		124	0,69		
				2200,69			0,69			1600,69	1
0,296	0.290	235	1,40		235	1,40		235	1,40		
				2202			2,09			1602	C
5,06	5,06	4,80	0,48		4,80	0,48		4,80	0,48		
				2202,5			2,57			1602,5	D
											E

Bremsseils größer als in der Mitte der Spannweite, wo sie bei den gewählten Spanngewichten nahezu Null wird (die Resultierende aus Zugkraft und Seilgewicht ist horizontal).

Es ist natürlich nicht erforderlich, die Rechnung für jede Stütze durchzuführen, sondern nur für die, bei welcher die größte Zugkraft auftritt, das ist die Stütze C.

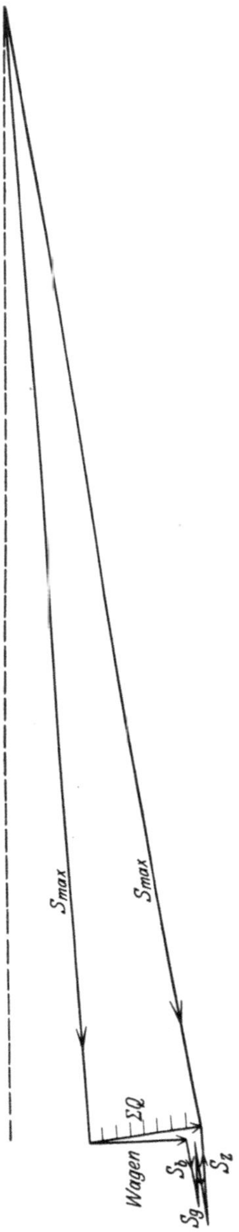

Abb. 176. Kräfteplan zur Bestimmung des Raddrucks.

Nach den italienischen Seilbahnvorschriften[1], die der Berechnung zugrunde liegen, ist die Spannung im Tragseil unter Berücksichtigung der Biegungsspannung zu berechnen, und zwar nach der Formel

$$\sigma = \sigma_z + \sigma_b = \frac{S_{max}}{F} + Q\sqrt{\frac{\alpha E}{S_{max} F}},$$

wo F der Seilquerschnitt, Q der Raddruck und E die Elastizitätszahl sind. α ist ein Beiwert, der gleich 0,5 angenommen wird. (Richtiger wäre es, mit $\alpha = 1$ zu rechnen[2] — im folgenden soll daher neben die nach der vorstehenden Formel errechneten Werte in Klammern der mit $\alpha = 1$ gefundene Wert gesetzt werden.)

Um den Raddruck Q zu bestimmen, ist ein Kräfteplan gezeichnet worden, aus dem sich noch einige andere Werte entnehmen lassen (Abb. 176).

Die Zugkraft im Tragseil unterhalb und oberhalb des Wagens kann als gleich angenommen werden, und zwar als gleich der Zugkraft S_{max} unmittelbar unterhalb der Stütze C. (Tabelle 9, Spalte 28, oberer Wert). Die Richtung der Tragseilzugkraft unterhalb des Wagens kann auch genügend genau gleich der Richtung des unbelasteten Tragseils unter der Stütze C gesetzt werden (Spalte 13). Richtung und Größe des Wagengewichts sind bekannt. Die Größe der Zugkraft[3] im Bremsseil kann aus der Tabelle 9, Spalte 44 entnommen werden, sie ist oberhalb und unterhalb des Wagens gleich (der Unterschied liegt nur in der durch den Widerstand der Leitrollen im Bremsgehäuse erzeugten Zusatzkraft, die, wie weiter gezeigt wird, im Verhältnis zur Zugkraft verschwindend klein ist). Der talseitige Neigungswinkel ergibt sich in der gleichen Weise wie beim Tragseil (Spalte 22; für Gegen- und Bremsseil in der Tabelle 9 nicht ausgerechnet $\frac{1}{2} g' L : S'_{max} = \sin \varepsilon'$). Die bergseitige Neigung des Bremsseils ergibt sich aus der Stellung des Wagens beim Auffahren auf die Stütze C, wobei die Maße des Seilschuhs und die Lage des Bremsseils zum Tragseil maßgebend sind[3].

Die Zugkraft im Gegenseil[4], sowie die Neigungen des Gegen- und Zugseils werden in gleicher Weise bestimmt wie für das Bremsseil. Die Zugkraft im Zugseil[4] ergibt sich aus der Bedingung, daß die Spannung im Tragseil oberhalb des Wagens die gleiche ist wie unterhalb. Der Schnittpunkt eines Kreisbogens vom Halbmesser S_{max} mit der Geraden S_z bestimmt die Größe der Zugkraft im Zugseil und die Richtung der bergseitigen Zugkraft im Tragseil (Neigung des Tragseils zwischen Wagen und Seilschuh).

Die Resultierende aus dem Wagengewicht und den Zugkräften im Zug-, Gegen- und Bremsseil stellt die gesamte Querbelastung des Tragseils durch den Wagen dar. Der Druck verteilt sich gleichmäßig auf die 8 Räder des Laufwerks, so daß die in die vorstehende Formel einzusetzende Querkraft Q ein Achtel dieser Belastung beträgt, d. s. 360 kg.

---

[1] Siehe Anhang.

[2] Vgl. Woernle: a. a. O. Vielfach wird die Biegungsspannung gar nicht berechnet, sondern nur ein bestimmtes Verhältnis von $Q : S_{min}$ eingehalten.

[3] Die Neigung des Tragseils kann hierbei genügend genau aus der Annahme bestimmt werden, daß der Ablenkungswinkel infolge der Wagenauflast δ sich aus der Gleichung $\operatorname{tg} \delta = \frac{\text{Wagengewicht}}{S}$ ergibt. Die Laufwerksneigung ergibt sich zu $\alpha + \varepsilon + \frac{\delta}{2}$.

[4] Hierbei wird die Vergrößerung der Zugkraft infolge der Reibung usw. (s. weiter die Berechnung der Zugseile) vernachlässigt, was wegen der verhältnismäßigen Geringfügigkeit dieser Zusatzkräfte ohne weiteres zulässig ist.

Werden die entsprechenden Zahlenwerte in die Formel eingesetzt, so findet sich die Spannung im Tragseil zu:

$$\sigma = \frac{29\,440}{1137} + 360\sqrt{\frac{0{,}5 \cdot 20\,000}{29\,440 \cdot 1137}} = 32{,}10 \text{ kg/mm}^2 \ (34{,}65 \text{ kg/mm}^2).$$

Das Verhältnis der Bruchfestigkeit zur größten auftretenden Spannung, der sogenannte Sicherheitsgrad, beträgt demnach:

$$\frac{170}{32{,}10} = 5{,}30\ (4{,}90).$$

Dieser Wert ist ziemlich hoch — durch die japanischen Vorschriften bedingt. In Europa werden die Tragseile stärker angespannt, so daß diese Verhältniszahl einen geringeren Wert annimmt — in Italien 3,5, Bayern 3,5. Vielfach wird der Sicherheitsgrad für ein durch Abnützung um 10% geschwächtes Seil berechnet. Bei dieser Voraussetzung (und $\alpha = 1$) würde der Sicherheitsgrad im vorliegenden Fall 4,4 betragen, also immer noch recht hoch sein. Das Verhältnis von Raddruck zur Tragseilspannung ist bei der untersuchten Wagenstellung 360 : 29940 = 1 : 81. Das Verhältnis von Raddruck zu kleinster Tragseilspannung ist allerdings größer, etwa 1 : 73.

Der Durchhang des Tragseils ergibt sich in der Spannweite $I - C$ (409 m) zu

$$f = \frac{g\,l^2}{8\,S} = 7{,}45 \text{ m unbelastet,}$$

und zu

$$f_1 = \frac{l}{4\,S}\left(\frac{g\,l}{2} + \Sigma Q\right) = 18{,}05 \text{ m belastet,}$$

in der Spannweite $B - I$ (216 m) wird

$$f = 2{,}10 \text{ m} \quad \text{und} \quad f_1 = 7{,}70 \text{ m}.$$

Will man günstiger rechnen, so kann man die entlastende Wirkung der Zug-, Brems- und Gegenseile auf die Querbelastung in Betracht ziehen und den Durchhang des belasteten Tragseils nach der Gleichung

$$f_1 = \frac{g\,l^2}{8\,S} + \frac{l \cdot \Sigma Q}{4\left(S + \frac{S_z + S_g}{2} + S_b\right)}$$

bestimmen[1].

Zugseil: Die Berechnung der Zugkräfte im Zug- und Gegenseil erfolgt zeichnerisch in der gleichen Weise wie vorstehend beim Tragseil gezeigt wurde (Abb. 176), und zwar für eine große Zahl von Wagenstellungen oberhalb und unterhalb der verschiedenen Stützen, bei Talfahrt und Bergfahrt des beladenen, wie des unbeladenen Wagens. Von einer Wiedergabe kann hier abgesehen werden, da die Methode genau die gleiche ist, wie vorstehend geschildert.

Die größte Zugkraft im Zugseil ohne Berücksichtigung der Reibung ergibt sich nach diesen graphischen Berechnungen zu 2555 kg (Wagen bei der Talfahrt unterhalb der Stütze C). Zu dieser Zugkraft sind noch die infolge der Reibung und der Beschleunigung beim Anfahren hinzutretenden Zusatzkräfte zu addieren.

Die vom Zugseil aufzunehmenden Reibungskräfte[2] setzen sich wie folgt zusammen:

1. Reibungskräfte in der Talstation.

Durchmesser der Seilscheiben	1750 mm
Durchmesser der Achsschenkel	120 mm
Reibungszahl der Gleitlager	0,08.

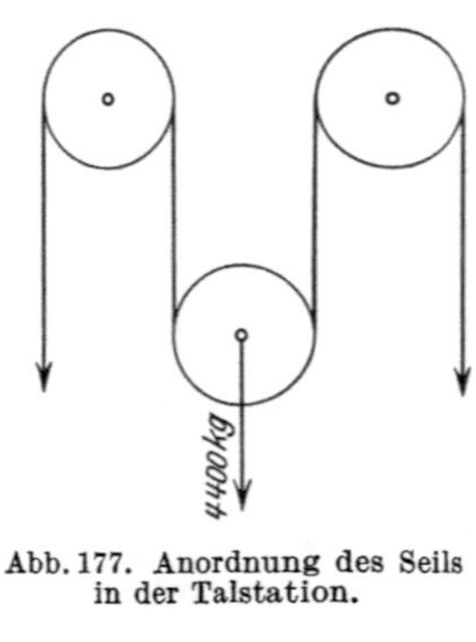

Abb. 177. Anordnung des Seils in der Talstation.

[1] l ist die Sehnenlänge; ist f bekannt, so kann der Durchhang f_x in einem beliebigen Punkt, dessen Entfernung auf der Sehne gemessen von einer Stütze x beträgt, nach der Gleichung

$$f_x = f \cdot \frac{4\,x\,(l - x)}{l^2}$$

bestimmt werden.

[2] Vielfach werden die Reibungskräfte nicht im einzelnen errechnet, sondern überschläglich nach der Gleichung $G \cos\gamma\,\mu - g \cdot L \cdot \mu_1$, wobei für μ und μ_1 von verschiedenen Firmen verschiedene Werte eingesetzt werden (0,004 bis 0,015). Bei der im Verhältnis zum Spanngewicht und zum Seilgewicht geringen Größe der Reibungskräfte erscheint dies zulässig.

Das Seil umschlingt drei Scheiben mit je 180° (Abb. 177); der Druck auf jedes Achslager beträgt daher das 2fache der Zugkraft (2 × 2200 kg) und die von jedem Seiltrumm aufzunehmende Reibungskraft:

$$\frac{3}{2} \cdot \frac{2 \cdot 2200 \cdot 120}{1750} \cdot 0{,}08 = 36{,}2 \text{ kg.}$$ [1]

2. Reibungskräfte auf der Strecke.

a) Reibung des Gegenseils auf den Leitrollen [1].

Durchmesser der Leitrollen	400 mm
Durchmesser der Achsschenkel	30 mm
Reibungszahl der Gleitlager	0,08 .

Unterhalb des Wagens liegt das Gegenseil auf den Leitrollen, wobei die Seillänge der Abschnitte *A—B*; *B—I* und die Hälfte der Spannweite *I—C* in Betracht kommt. Von diesem Seilgewicht ist noch die vertikale Komponente der Zugkraft auf Stütze *I* in Abzug zu bringen.

Das der Berechnung der Reibungskraft zugrunde zu legende Gewicht des Gegenseils beträgt also

$$1{,}15\left(8{,}30 + 216{,}64 + \frac{409{,}05}{2}\right) - 2202 \cdot 0{,}00296 = 489 \text{ kg},$$

und die Reibungskraft ist:

$$\frac{489 \cdot 30}{400} \cdot 0{,}08 = 2{,}93 \text{ kg};$$

b) Reibung des Bremsseils auf den Führungsrollen des Bremsgehäuses.

Senkrechter Druck des Bremsseils (nach dem Kräfteplan, Abb. 176)	175 kg
Rollendurchmesser	250 mm
Achsschenkeldurchmesser	28 mm
Reibungszahl der Kugellager	0,003 [3]

Reibungskraft:

$$\frac{175 \cdot 28}{250} \cdot 0{,}003 = 0{,}06 \text{ kg};$$

c) Fahrwiderstand der Laufwerksräder.

Hebelarm der rollenden Reibung zwischen Rad und Seil	0,33 mm
Raddurchmesser	220 mm
Achsschenkeldurchmesser	30 mm
Reibungszahl der Kugellager	0,003

Fahrwiderstand bei einer Gesamtbelastung der Laufräder (nach dem Kräfteplan Abb. 176) von 2850 kg:

$$\frac{2850 \cdot 0{,}33}{110} + \frac{2850 \cdot 30}{220} \cdot 0{,}003 = 9{,}82 \text{ kg};$$

d) Reibung der Führungsrollen auf dem Gegen- und Bremsseil. Die Drücke sind nach dem Kräfteplan (Abb. 176) für das Zugseil 190 kg, für das Bremsseil 175 kg.

Hebelarm der rollenden Reibung . . . . 0,33 mm.

Bei Vernachlässigung der sehr geringen Lagerreibung ist die Reibungskraft

$$\frac{(175 + 190) \cdot 0{,}33}{200} = 0{,}6 \text{ kg}$$ [4].

Die gesamten von Zugseil bis zur Stütze *C* aufzunehmenden Reibungskräfte betragen daher

$$36.20 + 2{,}93 + 0{,}06 + 9{,}82 + 0{,}60 = 49{,}61 \approx 50 \text{ kg}.$$

Bei einer Fahrgeschwindigkeit von 3 m/sec ist die Beschleunigung, wenn diese Geschwindigkeit nach 50 m erreicht werden soll

$$p_a = \frac{v^2}{2 \cdot l} = \frac{3^2}{2 \cdot 50} = 0{,}09 \text{ m/sec}^2.$$

[1] Reine Zapfenreibung, die Seilsteifigkeit ist vernachlässigt, was wegen ihrer verhältnismäßig geringen Größe zulässig ist.

[2] Nur Zapfenreibung — die rollende Reibung ist verhältnismäßig klein, sie beträgt bei einem Hebelarm der rollenden Reibung von 0,33 mm 1/3,65 der Zapfenreibung.

[3] Zapfenreibung — hier wäre, wenn schon so genau gerechnet wird, auch die rollende Reibung in Betracht zu ziehen, die in diesem Fall rd. das 7fache der Zapfenreibung beträgt.

[4] Nur rollende Reibung — die Zapfenreibung beträgt bloß $^1/_7$ der rollenden Reibung.

Die zu beschleunigende Masse setzt sich zusammen aus:

dem Wagen vom Gewicht	2500 kg
dem Bremsseil vom Gewicht 626 × 1,15	722 kg
den Seilscheiben der Talstation (1½ Seilscheiben je Seiltrumm, das Gewicht in den Radkränzen konzentriert gedacht)	345 kg
den Leitrollen vom Gewicht rd.	40 kg
	3607 kg

die zu beschleunigende Masse ist dann

$$\frac{3607}{9,8} = 368 \text{ kgsec}^2/\text{m},$$

und die Beschleunigungskraft

$$368 \cdot 0,09 = 33 \text{ kg}.$$

Die Zugkraft vor der Bergstation ist also

$$2555 + 50 + 33 = 2638 \text{ kg}.$$

In der Bergstation kommt noch die Reibung auf der Scheibe D und den zwei horizontalen Umlenkscheiben hinzu

Scheibendurchmesser	1750 mm
Achsschenkeldurchmesser	120 mm
Reibungszahl der Rollenlager	0,08

Die Scheibe D wird vom Seil mit einem Winkel von 12° umschlungen, die beiden anderen mit je 90°, der auf die drei Scheiben ausgeübte Druck beträgt also

$$2600\left(2\sin\frac{\omega_1}{2} + 2\cdot 2\sin\frac{\omega_2}{2}\right) = 2600\cdot(0,20 + 2\sqrt{2}) = 7860 \text{ kg}.$$

Die Reibungskraft ist:

$$\frac{7860\cdot 120}{1750}\cdot 0,08 = 44 \text{ kg}.$$

Die zur Beschleunigung der Scheiben in der Bergstation erforderliche Kraft beträgt bei deren Gewicht von 700 kg (im Radkranz konzentriert) und bei einem mit zu beschleunigendem Zugseilstück von 25 m Länge und 28,8 kg Gewicht

$$\frac{700 + 28,8}{9,8}\cdot 0,09 = 6,7 \text{ kg}.$$

Die größte Zugkraft im Zugseil beträgt demnach:

$$2638 + 44 + 6,7 \approx 2690 \text{ kg}$$

Nach den italienischen Vorschriften soll die größte Zugseilspannung unter Berücksichtigung der Biegungsspannung auf einer Seilscheibe nach der Formel

$$\sigma = \sigma_z + \sigma_b = \frac{S}{F} + \frac{3}{8}E\frac{\delta}{D}$$

bestimmt werden. Richtiger ist es, $\sigma_b = \frac{E\delta}{D}$ zu setzen; im folgenden sollen daher die mit $\sigma_b = \frac{E\delta}{D}$ bestimmten Werte den nach der vorgeschriebenen Formel berechneten Werten in Klammern beigefügt werden.

Nach Einsetzen der Zahlenwerte ergibt sich die größte Spannung im Zugseil auf der Umlenkscheibe des Antriebs (Durchmesser 1750 mm) zu

$$\sigma = \frac{2690}{130} + \frac{3}{8}\cdot 20000\cdot\frac{1,52}{1750} = 27,21 \text{ kg/mm}^2 \ (38 \text{ kg/mm}^2).$$

Das Verhältnis der Bruchfestigkeit zur Höchstspannung, der Sicherheitsgrad ist

$$\frac{170}{27,21} = 6,23 \left(\frac{170}{38} = 4,48 \ \begin{matrix}\text{und bei Berücksichtigung einer}\\ \text{10\%igen Seilabnutzung noch } 4,0\end{matrix}\right).$$

Nachprüfung des Zugseils im Fall einer plötzlichen Bremsung.

Die Bremsung erfolgt entweder am Antrieb oder durch Einfallen der Wagenbremsen

Bei der Bremsung durch den Antrieb soll angenommen werden, daß der Wagen sich in der ungünstigsten Stellung unmittelbar unterhalb der Stütze C befindet und daß der Bremsweg 10 m beträgt.

Bei einer Fahrgeschwindigkeit von $v = 3$ m/sec ergibt sich dann eine Bremsverzögerung

$$p_b = \frac{3^2}{2 \cdot 10} = 0{,}45 \text{ m/sec}^2.$$

Die Gewichte der zu verzögernden Massen sind:

Umlenkscheiben der Antriebsstation	700 kg
Leitrollen der Stütze C	rd. 30 kg
Beladener Wagen	2500 kg
40 m Zugseil	46 kg
Ballastseil 625 m	720 kg
Zusammen	3996 kg

Die Bremskraft ist dann:

$$\frac{3996}{9{,}8} \cdot 0{,}45 = 183 \text{ kg},$$

und die gesamte Zugkraft beim plötzlichen Abbremsen:

$$2555 + 50 + 44 + 183 = 2832 \text{ kg}$$

und

$$\sigma = \frac{2832}{130} + \frac{3}{8} \cdot \frac{1{,}52 \cdot 20\,000}{1750} = 28{,}30 \text{ kg/mm}^2 \text{ (39 kg/mm}^2\text{)}.$$

Der Sicherheitsgrad ist:

$$\frac{170}{28{,}30} = 6{,}03 \text{ (4,36; bei 10\% Abnützung 3,92)}.$$

Beim plötzlichen Einfallen der Wagenbremse treten auch Zusatzkräfte auf, doch arbeiten in diesem Fall Zugseil und Bremsseil zusammen, so daß der doppelte Seilquerschnitt wirksam ist. Von einer Berechnung kann also abgesehen werden.

Gegenseil. Die Berechnung des Gegenseils kann in derselben Weise durchgeführt werden, wie die des Zugseils, doch erscheint dies bei der gleichen Stärke und Zusammensetzung nicht erforderlich[1], da die Zugkräfte im Ballastseil bei der ungünstigsten Lage unterhalb der Stütze C kleiner sind als im Zugseil, da alle beim Zugseil vom Wagen nach aufwärts hinzutretenden Zusatzkräfte beim Gegenseil nicht in Betracht kommen.

Bremsseil. Das Bremsseil hat die Aufgabe, das Zugseil im Falle eines Zugseilbruchs zu ersetzen: in diesem Augenblick hat das Bremsseil zu der in ihm schon durch das Spanngewicht hervorgerufenen Zugkraft noch die Differenz der Zugkraft von Zug- und Gegenseil aufzunehmen. Die größte Zugkraftdifferenz ergibt sich aus einem hier nicht wiedergegebenen Kräfteplan für den talwärts fahrenden Wagen oberhalb der Stütze I, und zwar ist die Zugkraft im Zugseil 1750 kg, im Gegenseil 2200 kg, die vom Bremsseil aufzunehmende Kraft beträgt also 450 kg. Zur Berücksichtigung der dynamischen Wirkung wird ein Stoßkoeffizient von 3 eingeführt, der reichlich hoch erscheint, wenn man bedenkt, daß das Gewicht des mit dem Bremsseil starr verbundenen Bremsgehäuses und Laufwerks im Verhältnis zum Gewicht der frei ausschwingenden Kabine nur klein ist, und daß die Bremsseilscheibe zunächst lose auf ihrer Welle sitzt und erst allmählich festgebremst wird.

Die höchste Zugkraft im Bremsseil ergibt sich zu:

$$S_{br_{max}} = 1600 + 3 \cdot 450 = 2950 \text{ kg}.$$

Die Spannung des Bremsseils auf der Gegenscheibe des Antriebes ergibt sich unter Vernachlässigung der Reibungskräfte zu

$$\sigma = \sigma_z + \sigma_b = \frac{2950}{130} + \frac{3}{8} \cdot \frac{1{,}52 \cdot 20\,000}{1750} = 29{,}16 \text{ kg/mm}^2 \text{ (40 kg/mm}^2\text{)},$$

der Sicherheitsgrad zu

$$\frac{170}{29{,}16} = 5{,}86 \text{ (4,25; bei 10\% Abnützung 3,82)}.$$

[1] Die Berechnung ist von Ceretti und Tanfani durchgeführt worden.

5. Die Seilstützen.

Die Seilstützen werden aus Holz, Eisenbeton und Eisen hergestellt (Abb. 178, 179, 180); erstere Konstruktion wird jetzt bei Personenbahnen nicht mehr angewandt (die alte Kohlererbahn, die überhaupt sehr primitiv gebaut

Abb. 178. Hölzerne Stütze einer Lastenbahn (Bleichert).

war, hatte zum größten Teil Holzstützen), am häufigsten werden eiserne Stützen verwandt (besonders bei großer Höhe), die auch den Vorzug haben, in der Landschaft nur wenig sichtbar zu sein, was bei felsigem Gelände in mindestens gleichem Maße auch für die Betonstützen zutrifft.

Abb. 179. Eisenbetonstütze der Ebensee-Bahn (Bleichert).

Bei geringem Abstand der Tragseile von der Stütze, so daß ein Anschlagen der Wagen an die Stütze befürchtet werden kann, verwendet Bleichert besondere Führungsbügel (Abb. 181), Ceretti und Tanfani bei den älteren Anlagen ein Führungsseil (Abb. 182). Besser ist es in jedem Fall, die Bahn so zu bauen, daß auch beim stärksten Querpendeln der Wagen ein Anschlagen an die Stützen ausgeschlossen ist.

Bei der Berechnung der Stützen ist außer der Betriebslast (Seilzug usw.) noch vor allem der Winddruck in Betracht zu ziehen; die österreichischen Vorschriften[1] sehen bei belastetem Seil 125 kg/m², bei unbelastetem 250 kg/m² vor.

Bei der Schauinslandbahn werden die Vorschriften der Reichsbahn für ihre Brückenbauten sinngemäß angewandt.

Abb. 180. Eiserne Stütze der Patscherkofelbahn (Bleichert).

Abb. 181. Führungsbügel der Pfänderbahn (Bleichert).

Die Sicherheit gegen Abheben von den Auflagern muß nach den österr. Vorschriften bei einem Winddruck von 125 kg/m² 1,5fach sein, bei einem Winddruck von 250 kg/m² 1,2fach; nach den italienischen Vorschriften bei einem Winddruck von 120 kg/m² 1,5. Die Stützen der Schauinslandbahn sind für einen Sicherheitsgrad von mindestens 1,3 bei 250 kg/m² Winddruck und von 1,5 bei 125 kg/m² berechnet.

Zur überschlägigen Berechnung des Gewichts eiserner Stützen empfiehlt Findeis[2] die Formeln:

bei einer Höhe	$h < 20$ m	$h > 20$ m
Gewicht	$G = 160\,h$ kg	$= (30\,h + 6\,h^2)$ kg,

wo h in m.

---

[1] Siehe Literaturverzeichnis Nr. 418. [2] a. a. O.

Abb. 182. Wagen mit Führungsseil der Montblancbahn (Ceretti u. Tanfani).

6. Schutzeinrichtungen auf der Strecke.

Bei Lastenbahnen werden überkreuzte Eisenbahnen, Straßen und Gehöfte durch besondere Brücken oder Netze gegen etwa aus den Wagen herabfallende

Abb. 183. Eiserne Schutzbrücke (Heckel).

Gegenstände geschützt (Abb. 183, 184). Nur ausnahmsweise werden die Schutzbrücken so stark gebaut, daß sie auch einen abstürzenden Wagen aufhalten könnten. Bei Personenseilbahnen sind solche Anlagen bisher noch nicht ausgeführt worden und wohl auch kaum erforderlich; nach den schweizerischen Seilbahnvorschriften, die sich durch besondere Strenge auszeichnen, können sie verlangt werden, ebenso auch nach den italienischen.

Abb. 184. Schutznetz auf Holzstützen (Heckel).

Abb. 185. Wagen der Kohlererbahn 1912 (Bleichert).

7. Betriebsmittel.

Die Wagen der Seilbahnen müssen natürlich möglichst leicht sein, man verwendet daher zu ihrer Herstellung sehr hochwertige Baustoffe; wegen der in der Regel recht kurzen Fahrzeit verzichtet man neuerdings meist auf Sitzplätze oder ordnet deren nur ganz wenige leichte an (Klappsitze). Das Gewicht eines Wagens der Kohlererbahn (zwei Tragseile) beträgt bei 15 Sitz- und 1 Stehplatz 3000 kg, das sind 187,5 kg je Person, der Wagen der Lana—Vigiljochbahn für 15 Personen (12 Sitz- und 3 Stehplätze) wiegt 2200 kg, also je Person 147 kg. Bei der Zugspitzbahn beträgt das Wagengewicht 1080 kg oder 57 kg je Person[1]

[1] Ohne Führer.

(4 Sitz- und 15 Stehplätze). Die Abb. 185, 186, 187 zeigen die Wagen der genannten Bahnen. Abb. 188 zeigt den neuesten Typus der Bleichertschen Seilbahnwagen.

Der Seilbahnwagen besteht aus drei Teilen: der Kabine, dem Gehänge und dem Laufwerk. Die Kabine ist bei den älteren Bahnen aus Stahlrahmen mit Holz- oder Aluminiumfüllungen gebaut; bei den neueren Anlagen vielfach durchweg aus Leichtmetall. Mit der Kabine verbunden ist das kräftige Gehänge, das an einem Zapfen in der Bahnrichtung pendelnd am Laufwerk aufgehängt ist[1]. Das Laufwerk der Kohlererbahn hat 4 Räder auf jedem Tragseil, der Wagen der Lana—Vigiljochbahn hat 4 Räder; die

Abb. 186. Wagen der Lana—Vigiljochbahn 1913 (Ceretti u. Tanfani).

Abb. 187. Wagen der Zugspitzbahn (Bleichert).

Abb. 188. Wagen der Predigtstuhlbahn (Bleichert).

Abb. 189. Laufwerk der Kohlererbahn (Bleichert).

[1] Bei der alten Kohlererbahn war die Kabine starr mit zwei zweirädrigen Laufwerken verbunden.

neueren Bahnen von Ceretti und Tanfani und Bleichert haben, um den Raddruck möglichst gering zu halten, 8 Laufräder (s. Abb. 189 bis 192). Das

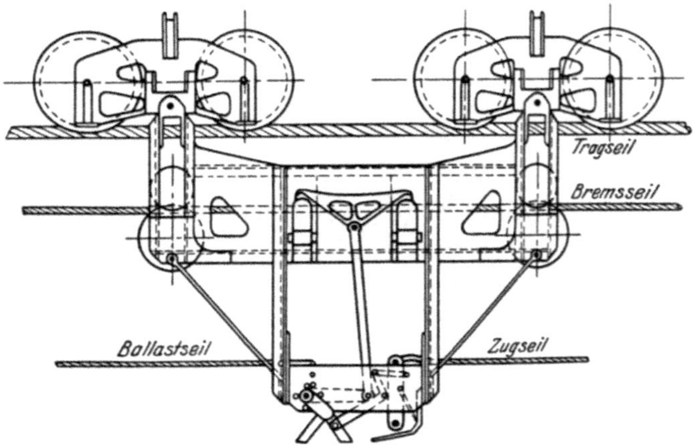

Abb. 190. Laufwerk der Lana—Vigiljochbahn (Ceretti u. Tanfani).

Abb. 191. Wagen der Bahn Cortina—d'Ampezzo—Pocol (Ceretti u. Tanfani).

neue hydropneumatische Laufwerk von Ceretti und Tanfani (Abb. 193 bis 195) ermöglicht die Anwendung einer beliebigen Zahl von Laufrädern (nicht nur 2ⁿ). Ein wichtiger Bestandteil aller dieser Laufwerke ist die Fangvorrichtung[1], die auf dem gleichen Prinzip wie bei den Standseilbahnen auf-

Abb. 192. Laufwerk von Bleichert (Zugspitzbahn).

gebaut, durch das Zugseil gespannt gehalten und durch ein Entspannen desselben zum Einfallen gebracht wird. Die Bremskraft wird hierbei durch

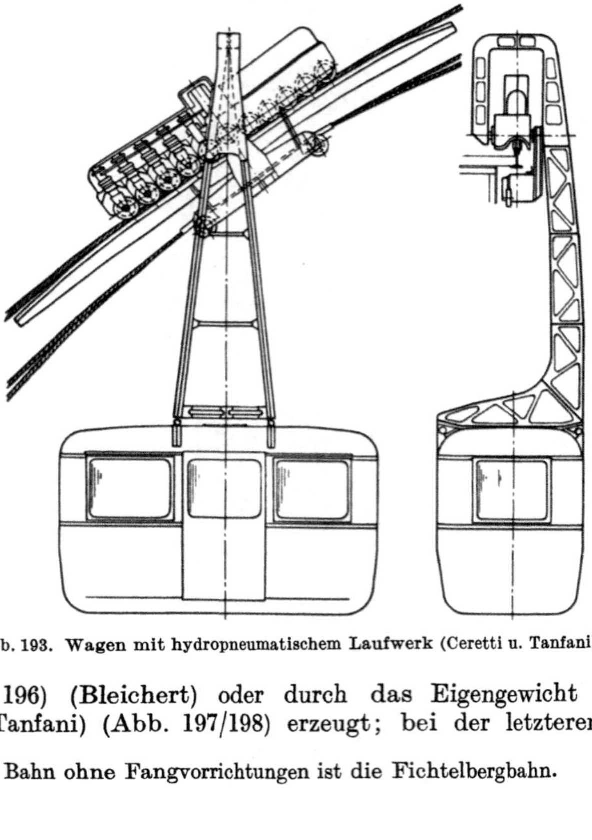

Abb. 193. Wagen mit hydropneumatischem Laufwerk (Ceretti u. Tanfani).

Federn (Abb. 196) (Bleichert) oder durch das Eigengewicht des Wagens (Ceretti und Tanfani) (Abb. 197/198) erzeugt; bei der letzteren Anordnung

[1] Die einzige Bahn ohne Fangvorrichtungen ist die Fichtelbergbahn.

werden die Bremsbacken bei einem Zugseilriß zunächst durch Federn geschlossen und dann infolge der Keilwirkung durch die Bewegung des Wagens fest an-

Abb. 194. Hydropneumatisches Laufwerk (Ceretti u. Tanfani).

gedrückt. Bei den Bleichertschen Bahnen greifen die Bremsbacken am Tragseil an, wodurch eine einfache und kompakte Konstruktion des Laufwerks möglich wird (Abb. 192); bei den Bahnen von Ceretti und Tanfani wird an einem

Abb. 195. Schnitt durch einen Zylinder des hydropneumatischen Laufwerks (Ceretti u. Tanfani).

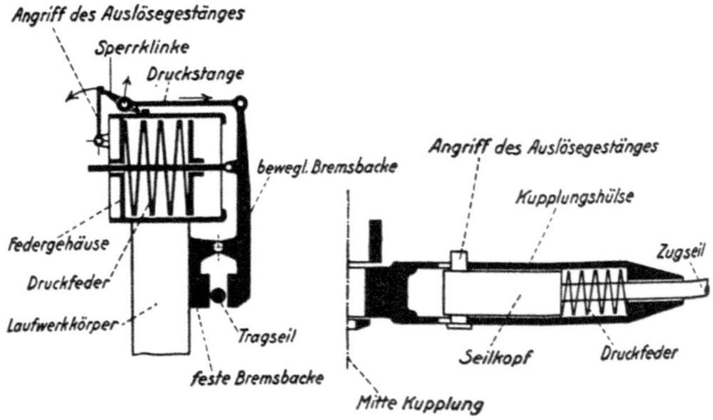

Abb. 196. Schema der Fangvorrichtung von Bleichert.

besonderen Hilfsseil gebremst, wodurch ein schnelleres Einbringen der Kabinen in die Stationen bei einem Zugseilriß ermöglicht wird, auch erfolgt das Fangen nicht plötzlich, sondern langsam, da das Hilfsseil sich erst in der Fahrrichtung mit dem Wagen bewegen kann, um dann allmählich abgebremst zu werden.

Eine Besonderheit der Bleichertschen Wagen ist der aus einem Luftpuffer bestehende Schwingungsdämpfer, der am Gegenseil abgestützt ist und die Längsschwingungen beim Überfahren der Stützen und beim Fangen abschwächen soll.

Abb. 197. Fangvorrichtung von Ceretti u. Tanfani.

Abb. 198. Fangvorrichtung von Ceretti u. Tanfani.

8. Antrieb und Stationen.

Die Bestimmung der erforderlichen Antriebskraft erfolgt in der gleichen Weise wie bei den Standseilbahnen. Die Abb. 199 zeigt das Zugkraftdiagramm für die Seilbahn Kyoto—Eizan (Ceretti und Tanfani).

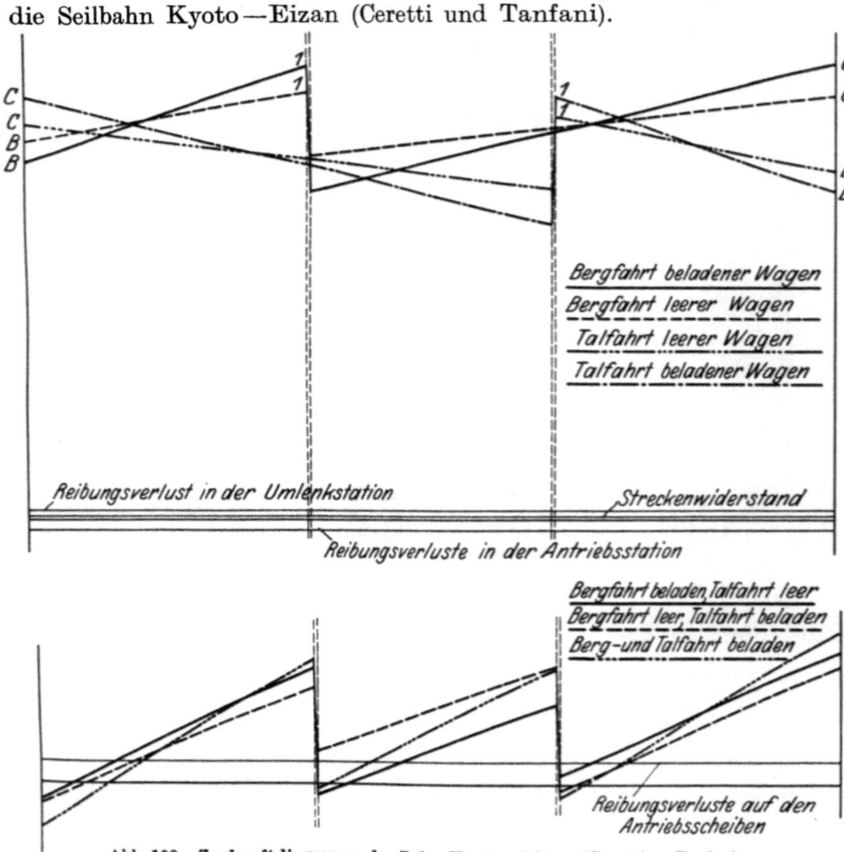

Abb. 199. Zugkraftdiagramm der Bahn Kyoto—Eizan (Ceretti u. Tanfani).

Der Antrieb der Seilschwebebahnen ist naturgemäß dem Antrieb der Standseilbahnen sehr ähnlich — hier sind die gleichen Bremsen und sonstigen Einrichtungen (Teufenzeiger u. dgl.) angeordnet wie bei diesen. Wegen der starken

Abb. 200. Antrieb einer Bleichertschen Seilbahn (Montserrat).

Spannung des Zugseils genügt häufig (Bleichert) eine einzige Umschlingung der Antriebsscheibe. Der Antrieb ist, wenn möglich, in der Bergstation untergebracht und zeichnet sich dann, besonders bei den neuen Anlagen von Bleichert-Zuegg,

Abb. 201. Motorenseite der Antriebsstation der Kreuzeckbahn (Bleichert).

durch große Einfachheit aus (Abb. 200, 201, vgl. auch Abb. 145). Eine ganz neue Anlage von Ceretti und Tanfani zeigt die Abb. 202.

Die eigentlichen Stationsgebäude, soweit sie nur Betriebszwecken dienen, sind nicht groß und in ihrer Anordnung klar und übersichtlich. Bei den meisten Bahnen sind drei Bahnsteige vorhanden (Abb. 203), so daß die ein- und aussteigenden Fahrgäste einander nicht behindern.

Telephonanlagen, die sich bei den Bleichert-Zueggschen Bahnen der Seile als Stromleiter bedienen, vermitteln den Verkehr der Stationen untereinander und, falls erforderlich, auch mit den Wagen. Bei den Bahnen von Ceretti und Tanfani sind besondere Telephonseile vorhanden.

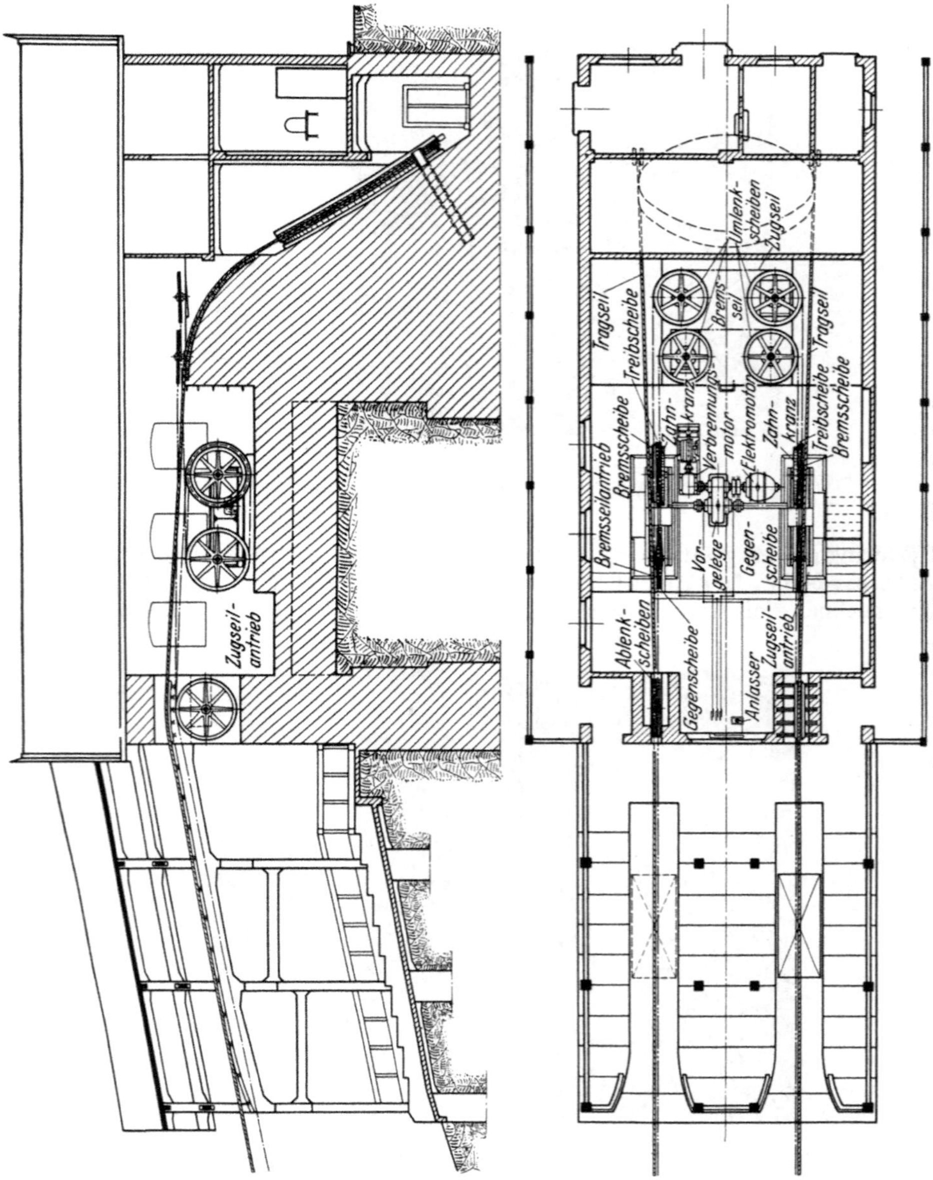

Abb. 202. Antriebsstation (Ceretti u. Tanfani).

9. Sicherheitsvorrichtungen.

Wenn bei den Standbahnen eine Betriebsstörung entsteht und der Wagen auf freier Strecke stehen bleibt, so können die Fahrgäste ihn meist ohne Schwierigkeit verlassen und sich zu Fuß fortbegeben; ebenso ist es bei einem Unfall den Hilfsmannschaften jederzeit möglich, den Wagen zu erreichen und ihr Rettungswerk ohne weiteres zu beginnen.

Anders bei den Seilschwebebahnen — hier hängt der Wagen am Seil in der Luft, oft Hunderte von Metern über dem Erdboden oder Meer[1] und gleich weit von den Stationen oder auch nur den Stützen entfernt. Es müssen hier also besondere Vorkehrungen getroffen werden, um im Falle einer Störung oder eines Unfalls womöglich den ganzen Wagen in kurzer Zeit in eine der Stationen einzubringen oder doch zum mindesten die Fahrgäste sicher und ohne zu große Unbequemlichkeit zu bergen.

Abb. 203. Bergstation der Zugspitzbahn (Bleichert).

Für beides ist bei den bestehenden Seilbahnen Vorsorge getroffen, wenn auch die Bequemlichkeit der Bergung oft viel zu wünschen übrig läßt — dies sind aber Schwierigkeiten, die sich kaum umgehen lassen können.

Bei der Kohlererbahn wird am Tragseil gefangen, es sind zwei Zugseile vorhanden und es wird angenommen, daß, wenn das eine reißt, das andere noch betriebsfähig ist, so daß der Wagen dadurch abgeschleppt werden kann, nachdem die Fangvorrichtung von Hand gelöst worden ist, wozu der Wagenführer auf das Dach des Wagens steigen muß. Im Maschinenhaus befindet sich ein Reserveantrieb, der durch einen Motor oder von Hand betrieben werden kann und bei einem Versagen des Hauptantriebes zum Einbringen der Wagen in die Stationen dient. Außerdem sind in jedem Wagen noch Vorrichtungen zum Abseilen der Passagiere vorhanden; diese Vorrichtungen sind bei dieser Bahn gut verwendbar, da die Höhe der Wagen über dem Erdboden keine sehr große ist; nur an wenigen Stellen beträgt sie über 10 m, dabei ist das ganze Bahngelände gut begehbar. Immerhin dürfte das Abgeseiltwerden nicht zu den Annehmlichkeiten gehören und nur dann angewandt werden, wenn alle anderen Vorrichtungen versagen.

Bei den Bahnen von Ceretti und Tanfani ist nur ein Zugseil vorhanden, dafür aber ein im gewöhnlichen Betrieb unbelastetes und ruhendes Hilfsseil, an dem gefangen wird, durch dieses Seil werden die Wagen dann in die Stationen eingebracht.

Bei den Bleichertschen Bahnen ist ebenfalls nur ein Zugseil vorhanden und ein im gewöhnlichen Betrieb ruhendes Hilfsseil. Gebremst wird am Tragseil. Die Ankupplung an das Hilfsseil muß vom Wagenführer besorgt werden, oder von einem besonderen Rettungswagen aus, der mittels des Hilfsseils von den Stationen aus herausgeschickt werden kann — gegebenenfalls müssen die Passagiere in diese Wagen umsteigen, was in schwindelnder Höhe auch nicht gerade

[1] Rio de Janeiro—Zuckerhut.

einfach zu bewerkstelligen und angenehm sein wird[1]. Bei allen Bahnen wird beim Fangen der Antrieb sofort stillgesetzt.

Bei den Bahnen von Bleichert ist der Tragseilschuh sehr schmal, um einen ungehinderten Übergang der Fangklauen zu ermöglichen, infolgedessen ist die Sicherheit der Seilauflage nicht so groß wie bei den anderen Bahnen. Hier könnte aber durch eine passende Gestaltung des Seilschuhs leicht Abhilfe geschaffen werden.

Das Fangen am Tragseil erfolgt ruckartig, wodurch das Seil angegriffen werden kann, auch ist die Rettungsaktion schwierig; darum erscheint das Fangen an einem Hilfsseil zweckmäßiger.

Bei den Bahnen von Bleichert und Ceretti und Tanfani wird das Fangen durch Schlaffwerden des Zugseils bewirkt. Bei der Bahn auf den Zuckerhut in Rio de Janeiro (Pohlig) wird die Fangvorrichtung bei Überschreitung einer bestimmten Geschwindigkeit ausgelöst, eine Anordnung, die den Vorzug hat, auch bei Bahnen mit Umlaufbetrieb anwendbar zu sein.

Es ist aber durchaus zu erwägen, ob es nicht besser wäre, auf das Fangen, das manche Übelstände mit sich bringt, ganz zu verzichten und einen Zugseilbruch ebensowenig in Betracht zu ziehen, wie einen Bruch der Tragseile, aber durch ständiges sorgfältiges Überwachen der Seile und rechtzeitiges Ablegen zu verhindern. Auch die Verwendung zweier Zugseile statt eines bietet größere Sicherheit, so daß hier eher auf die Anwendung von Fangvorrichtungen verzichtet werden kann.

10. Baukosten und Betriebsergebnisse.

Die Kosten der Seilschwebebahnen sind in schwierigem Gelände (wie z. B. an der Zugspitze) durch die fast völlige Unabhängigkeit von der Bodengestaltung wesentlich niedriger als bei den Standbahnen; bei schwachen Steigungen und

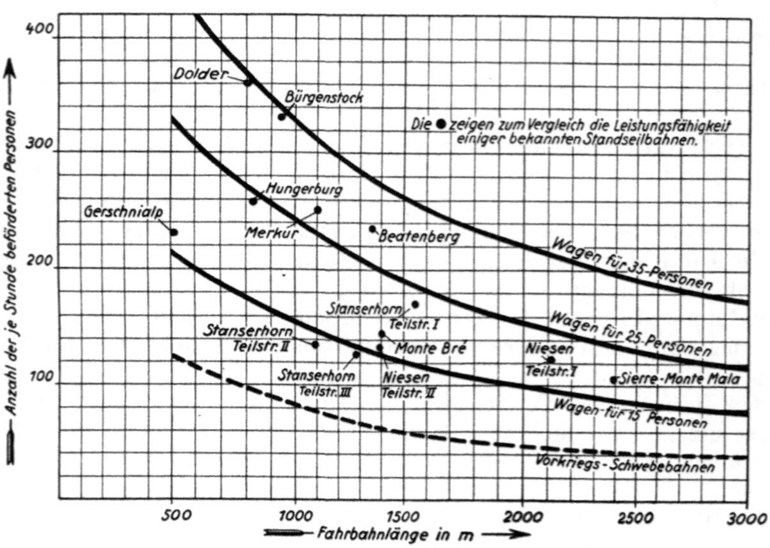

Abb. 204. Leistungsfähigkeit von Seilschwebebahnen.

einfachen Geländeverhältnissen wird der Kostenunterschied bedeutend geringer sein.

[1] Bei einem Zugseilriß auf der Oropa-Bahn mußten die Passagiere aus dem am Tragseil festgebremsten Wagen abgeseilt werden (Corriere della Sera 1929).

Die Kosten der Kohlererbahn haben 1913 bei einer Länge von 1650 m und einem überwundenen Höhenunterschied von 834,43 m rd. 510000 Mark betragen oder 309000 M./km.

Die Lana-Vigiljochbahn kostete 1912 bei 2202 m Länge und 520 + 633 = 1153 m Höhenunterschied mit einer Zwischenstation 560000 Mark oder 255000 M./km. Von den nach dem Kriege erbauten Bahnen kosteten z. B. die Pfänderbahn bei 2070 m Länge und 606 m Höhenunterschied 885000 RM oder 425000 RM/km, die Raxbahn bei 2145 m Länge und 1015 m Höhenunterschied 2190000 RM oder 1020000 RM/km.

Allgemeine Angaben über Baukosten lassen sich bei Seilschwebebahnen nicht machen, da jede Anlage ihre Besonderheit hat, die bestimmend auf die Kosten einwirkt.

Die Betriebskosten der Seilschwebebahnen sind bei dem geringen Kraftbedarf und den wenigen der Wartung und Unterhaltung bedürftigen Teilen nicht hoch — viel niedriger als bei allen anderen Bahnen (man kann unter günstigen Verhältnissen mit einem Betriebskoeffizienten von etwa 25% rechnen). Allerdings ist auch die Leistungsfähigkeit dieser Bahnen entsprechend dem geringen Fassungsraum der Wagen (im Maximum 35 Personen) nicht sehr bedeutend. In Abb. 204 sind Kurven der Leistungsfähigkeit solcher Bahnen zusammengestellt, wobei für die modernen Bahnen mit einer Fahrgeschwindigkeit von 4,5 bis 5 m/sec, bei den Vorkriegsbahnen von etwa 2 m/sec gerechnet wird. Diese Geschwindigkeiten sind in der Hauptsache durch die Vorschrift, den Wagen fangen zu können, bedingt; wird von dieser Forderung abgesehen, so könnte die Geschwindigkeit vielleicht bis zu 10 m/sec gesteigert werden. Die geringe Leistungsfähigkeit, besonders bei größerer Länge, ist die Ursache, daß in der letzten Zeit an der Einführung des Umlaufbetriebes für Personenbeförderung eifrig gearbeitet wird.

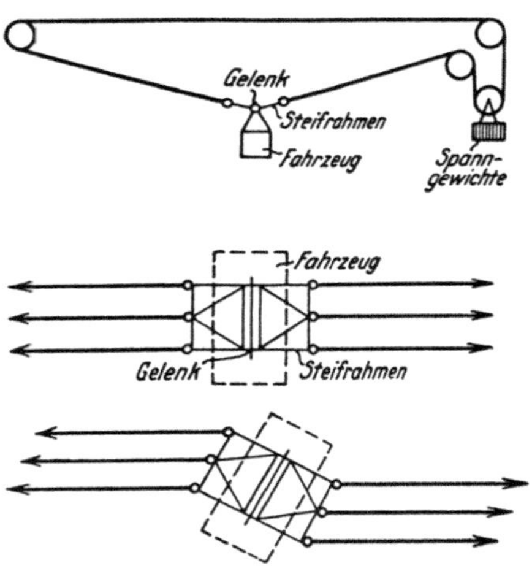

Abb. 205. Schwebelift von Petersen (Bautechnik).

Besondere Bauweisen.

1. Eine interessante Sonderkonstruktion ist das von Petersen-Danzig vorgeschlagene „Schwebelift", das eine Einseilbahn mit einem gelenkig ins Seil eingehängten Fahrzeug darstellt (Abb. 205). Infolge der gelenkigen Aufhängung treten hier keine Biegungsspannungen auf und es können daher verhältnismäßig viel größere Einzellasten befördert werden als bei den anderen Seilbahnen (etwa das 10fache). Größere Anlagen dieses Systems verlangen eine sehr umfangreiche maschinelle Ausrüstung. Gebaut ist das Schwebelift noch nicht, doch liegen mehrere Entwürfe vor.

2. Zum Schluß möge noch die nur einmal — in Loschwitz — angewandte Hängebahn Langenscher Bauart[1], die 1901 eröffnet wurde, erwähnt werden. Hier ist das Tragseil durch einen festen Träger ersetzt. — Es ist ein Zugseil vorhanden. Die maschinellen Einrichtungen und Sicherheitsvorkehrungen entsprechen den bei Standseilbahnen üblichen.

[1] S. Handb. d. Ing.-W. Teil V, Bd. 8 u. Glasers Ann. 1906, Bd. 59.

Anhang I.

Provisorische Vorschriften[1] für den Bau von Luftseilbahnen, die für Personentransport konzessioniert sind.

Artikel 1.

Vorlagen und Proben.

1. Der Konzessionär einer Luftseilbahn für den regelmäßigen Personentransport hat dem eidgen. Eisenbahndepartement rechtzeitig alle zu einer genauen Beurteilung der geplanten Anlagen und Einrichtungen nötigen Zusammenstellungszeichnungen und Detailpläne, Angaben über die Gewichte der Wagen, Seile, Abspannungen usw. und über die zu verwendenden Materialien, sowie den rechnerischen Nachweis der vorschriftsgemäßen Festigkeit aller Teile zur Genehmigung einzureichen und zwar in der Regel in wenigstens 3 Exemplaren, die mit Datum und Unterschrift zu versehen sind.

2. Mit dem Bau der Bahn darf erst begonnen werden, wenn diese Vorlagen genehmigt sind.

3. Sobald wie möglich sind dem Eisenbahndepartement auch die nötigen Qualitätsausweise für die zum Bau der Bahn verwendeten Materialien in Form von Originalattesten der eidgen. Materialprüfungsanstalt in Zürich einzureichen. Atteste über Prüfungen im Ausland sind durch Kontrollproben der eidgen. Materialprüfungsanstalt zu ergänzen.

4. Das Eisenbahndepartement behält sich vor, sich in besonderen Fällen das Funktionieren wichtiger Organe an Probeausführungen nachweisen zu lassen.

Artikel 2.

Fahrbahn.

1. Die Fahrbahn soll aus mindestens 2 Tragseilen bestehen, deren gegenseitige Lage derart sein muß, daß im Falle des Bruches eines Seiles ein Entgleisen und Hinunterstürzen der Fahrzeuge nicht möglich ist.

2. Bei betriebsmäßiger Beanspruchung durch Eigen- und Spanngewicht sollen die Tragseile bis zum Moment des Ablegens mindestens noch eine 5fache Sicherheit aufweisen. Wirkt die Wagenbremse auf diese Seile, so soll deren Sicherheit bei der größten Bremswirkung mindestens noch eine 4,5fache sein.

3. Muß im Falle des Bruches eines Tragseiles die Spannung der intakt gebliebenen Seile durch eine teilweise Spanngewichtsübertragung vergrößert werden, so darf dabei die Sicherheit der verbleibenden Seile auf reinen Zug nicht unter 4,5 sinken.

4. Als Tragseile werden nur verschlossene Spiralseile und Litzenseile ohne Hanfseele zugelassen.

Artikel 3.

Zug-, Brems- und andere Seile.

1. Für die Bremsseile wird nur die gleiche Bauart zugelassen wie für Tragseile, die Zugseile dagegen können als normale Litzenseile ausgebildet sein.

2. Die Bremsseile sind mit den für den Betrieb vorgesehenen Bremsbacken und einem, den größten beim Bremsen vorkommenden um 30% übersteigenden Druck Quetschproben und nachher einer Zerreißprobe zu unterwerfen. Sie sollen nach der Quetschprobe mindestens noch eine 5fache Sicherheit gegenüber der beim Bremsen auftretenden größten Gesamt-Zugbeanspruchung aufweisen.

3. Sofern die Kabinen nicht an allen Stellen der Bahn vom Boden aus ohne besondere Hilfsmittel leicht zugänglich sind, sollen 2 Zugseile oder 1 Zug- und 1 Notseil vorgesehen werden. Wenn Steigungen und Gefälle sich ablösen, oder wenn das Bahnprofil dies erfordert, sind die Zugseile durch Ballastseile zu ergänzen, die gespannt werden und die Festlegung des Durchhanges der Zugseile gestatten.

4. Die Zug-, Ballast-, Brems- und Notseile müssen am Laufwerk derart angreifen, daß durch ihre Einwirkung keine einseitigen Radentlastungen entstehen können.

Artikel 4.

Bestimmungen für alle Seile.

Sämtliche Seile, also auch die Tragseile, unterliegen im übrigen den Bestimmungen der jeweils gültigen Kabelverordnung und den weiteren seitens des Eisenbahndepartements erlassenen Vorschriften. Sie sollen aus einem Stück bestehen. Es ist also nicht zulässig, einzelne Stücke mittelst Muffen zur Herstellung eines ganzen Seiles zu verbinden.

---

[1] Schweizer Vorschriften.

Ist die Ausführung in einem Stück bei den Tragseilen nicht möglich, so sind Zwischenabspannungen mit gesicherter Verankerung des unteren und ebenfalls gesicherter neuer Abspannung des oberen Seiles vorzusehen oder es sind die beiden Seilenden an geeigneten, längsbeweglichen, auf festen Stützen geführten Zwischenstücken zu befestigen. Letztere Anordnung muß derart beschaffen sein, daß eine vollkommene Übertragung der Seilspannung sowie der Bewegung der Seile infolge Längung gewährleistet ist.

Artikel 5.

Spannvorrichtungen.

1. Tragseil-Spannvorrichtungen müssen stets vorhanden und derart angeordnet sein, daß im Falle des Bruches eines Tragseiles selbsttätig eine stärkere Anspannung der intakt gebliebenen Seile in dem Maße erfolgt, daß deren Durchhang keine nennenswerte Veränderung erleidet.

Wenn nur ganz geringe Durchhangveränderungen möglich sind und diese ohne irgendwelchen Nachteil gestattet werden können, so kann das Eisenbahndepartement Abweichungen von der obigen Bestimmung zulassen.

2. Die Spanngewichte müssen sich entsprechend dem größten Unterschied im Durchhang der Tragseile frei auf und ab bewegen können.

Artikel 6.

Zwischenunterstützungen.

1. Für den Bau der Zwischenunterstützungen gelten sinngemäß die Bestimmungen der eidgen. Brückenverordnung bzw. der Verordnung betreffend Eisenbetonbauten der der Aufsicht des Bundes unterstellten Transportanstalten. Holzkonstruktionen sind nicht zulässig. Die Auflagerung der Tragseile muß derart konstruiert sein, daß eine Entgleisungsgefahr für die Fahrzeuge ausgeschlossen ist. Sie muß ferner einen der Seilkonstruktion entsprechend großen Radius haben und den Ausgleich der Seilspannung und die Übertragung der Längsbewegung der Seile frei gestatten, wenn nötig unter Anwendung von Rollen.

2. Für die Zugseile ist eine Rollenführung vorzusehen.

3. Lage und Höhe der Zwischenunterstützungen sollen den Geländeverhältnissen und dem größten Seildurchhang entsprechen.

Dabei ist zu beachten, daß auch im ungünstigsten Falle zwischen der Unterkante der Kabinen bzw. der Seile und dem überfahrenen Terrain oder allfälligen Hindernissen (worunter gegebenenfalls auch die mögliche Schneehöhe zu zählen ist), ein Abstand von 1,5 m nicht unterschritten wird. An allen Stellen, wo dieser Abstand weniger als 5 m beträgt, muß das überfahrene Terrain auf eine, das vorgeschriebene Lichtraumprofil der Bahn um 2 m übersteigende Breite durch eine sichere Einzäunung gegen jedes unbefugte Betreten geschützt werden.

Die Höhenlage der Stützen ist im übrigen auch derart zu bemessen, daß ein Abheben der Tragseile unter allen Umständen ausgeschlossen ist.

4. Eiserne Zwischenunterstützungen sind in den gemauerten oder betonierten Sockeln bzw. im Felsboden gehörig zu verankern und zu erden, sie sollen derart gebaut sein, daß ein Besteigen durch Unberufene ohne besondere Hilfsmittel nicht möglich ist.

5. Die Stützen sind fortlaufend zu numerieren.

Artikel 7.

Laufwerk und Kabine.

1. Die Aufhängung muß derart ausgebildet sein, daß sich die Kabine stets und bei jeder Neigung der Fahrbahn vertikal einstellt. Kommt beim Bruch eines Tragseiles die Kabine quer zur Fahrbahn zum Pendeln, so dürfen sich für keine Teile der Aufhängung unzulässig hohe Beanspruchungen ergeben. In einem solchen Falle soll auch kein Entgleisen oder Herunterfallen des Fahrzeuges und keine Mehrbelastung desselben durch abgerissene Seilstücke möglich sein.

2. Das Gehänge soll die Tragseile derart umfassen, daß im Falle einer Entgleisung des Laufwerkes ein Abstürzen des Fahrzeuges ausgeschlossen ist. Das Gehänge muß auch derart durchgebildet sein, daß im Falle des Bruches eines Tragseiles nur eine derart geringe Neigung des Laufwerkes eintritt, daß auch das Befahren der Zwischenunterstützungen immer noch einwandfrei möglich ist. Starke Längspendelungen der Kabinen sind durch geeignete Maßnahmen zu verhüten.

3. Die Last soll gleichmäßig auf alle Laufrollen verteilt sein und es muß die Zahl der Rollen so groß gewählt werden, daß der größte auftretende Rollendruck nicht mehr als $^1/_{80}$ der kleinsten betriebsmäßigen Spannung eines Tragseiles beträgt.

4. Das Laufwerk ist in der Regel mit einer bei Bruch eines Zugseiles selbsttätig wirkenden Bremse auszurüsten, die auch vom Wagenführer ausgelöst werden kann. Diese kann auf die Tragseile direkt oder auf ein besonderes Bremsseil wirken. Ihre automatische Betätigung soll durch gespannte Federn erfolgen und es soll ihre Rückstellung vom Wagen

aus rasch und leicht möglich sein. Sofern eine solche Wagenbremse infolge besonderer Umstände entbehrlich ist, kann das Eisenbahndepartement auf die Forderung ihrer Anbringung verzichten.

5. Die Kabinen sind mit Telephon und Signaleinrichtung auszurüsten.

6. Wenn Nachtbetrieb vorgesehen ist, sind die Fahrzeuge mit Scheinwerfern auszurüsten, mittelst deren die Zwischenstützen sich auf eine genügende Entfernung derart beleuchten lassen, daß Unregelmäßigkeiten von den Wagenführern rechtzeitig erkannt werden können.

Artikel 8.

Brems- und Sicherheitseinrichtungen und Bau der Stationen.

1. Die ortsfesten Antriebsstationen sind mit sämtlichen Bremsmitteln und Apparaten auszurüsten, die für Standseilbahnen vorgeschrieben sind. Außerdem ist eine selbsttätig wirkende Bremse vorzusehen, welche ausgelöst wird bei:

a) Zugseilbruch,

b) übermäßiger Zunahme der Zugseilspannung,

c) Stromunterbruch (bei elektrischem Antrieb).

2. Beim Versagen des mechanischen Antriebes soll eine Weiterbeförderung der Fahrzeuge mittelst eines Reservemotors mit unabhängiger Kraftquelle und auch durch Handkurbelantrieb möglich sein.

3. Die Stationen sollen durch das Telephon auch mit den Führern der Fahrzeuge in Verbindung treten können.

4. Der Standort des Maschinisten ist derart anzuordnen, daß dieser die Strecke möglichst gut überblicken und dabei alle im Betriebe nötigen Manipulationen vornehmen kann, ohne sich umwenden zu müssen.

5. Die Kabinen sollen in den Stationen derart geführt oder gehalten sein, daß sie beim Ein- und Aussteigen der Reisenden nicht ins Schwanken kommen.

6. Beim Bau der Gebäude ist besonders auf die möglichste Verhütung jedweder Feuersgefahr Bedacht zu nehmen. Die Eisen- und Betonkonstruktionen sind gemäß den Bestimmungen der eidgen. Brückenverordnung bzw. der Verordnung betr. Eisenbetonbauten der der Aufsicht des Bundes unterstellten Transportanstalten zu erstellen.

Artikel 9.

Allgemeines.

1. Bei der Durchbildung sämtlicher Teile einer Anlage ist den örtlichen Windverhältnissen angemessen Rechnung zu tragen.

2. Für den Fall eines Stillstandes der Bahn und Verbleibens der Fahrzeuge auf der Strecke ist ein geeignetes Mittel zur Bergung der Passagiere vorzusehen.

3. Über Eisenbahnen, wichtigen Straßen und menschlichen Wohnungen sind, wenn nötig, Schutzbrücken anzubringen.

4. Bezüglich ihrer elektrischen Einrichtungen sowie der Parallelführungen und Kreuzungen elektrischer Leitungen mit der Bahn sind die Bestimmungen betreffend Erstellung und Instandhaltung der elektrischen Einrichtungen elektrischer Bahnen maßgebend.

5. Sofern längs der Bahntrasse kein gangbarer Fußweg vorhanden ist, muß, soweit nötig, für genügende Zugangsmöglichkeit gesorgt werden.

6. Die zulässige Fahrgeschwindigkeit wird vom Eisenbahndepartement in jedem einzelnen Fall auf Grund der vorgenommenen Projektprüfung oder der durchgeführten Proben festgesetzt.

Bern, den 10. Juni 1926.

Anhang II.

Technische Vorschriften[1] für Seilbahnen des öffentlichen Verkehrs zur Personenbeförderung.

Teil I.

Anweisungen für Entwurf und Bau.

Kapitel I.

Die Seile.

§ 1.

Art und Zusammensetzung der Seile.

a) Tragseil.

Die Tragseile müssen aus Stahldraht bestehen und verschlossener oder halbverschlossener Bauart oder Litzenseile (Kreuzschlag) ohne Hanfseele sein. Spiralseile sind ausgeschlossen.

[1] Italienische Vorschriften.

b) Zugseile, Gegenseile, Hilfs- oder Bremsseile und Spannseile.

Diese sind biegsame Seile mit Hanfseele.

§ 2.

Der Baustoff der Seile.

a) Die Drähte, welche das Seil bilden, müssen aus Tiegelguß-Stahl von bester Qualität bestehen. Entsprechend ihrem Durchmesser müssen sie einen Zerreißwiderstand und eine Bruchdehnung aufweisen, sowie eine Zahl von Dreh- und Biegeproben aushalten, wie im folgenden Teil II vorgeschrieben. Für die Formdrähte werden die Dreh- und Biegeproben nicht durchgeführt.

b) Die Drähte sollen im allgemeinen nicht gelötet werden. Lötungen sind nur zugelassen in Seilen, deren Länge so groß ist, daß die Drähte aus Gußstahlblöcken vom üblichen Gewicht nicht mehr gezogen werden können (dieses Gewicht soll für Drähte mit einem Durchmesser nicht kleiner als 3 mm nicht unter 50 kg betragen und für Drähte von geringerem Durchmesser nicht unter 30 kg). Ist diese Notwendigkeit festgestellt, so müssen die Lötstellen sowohl in der Litze wie im Seil einen Abstand von mindestens 5 Windungen des Drahtes in der Litze voneinander haben.

§ 3.

Spannung der Seile.

In jedem Fall muß die Spannung der einzelnen Seile durch frei hängende Gegengewichte bewirkt werden.

§ 4.

Seilverbindungen und Befestigungen.

a) Kupplungen des Tragseiles auf der Strecke sind unbedingt verboten. Wo die Länge der zu erbauenden Seilbahn größer ist als die höchste praktisch erzielbare Länge dieser Seile, sind Zwischenstationen zur Verankerung oder Spannung der Seile anzuordnen.

b) Alle Seilbefestigungen sind als Verguß-Kupplungen auszubilden, die unter sorgfältiger Beobachtung der in Kapitel VI der vorliegenden Vorschriften enthaltenen Anweisungen herzustellen sind. Bei dieser Arbeit haben der technische Direktor des Unternehmens sowie ein Beauftragter der Regierung anwesend zu sein und über den Vorgang ein Protokoll aufzunehmen und zu unterzeichnen.

c) Die Befestigung der Spannseile an den Tragseilen in den Spannstationen erfolgt durch zwei Verguß-Kupplungen in einer doppelten Muffe.

d) Die Verankerung der Tragseile soll gleichfalls durch Verguß-Kupplung und Muffe erfolgen. Wird beabsichtigt, das Tragseil zwecks besserer Erhaltung der Seile über die Seilschuhe auf den Pfeilern auszulassen, so kann eine andere Anordnung gewählt werden, die von Fall zu Fall genehmigt werden muß.

§ 5.

Nachprüfung der Sicherheit der Trag- und Zugseile.

a) Für die Berechnung der zusammengesetzten Beanspruchung aus Zug und Biegung werden folgende Formeln angewandt:

Tragseil:

$$\sigma = \sigma_t + \sigma_f = \frac{T}{F} + V\sqrt{\frac{0{,}50\,E}{TF}}\,, \tag{1}$$

worin σ die maximale Gesamtbeanspruchung, σ_t die Zugbeanspruchung, σ_f die Biegungsbeanspruchung, T die maximale Zugkraft unter Berücksichtigung der Reibung, F der Querschnitt der Seile = der Summe der rechtwinkligen Querschnitte der Drähte, V die Komponente der Radlast (einschließlich der Belastung durch die anderen Seile) senkrecht zum Tragseil, E die Elastizitätszahl des Materials sind.

Zugseil:

$$\sigma = \sigma_t + \sigma_f = \frac{T}{F} + \frac{3}{8}\,E\,\frac{\delta}{D}\,, \tag{2}$$

worin außer den vorherigen Bezeichnungen bedeuten: δ den Durchmesser des Drahtes; D den kleinsten Durchmesser der Seilscheibe. Das Verhältnis $D:\delta$ darf nicht kleiner sein als 1000.

b) Die Zusatzspannungen infolge der Bremsung des Fahrzeuges sowie des Antriebs sind ohne einen Zuschlag für die dynamische Beanspruchung zu den oben berechneten Beanspruchungen der Trag- wie der Zugseile hinzuzufügen.

c) Für neue Seile soll der Sicherheitsgrad, d. h. das Verhältnis zwischen mittlerer Bruchbeanspruchung der Drähte und der höchsten, wie oben berechneten, zusammengesetzten Beanspruchung des Seiles betragen:

1. nicht weniger als 3,5 für das Tragseil, Telephonseil und Hilfsseil,
2. nicht weniger als 5 für die Zugseile und alle anderen Seile einschl. der Spannseile.

Die Leitrollen für die Zug- und Gegenseile müssen einen Durchmesser von mindestens dem 300fachen des Drahtdurchmessers haben und sind auf jeder Stütze in solcher Art und Zahl anzubringen, daß bei keiner Rolle der Ablenkungswinkel des Seiles den Wert von 5^0 übersteigt.

d) Die Seile nach c Nr. 1 können solange verwendet werden, als der Sicherheitsgrad nicht unter 3 sinkt, die Seile nach c Nr. 2 solange, bis der Sicherheitsgrad nicht unter 4,5 sinkt. Der Sicherheitsgrad der Seile wird nach den Formeln (1) und (2) berechnet, wobei der ursprüngliche Querschnitt der Seile um den doppelten Querschnitt der Drähte vermindert wird, die auf einer Seillänge von nicht über 4 Schraubenwindungen des Drahtes in der Litze gebrochen sind.

e) Bei der Montage dürfen die Seile keine größere Beanspruchung erhalten als das Doppelte der für den Betrieb zugelassenen.

§ 6.

Nachprüfung der Sicherheit gegen Gleiten des Zugseiles auf der Antriebsscheibe.

Es muß sich ergeben:

$$\frac{T}{t} < e^{f\alpha},$$

wo $\frac{T}{t}$ das größte Verhältnis der Zugkraft im ziehenden Seil zur Zugkraft im gezogenen Seil unter den ungünstigsten Verhältnissen ist; e die Basis der natürlichen Logarithmen; $f = 0{,}10$ (es wird angenommen, daß die Rille mit Holz oder Leder gefüttert ist); α der Umschlingungswinkel des Zugseils um die Antriebsscheibe.

Kapitel II.

Zentrale Sicherungsanlagen.

§ 1.

Hilfseile.

Die Drahtseilanlagen müssen außer dem Trag- und dem Zugseil über ein Reserveseil verfügen, welches beim Bruch des Zugseils zum schnellen und sicheren Einbringen des Wagens in die Station dient. Ist ein zweites Zugseil vorhanden, so tritt es an Stelle des Hilfseiles.

§ 2.

Abstand vom Boden und von festen Gegenständen.

a) Die Höhe und Verteilung der Stützen sind in der Weise zu wählen, daß ein Mindestabstand von 5 m über dem Boden und von jedem Hindernis für den Durchhang des Zug- und Gegenseils (nach der Kettenlinie) gesichert ist, desgleichen für den tiefsten Punkt des fahrenden Wagens; außerdem sind die Höhenabstände unter Rücksichtnahme auf das Überschreiten von öffentlichen Straßen, Geländen und Wasserläufen festzusetzen.

b) Wenn die oben genannten Höhenabstände geringer werden sollten als 5 m, in keinem Fall aber geringer als 1,50 m, ist das darunterliegende Gelände zu enteignen und entsprechend einzuzäunen.

c) Der oben genannte Mindestabstand bezieht sich nicht auf die eigenen Anlagen der Drahtseilbahn.

d) In keinem Fall, auch nicht beim stärksten Wind, bei welchem der Betrieb noch zugelassen ist, darf der Mindestabstand zwischen den Wagen und den festen Teilen der bahneigenen Anlagen unter 0,80 m betragen. Ein geringerer Abstand bis zu einer Grenze von 0,30 m kann von Fall zu Fall genehmigt werden, wobei die Anwendung von geeigneten Sicherheitsvorrichtungen vorausgesetzt wird.

§ 3.

Signal-Einrichtungen.

a) Die Stationen sind durch ein Diensttelephon miteinander zu verbinden.

b) Es ist eine zweckentsprechende Einrichtung zu treffen, um die Abgabe von Signalen vom fahrenden Wagen zur Antriebsstation zu ermöglichen.

c) Apparate, welche die Windgeschwindigkeit anzeigen, sind in geeigneter Lage anzubringen und zwar so, daß die Anzeige am Stand des Maschinisten sichtbar ist, damit der Betrieb eingestellt werden kann, wenn die Windgeschwindigkeit die Höchstgrenze erreicht, die für die Anlage genehmigt ist.

§ 4.

Kreuzung von öffentlichen Straßen usw.

Bei den Kreuzungen von öffentlichen Straßen sind Sicherheitsvorrichtungen zu treffen, um die Passanten gegen etwa aus dem fahrenden Wagen herunterfallende Gegenstände zu schützen, falls nicht eine einfache Warnungstafel als ausreichend angesehen wird. Für die Kreuzung mit elektrischen Leitungen und Eisenbahnen sind geeignete Sicherheitsvorrichtungen zu treffen und die darauf bezüglichen Fragen von Fall zu Fall im Einvernehmen mit den zuständigen Behörden zu regeln.

Kapitel III.
Stützen.

§ 1.
Zwischenstützen.

Normalerweise sind Holzstützen nicht zugelassen. Für die metallischen Stützen sind besondere Sicherheitsvorrichtungen vorzusehen, welche eine Besteigung durch Unberufene verhindern.

Bei der statischen Berechnung der Stützen ist ein Winddruck von 120 kg für jeden qm ihrer ebenen Oberfläche senkrecht zur Windrichtung in Betracht zu ziehen, wobei der Sicherheitskoeffizient gegen Umkippen 1,5 betragen soll.

§ 2.
Seilschuhe.

Die Seilschuhe sollen eine genügende Länge haben bei einem Krümmungshalbmesser, der dem Durchmesser des Seils und der Drähte weitgehend angepaßt ist. Die Seilschuhe müssen im tragenden Teil aus weichem geschmiedetem, gewalztem oder gepreßtem Stahl bestehen. Ausgeschlossen sind Schuhe aus gegossenem Material.

§ 3.
Nachprüfung der Sicherheit der Seilauflage auf den Schuhen.

Um das Abheben der Tragseile von den Schuhen zu verhindern, muß das das Aufliegen bewirkende Moment mindestens das 1,5fache des Abhebemomentes betragen und zwar sowohl bei eingestelltem Betrieb und einem wagerechten Winddruck von 120 kg/m² sowie bei einem Winddruck von 20 kg/m² im Betrieb (für die Wagenstellung, die am ungünstigsten für die Auflagesicherheit des Seils auf dem Schuh ist).

Die dem Winddruck ausgesetzte Oberfläche des Seils wird zu $^6/_{10}$ der Schnittfläche angenommen.

Außerdem ist festzustellen, daß auf jedem Schuh der Minimalauflagedruck mindestens 1,5 mal so groß ist wie die mögliche Abhebekraft, die durch einen senkrecht nach oben wirkenden Winddruck von 50 kg/m² hervorgerufen werden würde.

Kapitel IV.
Wagen.

§ 1.
Konstruktion.

Die Wagen sind so zu entwerfen, daß das Leergewicht möglichst klein ist. Die Berechnungen der tragenden Teile des Wagens und des Laufwerks sind unter Berücksichtigung aller Nebenspannungen durchzuführen, wobei folgende Sicherheitsgrade anzunehmen sind: für den üblichen Baustoff einen Sicherheitsgrad von nicht unter 6 gegenüber der Bruchlast und für Sonderbaustoffe, für die von dem Erzeuger Garantie geleistet wird und die vorher Kontrollprüfungen unterworfen werden, ein Sicherheitsgrad von 4, vorausgesetzt, daß die Belastung, bei welcher Ermüdungserscheinungen auftreten, der Bruchlast sehr nahe kommt.

Der von jedem Rad auf das Tragseil ausgeübte Druck darf 500 kg nicht übersteigen.

§ 2.
Bremsen.

Jeder Wagen muß mit einer automatisch wirkenden Bremse für den Fall eines Zug- oder Gegenseilbruches versehen sein, die auch vom Wagenführer betätigt werden kann. Eine derartige Bremse kann auch auf das Tragseil wirken. Die Bremsbacken sind mit Weichmetall auszukleiden.

Kapitel V.
Stationen.

§ 1.
Antriebsstation.

Die Antriebsstation muß mit einem Reservemotor versehen sein, welcher von der gewöhnlichen Kraftquelle unabhängig ist, damit auf jeden Fall eine begonnene Fahrt zu Ende geführt werden kann. Für Besichtigungsfahrten muß mit verminderter Geschwindigkeit gefahren werden können.

Außerdem müssen in der Antriebsstation folgende Vorrichtungen vorhanden sein:

a) ein Geschwindigkeitsanzeiger,

b) eine Vorrichtung zum automatischen Anhalten des Antriebs im Falle einer Geschwindigkeitsüberschreitung;

c) ein Teufenzeiger,

d) eine Vorrichtung zum automatischen Anhalten des Wagens am Ende seiner Fahrt,

e) eine von der Hand des Maschinisten zu bedienende Bremse;

f) eine Vorrichtung, die die Bremsung im Falle einer Überschreitung der zulässigen Zugkraft bewirkt; diese Vorrichtung ist nur dann entbehrlich, wenn der Antrieb elektrisch erfolgt. Erfolgt der Antrieb normalerweise elektrisch, so muß er außerdem noch versehen sein mit:

g) einem entsprechend geeichten Maximalunterbrecher und

h) einer automatischen Bremse, welche bei Ausbleiben des Stromes einfällt.

§ 2.

Spannstation.

Die Spanngewichte der Tragseile und der anderen Seile müssen in Schächten hängen, die genügend tief sind, um die größten Seilbewegungen zu ermöglichen, welche aus den verschiedenen Gründen unter den ungünstigsten Voraussetzungen entstehen können. Diese Schächte müssen trocken und aus Mauerwerk errichtet sein. Bei den Umlenkscheiben der Seile sind die Reibungsverluste auf den Schlitten und auf den Achsschenkeln auf ein Minimum zu reduzieren, weswegen Kugel- oder Rollenlager zu verwenden sind. Die Umlenkscheiben der Spannseile des Tragseils sind unter Ausschluß von Gußteilen herzustellen. Die Gegengewichte müssen aus festem Material bestehen und zwar aus solchem, dessen Beschädigung man nicht zu befürchten braucht (Betonblöcke in Käfigen oder in Pfeilerform, welche in üblicher Weise mit dem Spannseil verbunden werden); sie müssen außerdem in jedem ihrer Teile leicht zu besichtigen sein.

Kapitel VI.

Anweisung für die Ausführung der Vergußkupplungen.

Das Seil wird in die Muffe eingeführt, darauf wird in einem Abstand vom Seilende gleich der Länge des vergossenen Kopfes + rd. 5 cm das Seil durch geglühten Draht fest abgebunden und zwar in einer genügenden Länge, um ein Losdrehen des Seils zu verhindern; darauf wird das Seil von seinem Ende bis zur Umwicklung zu einem Büschel auseinandergedreht. Sind Hanfseelen vorhanden, so werden sie sorgfältig an der Umwicklungsstelle abgeschnitten, darauf werden die Drähte, soweit ihre Länge die Länge der Vergußkupplung übersteigt, hakenförmig zurückgebogen. Darauf wird das Drahtbüschel senkrecht in eine warme Sodalösung eingetaucht, um es vollkommen zu entfetten, darauf wird es gleichfalls senkrecht bis an die Umschnürung in ein Bad eingetaucht, das wie folgt zusammengesetzt ist:

Eine bestimmte Menge Chlorwasserstoffsäure (Salzsäure) wird mit einer solchen Menge Zink in Reaktion gesetzt, daß, nachdem die heftige Reaktion (Wasserstoffentwicklung) nachgelassen hat, noch etwas ungelöstes Metall zurückbleibt; nachdem man dieses entfernt hat, fügt man zur so erhaltenen Lösung ein Viertel der ursprünglich aufgewandten Salzsäuremenge.

Nach der Behandlung mit abgestumpfter Salzsäure wird das Drahtbüschel in ein Bad von geschmolzenem Zinn getaucht; hierauf, nachdem man es geschüttelt und überschüssiges Zinn entfernt hat, bringt man die Muffe in die endgültige Stellung und vergießt sie mit antimonhaltigem Blei (Blei 86%, Antimon 14%), um die Vergußkupplung herzustellen.

Teil II.

Verfahren und Anweisung für die Prüfung der Seile.

Kapitel I.

Entnahme der Seilproben.

Von den Enden des Seils werden zwei Stücke von je 1,10 m abgeschnitten.

Eine der entnommenen Proben dient zur Prüfung der Drähte, die andere zur Prüfung des Seils als Ganzes.

Kapitel II.

Prüfung der Drähte.

§ 1.

Zur Ermittlung der Widerstandsfähigkeit, der Gleichmäßigkeit und der Dehnbarkeit des Materials dient das erste Probestück.

Die Prüfungen bestehen aus der Zerreißprobe (mit Feststellung der prozentualen Bruchdehnung), der Dreh- und der Biegeprobe.

§ 2.

Man trennt die verschiedenen Litzen und alle Drähte der Litzen voneinander, wobei man beachtet, daß die zu einer Litze gehörigen Drahtgruppen gesondert bleiben.

Die Drähte werden hierauf auf einem Hartholzklotz mit einem Kupferhammer gerade geklopft und von einem jeden werden 50 cm zur Zerreißprobe und weitere 30 cm zur Drehprobe abgeschnitten; der Rest wird zur Biegeprobe verwendet.

§ 3.

Zerreißproben.

Sie werden mit allen Drähten des Seils ausgeführt. Jedes der 50 cm langen Probestücke wird einer allmählich ansteigenden Spannung unterworfen, wobei die gesamte Bruchbelastung und die gleichzeitige Bruchdehnung auf dem ganzen 30 cm langen, freien Drahtstück zwischen den Einspannvorrichtungen festgestellt wird.

Man zieht hierauf das Mittel aus den Bruchbeanspruchungen aller Drähte und den dazu gehörigen Bruchdehnungen.

Man berechnet außerdem die verschiedenen Mittel der Bruchbeanspruchung für die Drähte aus jeder Litze.

Der Durchschnitt aller Mittel wird der Berechnung der Abnahmebelastung des Seils zugrunde gelegt, worüber Näheres im nächsten Paragraphen.

Das Material der Drähte wird als nicht annehmbar erklärt bezüglich der Zerreißlast:

1. wenn die Werte für die einzelnen Drähte um mehr als 10% vom obengenannten Gesamtmittel abweichen. Für nicht mehr als 5% der Drähte wird jedoch eine größere Streuung zugelassen;

2. wenn die Mittelwerte für die Drähte einer Litze mehr als um 5% vom Gesamtmittel abweichen;

bezüglich der Dehnungen:

1. wenn die Einzelwerte nicht das in der Tabelle A vorgeschriebene Mindestmaß erreichen, wobei jedoch zugestanden wird, daß 5% der Drähte die genannte Grenze nicht erreichen;

2. wenn die Ergebnisse für die Einzeldrähte mehr als 25% vom Gesamtmittel der Dehnungen abweichen; für 5% der Drähte wird jedoch eine größere Abweichung zugelassen.

Bei Seilen, die aus Drähten verschiedenen Durchmessers zusammengesetzt sind, beziehen sich die oben genannten Bedingungen auf Gruppen von Drähten gleichen Durchmessers.

§ 4.

Dreh- und Biegeproben. — Diese Prüfungen werden mit 3 Drähten aus jeder Litze vorgenommen und mit nicht weniger als der Hälfte aller Drähte. Jedes der drei 30 cm langen Probestücke, welche auf einer freien Länge von 20 cm auf Drehung beansprucht werden, soll auf der ganzen Länge eine gleichmäßige, bis zum Bruch wachsende Verdrehung aufweisen; ein Bruch darf nicht bei einer geringeren Anzahl Umdrehungen als sie in genannter Tabelle angegeben ist, eintreten.

Jedes der 3 übrigen Probestücke soll ohne zu brechen Biegungen aushalten, deren Art und Zahl in der Tabelle aufgeführt sind. Die Drähte werden in Schraubstöcke mit abgerundeten Backen eingespannt. Für Drähte von weniger als 1 mm Durchmesser sollen die Backen der Schraubstöcke einen Halbmesser von 2,5 mm haben, für größere Durchmesser einen Halbmesser von 5 mm. Die Biegeprobe soll in der Weise durchgeführt werden, daß sich der Draht den Backen des Schraubstockes anschmiegt, wenn er abwechselnd auf die eine und die andere Seite aus seiner natürlichen Lage abgebogen wird. Wenn der Draht von letzterer ausgehend, um 90° durchgebogen und wieder in die Gerade zurückgebracht wird, so sagt man, er habe eine Biegung erlitten.

Um bei Drähten sehr kleinen Durchmessers (unter 2 mm) ein glattes Anschmiegen an die gewollte Form zu erzielen, muß man sie einem leichten Zuge unterwerfen.

Sowohl bei der einen wie bei der anderen der obengenannten Prüfungen wird zugelassen werden, daß 5% der untersuchten Drähte die vorgeschriebenen Mindestwerte nicht erreichen. Sollte sich ein größerer Ausschuß ergeben, so wiederholt man die Versuche mit einer gleichen Anzahl von Probestücken; liegt dann immer noch ein das Zulässige überschreitender Ausschuß vor, so wird das Seil zurückgewiesen.

Kapitel III.

Belastungsprobe des Seils.

Das Probestück wird, je nach geringerem oder größerem Durchmesser, an den Enden mit Keilen oder mit Vergußkupplungen festgehalten. Das Probestück wird hierauf in der Prüfmaschine auf Zug beansprucht. Die Belastung soll langsam und ununterbrochen von

Null ansteigen: wenn ein Zehntel der Abnahmebelastung, die wie unten angegeben ermittelt wird, erreicht ist, beginnt man die Dehnung auf einer Länge von 50 cm zu messen; wenn die volle Abnahmebelastung erreicht ist, hält man die Belastung während der Dauer einer Minute konstant; hierauf wird die Belastung allmählich bis zum Zerreißen gesteigert, falls nicht schon die mittlere Dehnung der Drähte eingetreten ist, in welchem Falle die Probe als bestanden gilt.

Die Abnahmebelastung des Seils wird zu $^{85}/_{100}$ der Summe der Bruchbelastung aller Drähte festgesetzt.

Das Seil wird zurückgewiesen, wenn irgendeiner der folgenden Fälle vorliegt:

a) wenn der Durchmesser des Seils, welcher während der Zugprobe genau gemessen wird, und zwar bei einer Belastung von zwei Dritteln der Abnahmebelastung um 5% größer oder kleiner sein sollte, als dem normalen Durchmesser der Drähte entspricht;

b) wenn das Seil die Abnahmebelastung während der Dauer einer Minute nicht ohne einen Bruch außerhalb der Befestigungsstellen aushalten sollte;

c) wenn die Dehnung, falls nicht weniger als $^{2}/_{3}$ des metallischen Querschnitts außerhalb der Befestigungsstellen zerreißen sollten, sich geringer ergeben würde als die mittlere Dehnung der Drähte.

Falls eine Prüfung des Gesamtseils nicht möglich ist, kann der Belastungswiderstand aus der Summe der Widerstände der Litzen mit einem Abzug von 5% errechnet werden.

Tabelle A. Prüfungen der Stahldrähte für Drahtseile, welche für Seilbahnen des öffentlichen Verkehrs bestimmt sind.

Durchmesser des Drahtes	Prozentuale Mindestdehnung bei Belastung von kg/mm²		Drehung		Biegung um 90°	
			Mindestzahl der Umdrehungen	Gleichzeitiger Zug	Mindestzahl der Biegungen	Gleichzeitiger Zug
mm	160	180		kg		kg
unter 0,50	1	0,85	—	—	—	—
0,50	1,50	1,25	50	4	20	6
1	2	1,65	35	10	10	6
2	2,50	2,10	15	10	5	0
3	3	2,50	12	10	3	0

Anmerkung: Bei verschiedenen Werten für den Durchmesser und die Widerstandsfähigkeit wird die prozentuale Mindestdehnung durch lineare Inter- oder Extrapolation ermittelt; die Tabellenwerte bleiben jedoch für jeglichen Durchmesser unter 0,5 mm in jedem Falle gültig. Für Material mit einer größeren Widerstandsfähigkeit als 180 kg/mm² gelten die für letzteren Wert angegebenen Mindestdehnungen.

Teil III.

Personal. Periodische Besichtigungen und Prüfungen.

§ 1.

Der Betriebsleiter.

Jede zur Personenbeförderung im öffentlichen Verkehr bestimmte Seilbahn muß einen Betriebsleiter haben, welcher für die Erhaltung der Anlage in gutem Zustande und für ihre Betriebsfähigkeit, sowie für die Regelmäßigkeit und Sicherheit des Betriebs verantwortlich ist.

Der Betriebsleiter muß eine technisch gebildete Persönlichkeit von erwiesener Zuständigkeit und spezieller Befähigung sein. Die Ernennung des Leiters ist von der vorherigen Genehmigung des Ministeriums für öffentliche Arbeiten (General-Inspektion der Eisenbahnen, Straßenbahnen und Automobile) abhängig, welches die Ersetzung des Leiters jederzeit anordnen kann.

§ 2.

Die Beamten der Seilbahnen.

Die Beamten, welche zum Maschinendienst und als Begleitmannschaften für die Wagen eingestellt werden, sollen vorher durch die zuständige Inspektion zu ihrem Amte ausgebildet, auf ihre körperliche und moralische Eignung untersucht werden und diejenigen theoretischen und praktischen Prüfungen mit Erfolg bestehen, welche die Inspektion für notwendig erachtet.

§ 3.

Periodische Besichtigungen und Prüfungen.

Unter Verantwortlichkeit des Betriebsleiters sollen die folgenden periodischen Besichtigungen und Prüfungen vorgenommen werden:

a) Tägliche Besichtigungen und Prüfungen.

Jeden Tag, ehe die Maschinen in Bewegung gesetzt werden, muß der Vorsteher der Talstation die Spannvorrichtungen der Seile prüfen und den Stand der Gegengewichte vermerken. Zu diesem Zwecke soll die Wandung des Schachts, in welchem das Gegengewicht läuft, mit einer metrischen Teilung und das Gegengewicht mit einem entsprechenden Zeiger versehen sein. Die an der metrischen Teilung gemachten Ablesungen sollen vom Vorsteher der Talstation in ein Register, von welchem später noch die Rede sein wird, eingetragen und dem Maschinisten in der Bergstation fernmündlich mitgeteilt werden.

Der Maschinist muß alle Maschinenteile der Antriebsstation eingehend untersuchen und sich von der vollen Wirksamkeit aller ihm zur Verfügung stehenden Bremsen überzeugen.

Ebenso muß jeder Wagenführer die Seilbefestigungen prüfen und den Wagen in allen seinen Teilen aufmerksam besichtigen.

Vor Betriebsbeginn muß eine Leerfahrt durchgeführt werden, während welcher die Streckenbesichtigung vorgenommen wird. Zu diesem Zwecke nimmt der Wagenführer im Wagen oder auf dessen Dache Platz, jedenfalls in einer Lage, welche ihm das Verhalten aller Aufhänge- und Stützvorrichtungen, sowie seit der letzten Besichtigung eingetretene Schäden und Veränderungen wahrzunehmen gestattet.

Falls die Beleuchtung mangelhaft sein sollte, ist die zuständige Eisenbahnverwaltung ermächtigt, die Streckenbesichtigung auch zu einer anderen Tageszeit zu gestatten; Vorbedingung bleibt jedoch die Vornahme einer Leerfahrt vor Betriebsbeginn.

Das Ergebnis der täglichen Besichtigungen muß in ein entsprechendes Register eingetragen, von den Beamten, welche die Besichtigung vorgenommen haben, unterzeichnet und vom Betriebsleiter gegengezeichnet werden.

Wenn die Wagenführer oder der Maschinist eine Unregelmäßigkeit festgestellt haben, so muß diese nicht nur in das Register eingetragen, sondern sofort auch dem Betriebsleiter mitgeteilt werden.

b) Wöchentliche Besichtigungen.

Einmal in der Woche, bei Gelegenheit der obenbeschriebenen Prüfungen, soll eine besondere Besichtigung der Seilschuhe (Nachprüfung der ordnungsgemäßen Schmierung), der Seilbefestigungen usw. vorgenommen werden.

Bei dieser Gelegenheit sind folgende Versuche vorzunehmen:

Anhalten der laufenden Wagen bei Betätigung der Bremsen vom Wagen aus, sofern die Anlage über eine solche Vorrichtung verfügt; Versuche mit der selbstwirkenden Endabstellung; ebenso mit der selbsttätigen, auf das Tragseil oder Bremsseil wirkenden Bremse. Der letztere Versuch wird bei stillstehenden Wagen vorgenommen, wobei man zweckentsprechende Vorkehrungen trifft, damit das Seil nicht beschädigt wird. Das Ergebnis dieser Besichtigungen und Versuche wird in das obengenannte Register eingetragen.

c) Monatliche Besichtigungen und Prüfungen.

Einmal im Monat muß bei verminderter Fahrgeschwindigkeit eine sehr sorgfältige Untersuchung des Zustandes der Erhaltung der Seile vorgenommen werden, wobei alle Drahtbrüche ausfindig zu machen und zu vermerken sind.

Es soll auch eine eingehende Besichtigung der Verankerungen, der Gegengewichte und jeden Teiles der Anlage, sowie aller Bremsen vorgesehen werden. Die Prüfung der selbsttätigen, auf das Seil wirkenden Bremse soll nach den in Abschnitt b gegebenen Vorschriften ausgeführt werden.

Über das Ergebnis der Besichtigungen und Prüfungen sowie über die Angaben betreffend den Abnutzungsgrad der Backen der auf das Seil wirkenden selbsttätigen Bremse sollen für jeden Wagen besondere Protokolle aufgenommen werden, bei der Direktion aufbewahrt und der zuständigen Eisenbahnverwaltung zur Verfügung stehen.

d) Vierteljährliche Prüfungen.

Alle drei Monate sollen, bei Gelegenheit der monatlichen Besichtigungen und Prüfungen, die selbsttätigen, auf das Seil wirkenden Bremsen während der Fahrt, bei normaler Geschwindigkeit geprüft werden; das Ergebnis wird in das unter Abschnitt c vorgeschriebene Protokoll aufgenommen. Um Beschädigungen des Seils zu vermeiden, wird man so vorgehen, daß man die Wagen von Fall zu Fall auf verschiedenen Abschnitten anhält.

e) Halbjährliche Prüfungen.

Alle sechs Monate, gelegentlich der monatlichen Prüfungen, soll ein Versuch, die Wirksamkeit der selbsttätigen Bremsung der Wagen betreffend, bei stillstehendem Betrieb nach dem Verfahren eines angenommenen Zugseilbruches stattfinden. Dieser Versuch soll unter Beihilfe des Betriebsleiters vor sich gehen, welcher die zuständige Eisenbahnverwaltung rechtzeitig davon zu unterrichten hat, damit sich diese gegebenenfalls dabei vertreten lassen kann.

f) Die beaufsichtigende Eisenbahnverwaltung ist berechtigt, kürzere Fristen als die oben angegebenen für die Besichtigungen und Versuche vorzuschreiben, sowie jederzeit eine besondere Prüfung der Anlagen vorzunehmen. Die zuständige Eisenbahnverwaltung wird im besonderen die Verfahren und die Zeitpunkte für die Prüfungen der speziellen Sicherheitsvorrichtung bestimmen, über welche jedes Seilbahnsystem verfügen kann.

Rom, den 3. September 1926.

Literaturverzeichnis.

a) Zahnradbahnen.

1. Blenkinsop: Rack-railway and Cog-wheel-Locomotive at the Middleston-Colliery, near Leeds. Smiles Lives of the Engineers. 1811.
2. Grüninger: Die Beschienung des Mount Washington 1869.
3. The Mount Washington Railway. Engineering 1869.
4. Mallet: Rigibahn. Veröffentlichungen des Vereins der Zivilingenieure 1871.
5. Mallet: Studie für Bergbahnen mit Schienen und Zahnstangen 1872.
6. Kronauer: Die Rigibahn 1873.
7. Couche: Voie, matériel roulant et exploitation technique des chemins de fer. Teil II, Bd. 3, 15. Kap. 1873.
8. v. Heusinger: Handbuch für spezielle Eisenbahntechnik. 1875.
9. Couche: Annales des Ponts et Chaussées. 1875.
10. Abt, R.: Die drei Rigibahnen und das Zahnradsystem. 1877.
11. Fliegner: Bergbahnsysteme. Schweiz. Bauzg. 1877.
12. Serène: Cours de chemins de fer professé à l'Ecole des Ponts et Chaussées. 1877.
13. Heusinger v. Waldegg: Handbuch für spezielle Eisenbahntechnik (Zahnradbahnen) Bd. 5, IV. Kap. 1878.
14. Abt, R.: Über Zahnradbahnen für starke Steigungen. Organ Fortschr. Eisenbahnw. 1878.
15. Sternberg: Eisenbahnen mit Mittelschienen (System Fell), Sekundärbahn nach System Wetli von Wädenswil nach Einsiedeln. Handb. f. spezielle Eisenbahntechnik von Heusinger v. Waldegg, Bd. 5, IV. Kap. 1878.
16. Morlock: Die Zahnradbahn bei Wasseralfingen. 1878.
17. Vigreux et Loppé: Les chemins de fer à crémaillère. Revue technique de l'Exploitation 5. partie, 1. fascicule 1878.
18. Maxwell, I. P.: The New Zealand Government Railways Institution of Civil Engineers 1880.
19. Birk: Die Zahnradbahnen und ihre Lokomotiven. 1881.
20. Kuntze: Gemischte Reibungs- und Zahnbahn Lahn—Friedrichsegen 1883.
21. Brennecke: Über die Vorteile der Zahnstangenbahnen bei starken Steigungen. Zentralbl. Bauverw. 1883.
22. Schneider, A.: Die kombinierte Adhäsions- und Zahnradbahn von Blankenburg nach Tanne. 1885.
23. Lindner, A.: Das Abtsche Zahnschienensystem. Schweiz. Bauzg. 1885.
24. Pilatusbahn. Schweiz. Bauzg. 1886.
25. Lindner, A.: Die Geschichte der Zahnschienenbahnen bis zur Eröffnung der ersten Rigibahn. Glasers Annalen für Gewerbe- und Bauwesen 1886.
26. Mutinelli: Il nuovo Sistema Abt di ferrovie ad Ingranaggio ed aderenza e le sue applicazione. 1886.
27. Glanz: Der Oberbau der vereinigten Zahnrad- und Adhäsionsbahn Blankenburg—Tanne. Organ Fortschr. Eisenbahnw. 1886.
28. Rinecker: Das System Abt in Oertelsbruch. Wochenblatt für Baukunde 1886.
29. Molesworth: Report on the „Abt-System" of ascending steep inclines. 1886.
30. Evans, Walton: The Abt System of Railway for steep inclines. 1886.
31. Pontzen: Chemins de fer système Abt. Portefeuille des machines 1887,
32. Chemins de fer du Mont Pilate. Nouvelles annales de la Construction 1887.
33. Adhäsions- und Zahnradbahn für den Erztransport in Marienhütte bei Gölnitz (Ungarn). Z. öst. Ing.-V. 1887.
34. Zahnradbahn in Langres. Schweiz. Bauzg. 1887.
35. Frank: Zahnradbahnen und deren Vereinigung mit Reibungsbahnen. Z. V. d. I. 1887.
36. Frank: Die Leistungsfähigkeit und das Verhalten der Lokomotiven für gemischte Zahnstangen- und Reibungsbahnen. System Abt. Z. V. d. I. 1887.
37. Die Höllentalbahn von Freiburg nach Neustadt. Glasers Annalen 1887.
38. Die Höllentalbahn von Freiburg nach Neustadt. Müller-Karlsruhe 1887.
39. Chemins de fer système Abt. Portefeuille économique des machines 1887.

40. Bissinger: Die Zahnstange und der Zahnstangenoberbau der Höllentalbahn. Organ Fortschr. Eisenbahnw. 1887.
41. Etude sur les chemins de fer à crémaillère. Génie civil 1885. Chemins de fer à crémaillère de la gare de Langres-Marne, à la ville de Langres. Génie civil 1887.
42. Glanz: Die Lokomotiven der Bahn Blankenburg—Tanne. Organ Fortschr. Eisenbahnw. 1887.
43. Kuntze: Entwicklung der Zahnradbahnen und Vergleich der Systeme Riggenbach und Abt. Z. V. d. I. 1887.
44. Seguéla: Chemin de fer à crémaillère, système Abt. Rev. gén. des chemins de fer 1888.
45. Bissinger: Zahnstangeneinfahrt der Höllentalbahn. Organ Fortschr. Eisenbahnw. 1888.
46. Böck: Das System Abt für kombinierten Adhäsions- und Zahnradbetrieb. Z. öst. Ing.-V. 1888.
47. Abt, R.: R. Abts Zahnrad-Bahnbetrieb, Zahnstange und Zahnradlokomotive. Organ Fortschr. Eisenbahnw. 1888.
48. Schneider: Die Zahnradeisenbahn in ihrer Anwendung auf den Harz. Glasers Annalen für Gewerbe- und Bauwesen 1889.
49. Nouvelles dispositions de la crémaillère et de la locomotive Abt. Génie civil 1889.
50. Bissinger: Vereinigte Reibungs- und Zahnradlokomotive der badischen Höllentalbahn. Organ Fortschr. Eisenbahnw. 1889.
51. Chemins de fer à crémaillère du Mont Pilate. Génie civil 1890.
52. Meyer: Le chemin de fer de Viège à Zermatt à voie de 1 m et à système mixte. (Adhérence et crémaillère.) Rev. gén. des chemins de fer 1890.
53. Bissinger: Die Höllentalbahn. Z. V. d. I. 1890.
54. Strub, E.: Die Vitznau-Rigi-Lokomotiven. Schweiz. Bauzg. 1890.
55. Briggs: Pikes Peak Railway. Engineering 1890.
56. Abt: Pikes Peak Rack-Railway. Engineering News 1890.
57. Meyer: Le chemin de fer de Viège à Zermatt. Rev. gén. des chemins de fer 1890.
58. King, Ch.: The Proposed Jungfrau Railway. Engineering 1890.
59. Abt, R.: Mitteilungen über neuere Zahnradbahnen. Z. Eisenbahnen- und Dampfschiffahrt. 1891.
60. Meyer: Le chemin de fer de Viège à Zermatt. 1891.
61. Abt, R.: Die Generosobahn. Schweiz. Bauzg. 1891.
62. Kuntze: Staatseisenbahn auf der Westküste von Sumatra. Zentralbl. Bauverw. 1891.
63. Abt, R.: Pikes Peak Rack-Railway. Railroad Gazette 1891.
64. Kuntze: Elektrische Zahnbahn auf den Mont Salève. Rev. gén. des chemins de fer und ETZ 1891 u. 1894.
65. The Hoellenthal Railway. Engineering 1891.
66. Martin et Clarard: Monographie du chemin de fer de St. Gall à Gais 1891.
67. Jugowitz: Eisenerz—Vordernberg 1892.
68. Pfeuffer: Über den Bau der bosnisch-herzeg. Staatsbahnen. 1892.
69. Seligmann: Die Erzbergbahn. 1892.
70. Goering: Neuere Bergbahnen in der Schweiz. Z. V. d. I. und Glasers Annalen für Gewerbe und Bauwesen 1892.
71. Artom di S. Agnesi ed Nicoli N.: Sui sistemi di ferrovie a dentiera. 1892.
72. Dolezalek: Die Zahnbahn von Eisenerz nach Vordernberg. Z. Architekten u. Ingenieur-Vereins zu Hannover 1892.
73. Douillet: Le chemin de fer à crémaillère de Glion-Naye. Génie civil 1892.
74. Post: Le chemin de fer à crémaillère à Sumatra. 1892.
75. Goering: Eine Straßenbahn mit Zahnstrecken, St. Gallen—Gais. Zentralbl. Bauverw. 1892.
76. Meyer: Der Eisenbahnmaschinenbau (Zahnbahnen enthaltend). 4. Teil. 1892.
77. Lelarge: Les chemins de fer de Bosnie et d'Herzégovine. Rev. gén. des chemins de fer 1892.
78. Zezula: Im Bereiche der Schmalspur. 1893.
79. Strub: Wengernalp-Bahn. Schweiz. Bauzg. 1893.
80. Moutier: Chemin de fer de Lauterbrunnen à Mürren. Rev. gén. des chemins de fer 1893.
81. Féolde: Chemin de fer d'Aix les Bains au Revard. Génie civil 1893.
82. Chemin de fer de Brienz au Rothorn. Génie civil 1893.
83. Die Zahnradbahn von Brienz nach dem Rothorn. Z. Transportwesen und Straßenbahn 1893.
84. Riche Preller: The Brünig-Pass-Railway. Engineering 1894.
85. De Longe: Chemin de fer à crémaillère au Japon. Ligne de Yokohama à Karusawa. Génie civil 1894.
86. Chemin de fer de la Jungfrau. Génie civil 1894.
87. Schneider: Erfahrungen im Betrieb der Zahnbahnen. Zg. V. Eisenb.-Verw. 1894.
88. Schneider: Erfahrungen im Bau und Betrieb von Zahnradbahnen. 1894.
89. Pownall: On the Usui Railway. M. P. Institution of Civil Engineers 1894.

90. Peters: Zusammenstellung der Züge auf Zahnradbahnen. Zentralbl. Bauverw. 1894.
91. Caccia: Die San Ellero-Saltino Zahnbahn. Engineering News 1894.
92. v. Röll: Enzyklopädie des gesamten Eisenbahnwesens. Bd. 7, 1. Aufl. 1895.
93. Chemin de fer électrique du Mont Salève. Rev. gén. des chemins de fer 1895.
94. Rack Railway Locomotive, Schafberg Railway. The Engineer 1895.
95. Strub: Die Berner Oberland-Bahnen. Schweiz. Bauzg. 1895.
96. Strub: Zum 25jährigen Jubiläum der Rigibahn. Schweiz. Bauzg. 1896.
97. Abt, R.: Beirut—Damaskus. Schweiz. Bauzg. 1896.
98. Guyer-Zeller: Das Projekt der Jungfraubahn. 1896.
99. Dolezalek: Die Jungfraubahn. Z. Arch. Ing.-Wes. 1896.
100. Blanche: Le chemin de fer de Beyrouth—Damas. Rev. gén. des chemins de fer 1896.
101. Koppe: Die interessantesten Alpen- und Bergbahnen. 1896.
102. Snowdon Mountain Railway. Engineering 1896.
103. Lewis Gleason: Chemin de fer de Corcovado (Brasil.). Locomotive Engineering 1896.
104. Walloth: Über Zahnradbahnen. Z. Lokal- u. Straßenbahnen 1897.
105. Kortz: Schneeberg-Bahn. Z. öst. Ing.-V. 1897.
106. Strub: Oberbau der Jungfraubahn. Schweiz. Bauzg. 1897.
107. D. L. Graadt van Roggen: Sumatra Rack Railway Locomotives. Engineering 1897.
108. Wilczek: Die Bergbahn Tiszolcz—Erdököz. Österr. Z. Eisenbahnen u. Dampfschifffahrt 1897.
109. Hennings: Die Jungfraubahn. Z. V. d. I. 1897.
110. Haag u. Greulich: Die elektrische Zahnradbahn auf den Gornergrat. Schweiz. Bauzg. 1898.
111. Abt: Entwicklung des Zahnradsystems Abt während der letzten 10 Jahre in Österreich-Ungarn. Z. öst. Ing.-V. 1898.
112. Brückmann: Neuere Zahnradbahnen. Z. V. d. I. 1898.
113. Hirsch, J.: Cours de machines à vapeur professé à l'école des Ponts et Chaussées. 1898.
114. Blondel et Dubois: La traction électrique sur voies ferrées. 1898.
115. Chemin de fer du Gornergrat. Rev. gén. des chemins de fer 1898.
116. The Nilgiri Rack Railway. Engineering 1898.
117. Elektrische Bahn in Barmen. Österr. Eisenbahnzg. 1898.
118. Zerner, Rudolf: Chemin de fer électrique de Barmen. Génie civil 1898.
119. Schrey: Zahnbahn Eisenerz—Vordernberg. Glasers Annalen für Gewerbe- und Bauwesen 1898.
120. Zezula: Reibungs- und Zahnradbahnen. Z. Kleinbahnen 1899.
121. Elektrische Bahn Stansstad—Engelberg. Z. V. d. I. u. l'Eclairage électrique; Schweiz. Bauzg. 1899.
122. Godfernaux: Chemin de fer de la Jungfrau. Rev. gén. des chemins de fer 1899.
123. Bourquelot: Chemin de fer électrique de Laon. Rev. gén. des chemins de fer 1899.
124. Martin, Henry: Chemin de fer de la Jungfrau. Génie civil 1899.
125. Baltzer: Die Usuipaß-Bahn. Zg. V. Eisenbahnverw. 1899.
126. Mallet: Nécrologue sur Riggenbach. Mémoires des Ingénieurs civils 1899.
127. Drehstrombahnen in der Schweiz. Z. Elektrotechnik 1899.
128. Schmidt: Steigungsverhältnisse für Bahnen mit gemischtem Reibungs- und Zahnradbetriebe. Zentralbl. Bauverw. 1899.
129. Breuer: Chemin de fer de Bex-Gryon-Villars. Génie civil 1901.
130. Polygr. Institut Zürich: Die Wengernalpbahn. 1901.
131. Polygr. Institut Zürich: Die Gornergratbahn. 1901.
132. Mallet: Chemin de fer de Nilgiri. Mémoires de la Société des Ingénieurs Civils 1901.
133. Mallet: Chemin de fer électrique de Gênes-Granavalo. Mémoires de la Société des Ingénieurs civils 1901.
134. Weightman: The Nilgiri Mountain Railway. M. Inst. C. E. 1901.
135. Elektrische Bergbahn-Lokomotive der Ouest-Lyonnais-Eisenbahn. Engineering 1901.
136. Strub: Bergbahnen der Schweiz bis 1900. Z. ges. Lokal- und Straßenbahnwesen 1902.
137. Daubner: Die Barmer Bergbahn. Z. V. d. I. 1902.
138. Ziffer: Die Nilgiri-Bergbahn. Mitteilungen des Vereins für die Förderung des Lokal- u. Straßenbahnwesens 1902.
139. Sidler: Jungfraubahn. Z. Elektrotechnik 1902.
140. Gaze: Elektrische Lokomotiven für Zahnrad- und Adhäsionsbetrieb. Z. V. d. I. 1902.
141. Blum, O.: Reibungsbahnen und Bahnen gemischten Systems. Z. Bauw. 1902.
142. Strub: Die Vesuvbahn. Schweiz. Bauzg. 1903.
143. Chemin de fer du Vésuve. Rev. gén. des chemins de fer 1903.
144. Suithlen: Elektrische Bahn von Triest nach Opcina. Österr. Wochenschr. öffentl. Baudienst 1903.
145. Duportal: Tramway électrique du Mont Blanc. 1903.
146. Tramway du Mont Blanc. Rev. gén. des chemins de fer 1903.
147. Morgenthaler: Die elektrischen Einrichtungen der Vesuvbahn. Schweiz. Bauzg. 1903.

148. Möller: Die Jungfraubahn und der Bau ihres Tunnels. Z. V. d. I. 1904.
149. Die Zahnradbahn Trait—Planches. Elektrische Bahnen 1904.
150. Seefehlner: Die elektrische Bahn Triest—Opcina. El. Bahnen 1904.
151. Sidler: Le chemin de fer de la Jungfrau et les nouvelles locomotives électrique. Génie civil 1904.
152. Herzog, Siegfr.: Die Jungfraubahn. 1904.
153. Lieutenant-Colonel Espitalier: Le Tramway électrique du Mont Blanc. Génie civil 1904.
154. Burkard: Neuer elektrischer Automobilwagen für Adhäsions- und Zahnstangenbetrieb der Stansstad-Engelberg-Bahn. Schweiz. Bauzg. 1905.
155. Herzog, Siegfr.: Die elektrischen Anlagen der Schweiz. I. 1905.
156. Mallet: Locomotives à crémaillères pour l'Afrique du Sud. Mémoires de la Société des Ingénieurs civils 1905.
157. Die elektrische Zahnradbahn Brunnen—Morschach. Schweiz. Bauzg. 1905.
158. Le chemin de fer du Vésuve. Revue technique 1905.
159. Dolezalek: Die Zahnbahnen. Eisenbahntechnik der Gegenwart 1905.
160. Müller: Die elektrische Bergbahn Brunnen—Morschach. Z. V. d. I. 1906.
161. Hotopf: Die elektrischen Bahnanlagen der Filderbahn. El. Kraftbetr. 1906.
162. Die Brünig-Bahn. Schweiz. Bauzg. 1906.
163. Mallet: Traction sur crémaillère ou par adhérence. Mémoires de la Société des Ingénieurs civils 1906.
164. Herzog, Siegfr.: Die Arth-Rigibahn. Sch. ETZ, H. 15; EKB, H. 11. 1907.
165. Röll: Enzyklopädie des Eisenbahnwesens, Bergbahnen, Zahnradbahnen. 1907.
166. Strub: Die Münster-Schlüchtbahn. D. S. K. B. Z. Nr. 30 und Sch. ETZ 1907/08, H. 32.
167. Abt, R. u. S.: Lokomotiv-Steilbahnen. Handbuch der Ingenieurwissenschaft. 1906.
168. 25jähriges Jubiläum des Zahnstangensystems Abt. D. S. K. B. Z. 1907.
169. Les tramways de Grenade. Thomson-Houston 1908.
170. Liechty: Lokomotiven mit Hilfsmotoren. Glasers Annalen 1908.
171. Brémond: Chemin de fer électrique de Martigny au Châtelard. B. T. S. R. 1908.
172. Herzog: Die elektrische Bahn von Martigny nach Châtelard. Sch. ETZ 1908.
173. Korger: Die Rittnerbahn. Z. öst. Ing.-V. 1908.
174. Seefehlner: Die Rittnerbahn (Tirol). El. Kraftbetr. 1908.
175. Lévy-Lambert: Chemins de fer à crémaillère. Paris: Gauthier Villars 1908.
176. Zehnder-Spoerry: Die elektrische Zahnradbahn Montreux—Glion. Schweiz. Bauzg. 1909.
177. Zindel: Die elektrische Zahnradbahn Montreux—Glion. El. Kraftbetr. 1909.
178. Chappins: Le chemin de fer à crémaillère de Chamonix au Montenvers. B. T. S. R. 1909.
179. Steiner: Das Triglavbahnprojekt. Allg. Bauzg. 1909.
180. Boesch-Ouzelet: Die Corcovadobahn (Brasilien). El. Kraftbetr.; Schweiz. Bauzg. 1910.
181. Die Monthey-Champéry-Bahn. E. R. I. 1909; L. R. T. I.; Schweiz. Bauzg. 1910.
182. Morgenthaler: Die Elektrifikation der Wengernalpbahn. Schweiz. Bauzg. 1910.
183. Morgenthaler: Elektrische Lokomotiven der Wengernalpbahn. El. Kraftbetr.; Schweiz. Bauzg. 1910.
184. La ferrovia elettrica del Mottarone. Il Monitore Tecnico 1911.
185. Berner Oberlandbahnen. El. Kraftbetr. 1912.
186. Ryncki: Le chemin de fer Blonay—Pleiades. B. T. S. R. 1912.
187. Brünner: Technische Einzelheiten der Jungfraubahn. El. u. Maschinenb. 1912.
188. Müller: Die Wengernalpbahn. Z. V. d. I.; El. Kraftbetr. 1912.
189. Poschenrieder: Neue elektrische Bahnen der Schweiz. Z. öst. Ing.-V. 1912.
190. Nipkow: Untersuchung über die Wirtschaftlichkeit des Zahnradbetriebes auf der Albulabahn. Verk. Woche 1913.
191. Elektrifizierung der Usui-Togebahn. A. E. G. Z. 1914.
192. Cattani: Bahntechnischer Rückblick aus der Schweiz. El. Kraftbetr. 1914.
193. Armbruster: Die Tiroler Bergbahnen. 1914.
194. Die Strecke Freudenstadt—Klosterreichenbach der Murgtalbahn. Verk. Woche 1914.
195. Die Wendelsteinbahn. ETZ, H. 32, 1914; Schweiz. Bauzg. 1915.
196. Morgenthaler: Die Elektrifizierung der Berner Oberland-Bahnen. 1915.
197. Chemin de fer électrique de Loèche—Loèche les Bains (Suisse). R. B. B. C. 1915.
198. Les nouvelles locomotives du chemin de fer de la Jungfrau. R. B. B. C.; El. u. Maschinenb., H. 47. 1917.
199. Leyvraz: Die Schöllenenbahn. B. T. S. R. 1917.
200. Abt, S.: Die neuen Lokomotiven der Nilgiri-Bahn. Schweiz. Bauzg. 1917.
201. Die elektrischen Einrichtungen der Schöllenenbahn. B. B. C.; M. B. 1918.
202. Abt, S.: Das neue vereinigte Reibungs- und Zahnbahnensystem Peter. Schweiz. Bauzg. 1918.
203. Weiß: Schweizer Berg- und Paßbahnen. Verkehrstechn. 1921.
204. Peter: 50 Jahre schweiz. Zahnradbahnen- und Bergbahnbau. Schweiz. Bauzg. 1921.

205. Abt, S.: Die neuen Lokomotiven der Staatsbahnen auf Sumatra. Schweiz. Bauzg. 1921.
206. Abt, S.: 50jähriges Jubiläum der Rigibahn. Schweiz. Bauzg. 1921.
207. Wichert: Zahnradlokomotiven für Anschluß- und Werkbahnen. B. S. E. V., H. 3; ETZ, H. 18. 1922.
208. Hammer: Die neuen Lokomotiven der Halberstadt-Blankenburger Eisenbahngesellschaft. Glasers Annalen 1922.
209. Günther: Die 4-zyl. N. Reibungs- und Zahnradlokomotive (C 1 + Z) auf der badischen Höllentalbahn. Z. V. d. I. 1923.
210. Wernecke: Allgem. Darlegungen über Bergbahnen mit besonderer Berücksichtigung des Zahnradbetriebes (Höllental — Harz). Fördertechn. 1923.
211. Neue Zahnradlokomotiven. Engineering 1924.
212. Kittel: Heißdampf-4-Zyl.-Verb.-Zahnradlokomotive E + 1 Z, Bauart Württemberg. Organ 1924.
213. Clement: Zahnradbahnen. Science et Vie 1924.
214. Seefehlner-Peter: Elektrische Zugförderung. 2. Aufl. 1924.
215. Nordmann: Der Eisenbahnbetrieb auf Steilrampen mit Zahnrad oder Reibungslokomotiven. Organ 1924.
216. Zehnder-Spoerry: Neue elektrische Motorwagen. MOB. Schweiz. Bauzg. 1925.
217. Zahnrad-Adhäsionslokomotive für Indien. Eng. 1925.
218. Grun: Zahnradbahnen in den Braunkohlenbetrieben. Borsig-Zeitung 1926.
219. Die elektrischen Zahnradlokomotiven in ihrem mechanischen Aufbau. Technische Blätter der Schweiz. Lokomotiv- u. Masch.-Fabrik Winterthur 1926.
220. Zehnder: Die geplante bayrische Zahnradbahn auf die Zugspitze. Zg. V. Eisenb.-Verw. 1927, Nr. 42.
221. Von der bayrischen Zugspitzbahn. B. T. 1927. Nr. 35.
222. Balestra: Die Bergbahn Triest—Opcina BBC-Mitteilungen 1928. Nr. 7.
223. Die elektrischen kombinierten Adhäsions- und Zahnradlokomotiven der chilenischen Transandinobahn. Techn. Blätter der Schweiz. Lokomotiv- u. Masch.-Fabrik Winterthur 1928.
224. Hennig: Die deutsche Zugspitzbahn. Verkehrstechn. 1928. Nr. 30.
225. Weizel u. Vetter: Bergbahnen im Mittelgebirge. Verk. Woche 1929. Nr. 18.
226. Randzio: Die bayrische Zugspitzbahn. Dt. Tiefb. Zg. 1929.
227. Königshagen: Von Garmisch zur Zugspitze. „Spannung"-AEG-Umschau 1929.
228. Armbruster: Neue Bergbahnen im Werdenfelser Land. Wasserwirtschaft. 1929.
228a. Der Bau der bayerischen Zugspitzbahn. Bohrhammer 1929.

b) Standseilbahnen.

229. Garella: Notice sur les plans inclinés de Liège. Ann. Ponts Chauss. 1843.
230. Maus: Calcul de la force des machines des plans inclinés de Liège. Ann. Ponts Chauss. 1843.
231. Molinos et Pronier: Chemin de fer de Lyon à la Croix-Rousse. Paris: Morel 1862.
232. Wohlfahrt: Die Drahtseilrampe in Ofen (Buda). Mitteilungen des ungar. Ingenieur- u. Architekten-Vereins 1870.
233. Fox: Geneigte Ebene von Santos. Engineering 1870.
234. Evard: Les moyens des transport. Baudry 1872.
235. Couche, M. Ch.: Voie, matériel roulant et exploitation technique des chemins de fer. Paris 1873.
236. Picard: Chemins de fer de montagne. Ann. Ponts Chauss. 1875.
237. Gavand: Chemin de fer métropolitain de Constantinople. Paris: Lahure 1876.
238. Fliegner: Bergbahnsysteme vom Standpunkt der theoretischen Maschinenlehre. Zürich 1877.
239. Heusinger v. Waldegg: Handbuch für spezielle Eisenbahntechnik. Leipzig: Wilhelm Engelmann 1878.
240. Carpi: Le chemin de fer funiculaire Lausanne—Ouchy. Schweiz. Bauzg. 1878.
241. Mallet: Compte rendu de la Société des Ingénieurs civils. 1880, 1888, 1890, 1892, 1894, 1896, 1902.
242. Abt, R.: Die Seilbahn am Gießbach. Zürich 1880.
243. Grivet: Chemin de fer de Lyon à Fourvière et St. Just. Rev. gén. des chemins de fer 1882.
244. Reuleaux: Der Konstrukteur. Braunschweig 1882/89.
245. de la Goupillière: Notes sur le profil d'équilibre. Ann. Min. 1883.
246. v. Hauer: Seilausgleich durch veränderliches Bahngefälle bei der geneigten Förderung. Jahrb. d. k. k. Bergakad. 1883; Berg- u. Hüttenmänn. Zg. 1884.
247. Pohlig: Über Drahtseilbahnen. Glasers Annalen 1884.
248. Kreuter: Über Eisenbahnen im Gebirge. Zeitschr. des deutsch-österr. Alpen-Vereins 1884.
249. Meyer: Le chemin de fer funiculaire du Rigi-Vaudois. Ann. Ponts Chauss. 1884.

250. Grueber: Die Agudio-Drahtseilbahn auf die Superga bei Turin. Wochenschr. österr. Ing.-Vereins 1885.
251. v. Hauer: Die Fördermaschinen der Bergwerke. 3. Aufl. 1885.
252. Vautier: Chemins de fer funiculaires. Lausanne 1887.
253. Bucknall Smith: Cable or rope traction. London 1887.
254. Murgue: Raideur des cables et cordages. Ann. Ponts Chauss. 1887.
255. Abt, R.: Die Seilbahn Lugano. Schweiz. Bauzg. 1887.
256. Pontzen: Tramways funiculaires. Portefeuille économique des machines 1888.
257. Leverich: The cable Railway on the New York and Brooklyn Bridge. New York 1888.
258. Strub: Die Standseilbahn Territet—Glion. 1888.
259. Leu: Drahtseilbahn Bürgenstock. Schweiz. Bauzg. 1888.
260. Strub: Straßenbahn in Lissabon. Schweiz. Bauzg. 1889.
261. Hall: Zur Frage der zulässigen Maximalsteigung bei Seilbahnen. Schweiz. Bauzg. 1889.
262. de Longraire: Mémoires de la Société des Ingénieurs civils 1889.
263. Vigreux: Chemins de fer funiculaires par Vigreux et Lopé. Rev. techn. de l'Exploitation. 1889.
264. Alesmonière: Chemin de fer funiculaire de Rive à Thonon. Lyon 1890.
265. Bienvenue: Rapport de mission 1890.
266. Chatillon-Commentry: Renseignements sur les fils en câbles métalliques. 1890.
267. Meyer: Grundzüge des Eisenbahn-Maschinenbaues. Berlin 1892.
268. Strub: Neuere Seilbahnen. Schweiz. Bauzg. 1892.
269. Strub: Seilbahn San Salvatore. Schweiz. Bauzg. 1892.
270. Strub: Seilbahn Lauterbrunnen—Mürren. Schweiz Bauzg. 1892.
271. Vautier: Etude des chemins de fer funiculaires. Paris 1892.
272. Schallenburg: Bergbahn Lauterbrunnen—Mürren. Schweiz. Bauzg. 1892.
273. Lefèbre: Tramway funiculaire de Belleville. Rev. practique des Travaux publics 1892/93.
274. Walloth: Die Drahtseilbahnen der Schweiz. Wiesbaden: Kreidel 1893.
275. Kollmann: Straßenbahnen und Kleinbahnen. Z. V. d. I. 1893.
276. Reichel: Seilstraßenbahnen in Amerika. Z. V. d. I. 1893.
277. Riedler: Kalifornische Seilbahnen. Z. V. d. I. 1893.
278. Widmer: Tramway funiculaire de Belleville. Ann. Ponts Chauss. 1893.
279. Moutier: Chemin de fer mixte de Lauterbrunnen à Mürren. Rev. gén. des chemins de fer 1893.
280. v. Hauer: Seilausgleichung durch veränderliche Bahnneigung. Z. öst. Ing.-V. 1894.
281. Pohlig: Über Drahtseilbahnen. Glasers Annalen 1894.
282. Reichardt: Die Stanserhornbahn. Z. V. d. I. 1896.
283. Walloth: Drahtseilbahnen und Zahnradbahnen. 1897.
284. Die elektrisch betriebene Seilbergbahn in Mont Dore. ETZ 1899.
285. Tajani: Studi sulle ferrovie funiculari. L'Ingegneria civile e le arti industriali. Bd. 22. Torino.
286. Strub: Die Drahtseilbahnen der Schweiz bis 1900. Wiesbaden: Kreidel 1900.
287. Milkowsky, K. v.: Zur Drahtseiltheorie. Berg- u. Hüttenmänn. Jahrb. 1901.
288. Schweiz. Polygr. Institut: Schweizer Bergbahnen. Zürich 1901.
289. Schleich: Die Drahtseilbahn des Rigiviertels in Zürich. Schweiz. Bauzg. 1901.
290. Glaser: Note sur certaines causes spéciales de fatigue des câbles. Ann. Min. 1901.
291. Wetzel: Die Davos Platz—Schatzalp-Bahn. Schweiz. Bauzg. 1901.
292. Strub: Bergbahnen. Wiesbaden: Schüle 1901.
293. Bourdon: Transporteur de Vouvry. Génie civil 1902.
294. Habrak: Die Drahtseile. Berlin 1902.
295. Hewitt: Wire rope to haulage shafts and inclined planes. Trenton 1903.
296. La funicolare dell'Isola di Capri. Il Politecnico 1903.
297. Nony: Funiculaire du Grand Ger. Rev. d'Artillerie 1903.
298. Strub: Die Vesuvbahn. Schweiz. Bauzg. 1903.
299. Strub: Die Mendelbahn. Schweiz. Bauzg. 1903.
300. Davic: Die Beanspruchung der Litzenseelendrähte. Österr. Z. Berg- u. Hüttenwesen 1903.
301. Walloth: Die Eisenbahnbremsfrage und insbesondere ein Vorschlag zum Abbremsen auf Steilbahnen. Wiesbaden 1903.
302. Zimmermann: Die Schutzvorrichtungen an den geneigten Aufzügen. Gewerbl. techn. Ratgeber 1903.
303. Armknecht: Die Drahtseilbahn nach der Hohensyburg (Westf.). ETZ 1904.
304. Fasching: Besuch einiger Hüttenwerke im Saarrevier u. im Minettegebiet. Berg- u. Hüttenmänn. Jahrb. 1904.
305. Jordan: Über Drahtseilbahnen. El. Kraftbetr. 1904.
306. Thomann: Die Mendelbahn in Südtirol. El. Kraftbetr. 1904.
307. Dumas: Funiculaire de la Bourboule. Génie civil 1904.

308. Jordan: Die Mendelbahn. Z. öst. Ing.-V. 1904.
309. Jordan: Die Signal- und Telephoneinrichtungen auf der Mendelbahn. Z. Elektrotechn. 1904.
310. Abt, S.: Umbau der Seilbahn Lauterbrunnen-Grütschalp. Schweiz. Bauzg. 1905.
311. Feldmann u. Strub: Chemin de fer du Mont Blanc. Funiculaires Chamonix-Aiguille du Midi—Vallèe Blanche. 1905.
312. Abt, R. u. S.: Lokomotiv-Steilbahnen und Seilbahnen. Handb. Ingenieurwissenschaft 1906.
313. Bernadet: Funiculaire de la Cure d'Air Saint Antoine. Compte rendu de la Société des Ingénieurs civils 1906.
314. Der Hammetschwandaufzug. Schweiz. Bauzg. 1905; ETZ 1906.
315. Dietrich: Die Aufschließung der Nickelerzlagerstätten in Neukaledonien. Z. V. d. I. 1907.
316. Reyval: Chemin de fer funiculaire de Croix Paquet à Lyon Croix Rousse. Rev. gén. d'Electricité 1907.
317. Müller: Neue elektrische Bergbahnen. ETZ 1907.
318. Das Ende der amerikanischen Zahnstangen-Straßenbahnen. Z. V. Eisenb.-Verw. 1908.
319. Schmidt: Die Bergbahn Heidelberg. Z. V. d. I. 1908.
320. Gradenwitz: Eine eigenartige Drahtseilbahn mit elektrischem Betrieb. Elektropraktiker 1908.
321. Schwarz: Die Virglbahn bei Bozen. Organ für die Fortschritte des Eisenbahnwesens und Street Railway Journal 1908.
322. Le funiculaire électrique de Pau. Génie civil 1908.
323. Meißner: Bestimmung des Profils einer Seilbahn, auf der unter Mitberücksichtigung des Gewichts des Drahtseils gleichförmige Bewegung möglich sein soll. Schweiz. Bauzg. 1909.
324. Seefehlner: Theorie und Praxis der Seilbahnen: Die Hungerburgbahn (Tirol) und die Seilbahn auf die Tarajka. El. u. Maschinenb. 1909.
325. Die Seilebene bei Mahanay, Pa. Engg. News 1909.
326. Perkins: A picturesque italian railway. S. A. 1909.
327. La fonicolare dell'isola di Capri. Il Politecnico 1909.
328. Müller: Wirtschaftlichkeit der Schweizer Bergbahnen. El. Kraftbetr. 1909.
329. Müller: Einige neuere Berg-Aufzüge. Glasers Annalen 1910.
330. Lookout mountain incline railway. Brill Magazine 1911.
331. Tripet: Chemin de fer Neuchâtel—Chaumont, Tramway et Funiculaire. Bull. Techn. Suisse Rom. 1911.
332. Fliegner: Schweiz. Bauzg. 1911.
333. A cable countreweight system for steepgrade on an electric railway at Seattle-Wash. Engg. News 1911.
334. Lambert: Chemins de fer funiculaires. Paris 1911.
335. Konzessionsbedingungen. Österr. Verordnungsblatt für Eisenbahn und Schiffahrt. 1912.
336. Zehnder-Spoerry: Die Niesenbahn. El. Kraftbetr. u. Schweiz. Bauzg. 1912.
337. Guntschnabahn, Bozen. Konzessionsbedingungen. Österr. Verordnungsblatt für Eisenbahn und Schiffahrt. 1912.
338. Drahtseilbahn Alte Wiese—Freundschaftshöhe in Karlsbad. Rundschau Techn. u. Wirtschaft 1913.
339. Schütt: Seilbahn für Vergnügungsreisende im Kgl. Salzbergwerk zu Berchtesgaden. Z. V. d. I. 1913.
340. Chenaux: Notes sur le profil d'équilibre des chemins de fer funiculaires, Bull. Techn. Suisse Rom. 1913.
341. v. Reckenschuß: Der theoretische Längenschnitt von Drahtseilbahnen mit Doppelbetrieb. Organ Fortschr. Eisenbahnw. 1913.
342. Hunziker: Drahtseilbahn Engelberg—Gerschnialp. Z. V. d. I. 1913.
343. Schweizer. Eisenbahndepartement: Hauptverhältnisse der Schweizer Drahtseilbahnen. 1913.
344. Schweizer. Eisenbahndepartement: Längenprofile der Schweizer Drahtseilbahnen. 1914.
345. Cattani: Der Bergaufzug am Trümmelbachfall. Schweiz. Bauzg. 1914.
346. Eberhard: Die Bergbahn auf den Merkur bei Baden-Baden. Dt. Bauzg. 1914.
347. Armbruster: Die Tiroler Bergbahnen. 1914.
348. Hamilton electric incline railway. El. Railway Journal 1915.
349. Birk: Die neueren Standseilbahnen in Tirol. Verk. Woche 1915.
350. Zehnder-Spoerry: Elektrische Drahtseilbahn Siders—Montana—Vermala. Bull. Techn. Suisse Rom. u. Z. öst. Ing.-V. 1915/16.
351. Thieme: Drahtseilbahnen mit elektrischem Antrieb. Les Avants—Sonloup und Cassarate—Mt. Bré. El. Kraftbetr. 1916.
352. Bahse: Die Drahtseilbahn Erdmannsdorf—Augustusburg. Dt. Bauzg. 1916.
353. Peter: Die Drahtseilbahn Treib—Seelisberg. Schweiz. Bauzg. 1917.

354. Le funiculaire de Engelberg—Gerschnialp. Rev. B. B. C. 1917.
355. Bäseler: Die Oberweißbacher Bergbahn. Z. V. D. Eisenbahnverw. 1920; Verkehrstechn. 1921.
356. Peter: 50 Jahre schweizerische Bergbahnen. Schweiz. Bauzg. 1921.
357. Dolezalek: Seilbahnen. Enzyklopädie d. Eisenbahnwesens, Bd. 9. 1921.
358. Peter: Standseilbahnen. Seefehlner: Elektr. Zugförderung. 1. Aufl. 1922; 2. Aufl. 1924.
359. Eggenberger: Seilbahn-Kraftwerk Ritom. Schweiz. Bauzg. 1923.
360. Bäseler: Über Längenprofile von Seilbahnen. Z. Bauw. 1923.
361. Bäseler: Die Wirtschaftlichkeit und die Grenzen des Anwendungsbereiches moderner Drahtseilstandbahnen. Verk. Woche 1924.
362. Penang-Bergbahn (Standseilbahn). Engg. 1924.
363. Peter: Das Gleichgewichtsprofil der Seilbahn. Schweiz. Bauzg., Bd. 83. 1924.
364. Ersatz des Drahtkabels bei der Mount Lowe Incline Bergbahn. El. Railway Journal 1924.
365. Czitary: Ausgestaltungsmöglichkeit der Standseilbahn-Linienführung. Bautechn. 1925.
366. Peter: Elektrische Kleinseilbahn Harissenbucht—Fürigen. Schweiz. Bauzg., 1925. Nr. 4, S. 45.
367. Seefehlner: Die Drahtseilbahn auf den steirischen Erzberg. Z. öst. Ing.-V. 1925. Nr. 13/14.
368. Hunziker: Der Umbau der Seilbahn Lugano—San Salvatore. Schweiz. Bauzg. Bd. 88, 1926.
369. Majer: Der Schrägaufzug für den Bau des Großkraftwerkes Achensee. Wasserwirtschaft 1926. H. 6.
370. Kruppa: Das Gleichgewichtsprofil einer Standseilbahn. Z. ang. Math. Mech. 1926. Nr. 6.
371. Gießerei Bern: Standseilbahnen für Schwerlasttransporte beim Bau von Hochdruckkraftwerken. Wasserwirtschaft 1927. Nr. 9/10.
372. Frey: Die Seilbahn La Escontrilla—Reineta in Spanien. Schweiz. Bauzg. Bd. 89, Nr. 24, 1927.
373. Frey: St.-Bahnen für Personen-Beförderung. Wasserwirtschaft 1927. Nr. 20.
374. v. Gruenewaldt: Der theoretische Längenschnitt von Standseilbahnen. Organ Fortschr. Eisenbahnw. 1928. Nr. 18.
375. Maetz: Die Ausrundung von Gefällsbrüchen bei Standseilbahnen. Wasserwirtschaft 1928. Nr. 14/15.
376. Nebesky: Die Standseilbahnen in Österreich. Wasserwirtschaft 1928. Nr. 14/15.
377. Die Schienenseilbahn zur Förderung von Baumaterialien, Apparaten, Druckrohren und Personen für das Walchenseekraftwerk. Wasserwirtschaft 1928. Nr. 14/15.
378. Hunziker: Richtigstellung betreffend Schnellschlußkeilbremsen von Seilbahnwagen. Wasserwirtschaft 1928. Nr. 14/15.

c) Seilschwebebahnen[1].

379. Isaachsen: Die Beanspruchung von Drahtseilen. Z. V. d. I. 1907.
380. Der Wetterhornaufzug. 1. Sektion. Schweiz. Bauzg., Bd. 52, 1908.
380a. Tizzano: Le Ferrovie funicolari aeree. Genio Civile 1909.
381. Espitallier, G.: Le transbordeur funiculaire à voyageurs du mont Ulia, près de Saint-Sébastien (Espagne). Fördertechn. 1911.
382. Buhle, M.: Seilschwebebahnen für Personenbeförderung (dabei Beschreibung der Bahn zur Pena del Aguila). Dt. Bauzg., Bd. 44, 1910.
383. Stephan, P.: Luftseilbahnen zur Personenbeförderung. (Ältere Seilbahnen-Anlage bei San Sebastian — Wetterhornaufzug.) Fördertechn. 1911.
384. Petersen: Seilhängebahn mit beweglichem Tragseil. Patentschrift 242693. 1912.
385. Frank: Seilhängebahnen oder Seileisenbahnen. Z. öst. Ing.-V. 1912.
386. Baticle: Le Calcul du Travail du Métal dans les Câbles Métalliques. Ann. Ponts Chauss. 1912.
387. Wettich: Schwebebahnen oder feste Seilbahnen. Z. öst. Ing.-V. 1912.
388. Lana—Vigiljoch aerial cable way. Eng. 1912.
389. A new Austrian Passenger Cableway. Engg. News, Bd. 68, 1912.
390. Wettich: Die neue Bergschwebebahn auf den Kohlererberg bei Bozen. Z. d. Bundes Deutscher Civil-Ingenieure 1912.
391. Löschner: Die Berechnung von Tragseilen. Fördertechn. 1912.
392. Bleichert, A. & Co.: Eine neue Personenschwebebahn wurde dieser Tage bei Bozen fertiggestellt. El. Kraftbetr. Jg. 10. 1912.
393. Frank: Hängebahnen für Personenbeförderung. Jahrb. öst. Ing.-V. 1912.

[1] Wegen der älteren Literatur vgl. Woernle: „Zur Beurteilung der Drahtseilschwebebahnen zur Personenbeförderung“. Z. d. Verbandes Deutscher Dipl.-Ingenieure 1913.

394. Wettich: Die projektierte Zugspitzbahn. Z. V. d. I. 1912.
395. Woernle: Zur Beurteilung der Drahtseilschwebebahnen zur Personenbeförderung. Z. d. Verbandes Deutscher Dipl.-Ing. 1913.
396. Dalimier: Les chemins de fer du massif du Mont Blanc. Le funiculaire aérien de l'Aiguille du Midi. Génie civil 1912.
397. Buhle: Seilschwebebahnen für den Fernverkehr von Personen und Gütern. Z. V. d. I. 1913; Organ Fortschr. Eisenbahnw. 1913.
389. Dantin: Funiculaire aérien à voyageurs du Pain du Sucre à Rio de Janeiro. Génie civil 1913.
399. Parravicini: Nuova disposizione scelta per la vettura ed il relativo carrello della funiculare aerea Zambana—Fai nel Tirolo. Industria 1913.
400. Wintermeyer: Seilschwebebahnen (mit Antrieb) zur Personenbeförderung. El. Kraftbetr. 1913.
401. Woernle: Beurteilung der Drahtseilschwebebahn für Personenförderung. Fördertechn. 1913.
402. Wettich: Personenschwebebahnen auf den Kohlererberg. Dt. Bauzg. 1913.
403. Fühles: Schwebebahn Lana—Vigiljoch. Z. V. d. I. 1913.
404. Soulary: Die neue Personenschwebebahn auf den Kohlererberg bei Bozen. Z. öst. Ing.-V. 1913.
405. Pietrkowski: Die Seilschwebebahn für Personenbeförderung in Rio de Janeiro. Z. V. d. I. 1913.
406. Wettich: Zur Kritik über Konstruktion und Verhalten von Personenseilschwebebahnen. Fördertechn. 1914.
407. Sproecke: Personen-Luftseilbahnen, ihre Entwicklung und Ziele. Schweiz. Elektrotechn. Z. 1914.
408. Armbruster: Die Tiroler Bergbahnen. Wien 1914.
409. Le Vergnier: Projet de voies ferrées monorailles suspendues portant des trains électriques à très grande vitesse. Génie civil. 1914.
410. Woernle: Berechnungsweise der Drahtseile. Karlsruhe 1914.
411. Mehrtens: Über die Erfindung und Entwicklung der Seilschwebebahnen. Eisenbau 1915.
412. Kiefer: Über die Kettenlinie. Schweiz. Bauzg. Bd. 66. 1915.
413. Nobile: La sollecitazione di flessione nei cavi portanti dei trasporti aerei. Genio Civile 1915.
414. Benoit: Die Drahtseilfrage. Karlsruhe 1915.
415. Buhle: Kabelkrane und Luftseilbahnen. Glasers Annalen 1915.
416. Aerial ropeway at Niagara falls. Eng. 1916.
417. Niagara-Seilschwebebahn. Z. V. d. I. 1916.
418. K. k. Eisenbahnministerium: Grundsätzliche Bestimmungen für das Entwerfen und den Bau von Seilschwebebahnen. Wien 1916.
419. Kiefer: Einige Sätze über die Kettenlinie. Schweiz. Bauzg. Bd. 73. 1919.
420. Brunner: Die Kettenlinie im Ingenieurwesen. Schweiz. Bauzg. Bd. 74. 1919.
421. Carstarphen: A simple method of computing deflections of a cable span carrying multiple loads evenly spaced. Proc. Am. Soc. Civ. Engs. Bd. 46. 1920.
422. Knees: Beitrag zur Berechnung von Schutzbrücken für Drahtseilschwebebahnen. Eisenbau Bd. 11. 1920.
423. Schröder: Wie sollen in Rücksicht auf die Lebensdauer der Seile die Seilbahnwagen beschaffen sein? Fördertechn. 1920.
424. Flat: Drahtseilbahnen neuester Zeit. Z. öst. Ing.-V. 1921.
425. Cretin: Les transporteur aériens à câbles. Résistance à la marche et tracé des câbles porteurs. Génie civil. 1921.
426. Ceretti: Etude didactique des transporteurs aériens sur câble. Génie civil 1921.
427. Seilbahnen. Pract. Eng. 1921.
428. Meyan: Schwebebahn in Paris. Science et Vie 1921.
429. Berneil: Drahtseilbahnen für steile Höhen. Science et Vie 1921.
430. Gatzweiler: Drahtseilschwebebahnen zur Beförderung von Personen im Vergleich zu ebenerdigen Bergbahnen. Verkehrstechn. 1922.
431. Cretin: Les transporteurs aériens à câbles. Génie civil 1922.
432. Rubin: Seilsteifigkeit (Dissertation, Manuskript). Karlsruhe 1922.
433. Findeis: Rechnerische Grundlagen des Baues von Drahtseilbahnen. Leipzig 1923.
434. Seefehlner-Peter: Elektr. Zugförderung. 2. Aufl. Berlin 1924.
435. Landgraeber: Drahtseilbahnen und ihre Bedeutung. Fördertechn. 1924.
436. Woernle: Maschinenbau 1924.
437. Falschlunger: Die Zugspitzbahn. Bautechn. 1925.
438. Huldschiner: Die Schwebebahn auf die Zugspitze. Verkehrstechn. 1925.
439. Die Zugspitzbahn. Z. V. d. I. 1925.
440. Berneil: Drahtseilbahnen für steile Höhen. Science et Vie 1925.

441. Friedrich: Die Kreuzeckbahn und die Zugspitzbahn, zwei weitere bayrische Bergbahnen. Z. V. Eisenb.-Verw. 1925.
442. Proposed „Aerial“ Railway for Paris. The Railway Gazette 1925.
443. Altpeter: Die Drahtseile, ihre Konstruktion und ihre Herstellung. Halle 1926.
444. Balestra: Die Seilschwebebahn Meran—Hafling. BBC-Mitteilungen 1926.
445. Findeis: Der Bau der Zugspitzbahn. Z. öst. Ing.-V. 1926.
446. Balestra: Automatische Wagensteuerung für Seilbahnen. BBC-Mitteilungen 1926.
447. Czitary: Zur Weiterentwicklung der Seilschwebebahnen für Personenverkehr. Wasserwirtschaft 1926.
448. Schubert: Die Zugspitzbahn und ihre Bergstation. Wasserwirtschaft 1926.
449. Rubin: Personenseilschwebebahnen, Bauart Bleichert-Zuegg mit besonderer Berücksichtigung der Zugspitzbahn. Z. V. d. I. 1926.
450. Bertolini: Die Kabelförderung für den Personentransport vom Standpunkte der Sicherheit aus. Ingegneria 1926.
451. Swift: The elasticity of wires and cables. Engg. Bd. 121. 1926.
452. Zur Eröffnung der Raxbahn. Z. öst. Ing.-V. 1926.
453. Saurau: Österreichs Anteil an der Entwicklung der Seilschwebebahnen. Z. öst. Ing.-V. 1926.
454. Cretin: Dispositif de sécurité dans les funiculaires aériens pour voyageurs. Génie civil 1926.
455. Die Eröffnung der Kreuzeckbahn in Bayern. Bautechn. 1926.
456. Der Bau der Zugspitzbahn. Bautechn. 1926.
457. Hanker: Betriebssicherheit der Seilschwebebahnen für Personenbeförderung. Verk. Woche 1926.
458. Landgräber: Schwebende Bahnen und ihre Bedeutung. Bautechn. 1926.
459. Stephan: Die Drahtseilbahnen. 4. Aufl. Berlin 1926.
460. Ziebolz: Beanspruchung von Seilen im Förderbetrieb. Fördertechn. 1926.
461. Sieglerschmidt: Über die Biegefähigkeit von Seildrähten. Z. V. d. I. 1927.
462. Bing: Die Seilschwebebahn auf die Rax. Wasserwirtschaft 1927.
463. Armbruster: Die Mont-Blanc-Seilschwebebahn. Wasserwirtschaft 1927.
464. Hochstätter: Zur Frage der Personenseilschwebebahnen. Wasserwirtschaft 1927.
465. Stramitzer: Der Spanntrieb für Seilschwebebahnen. Wasserwirtschaft 1927.
466. Czitary: Zur Weiterentwicklung der Seilschwebebahnen für Personenverkehr. Wasserwirtschaft 1927.
467. Die Zugspitzbahn. Wasserwirtschaft 1927.
468. Die Personenseilschwebebahn auf den Pfänder. Wasserwirtschaft 1927.
469. Von der bayrischen Zugspitzbahn. Bautechn. 1927.
470. Carstarphen: Aerial Tramways. Proc. of the Am. Soc. of Civil Engg. Bd. 53. 1927.
471. Czitary: Die direkte Bemessung der Seile von Seilschwebebahnen. Wasserwirtschaft 1927.
472. Wallack: Die Kanzelbahn. Wasserwirtschaft 1927.
473. Innerebner u. Mayer: Die Innsbrucker Nordkette (Hafelekar) - Bahn. Wasserwirtschaft 1927.
474. Hawelisch: Das Seilbahnwesen und dessen gesamte Regelung in Oesterreich. Wasserwirtschaft 1927.
475. Hanker: Personenseilbahnen im Riesengebirge. Wasserwirtschaft 1927.
476. Hanker: Die neuen Seilschwebebahnen für Personenbeförderung. Z. öst. Ing.-V. 1927.
477. Armbruster: Die Seilschwebebahn Trento—Sardagna—Montecorno. Wasserwirtschaft 1927.
478. Findeis: Die Seilschwebebahn auf die Zugspitze. Organ Fortschr. Eisenbahnw. 1927.
479. Simmert: Die Personenseilschwebebahnen und deren Entwicklung in Österreich. Organ Fortschr. Eisenbahnw. 1927.
480. List: Seildurchhänge bei mehreren Einzellasten. Wasserwirtschaft 1928.
481. Czitary: Lastwegkurven bei beiderseitiger Festverankerung eines Seilbahntragseils an den Feldenden. Wasserwirtschaft 1928.
482. Wallmannsberger: Graphische Ermittlung der Bremswege an Personenschwebebahnen. Wasserwirtschaft 1928.
483. Ohnesorge: Wie können die Tragseile von Drahtseilbahnen geschont werden? Wasserwirtschaft 1928.
484. Walter: 20 Jahre Personen-Seilschwebebahnen in den Alpen. Wasserwirtschaft 1928.
485. Die Pfänderbahn. Wasserwirtschaft 1928.
486. Armbruster: Personenschwebebahn Gerschnialp—Trübseealp (Engelberg, Schweiz). Wasserwirtschaft 1928.
487. Krause: Die Personenseilschwebebahn Cortina d'Ampezzo. Wasserwirtschaft 1928.
488. Zeeh: Der elektrische Antrieb der Schmittenhöhenbahn. Wasserwirtschaft 1928.
489. Über den Dieselmotorantrieb von Seilbahnen. Wasserwirtschaft 1928.

490. Angerer: Entwurf und Bau der Innsbrucker Nordkettenbahn (Hafelekarbahn). Wasserwirtschaft 1928.
491. Ettmayer: Seildurchhänge und Stützenknickwinkel bei Einzellasten. Wasserwirtschaft 1928.
492. Celik: Die Personenschwebebahn Mariazell—Bürgeralpe und das Bremsseilsystem Bauart Fabbag. Wasserwirtschaft 1928.
493. Der elektrische Antrieb der Nordkettenbahn. Wasserwirtschaft 1928.
494. Nevrlý: Personenseilschwebebahn Johannisbad—Schwarzenberg im Riesengebirge. Wasserwirtschaft 1928.
495. Granigg: Seile für Drahtseilbahnen. Wasserwirtschaft 1928.
496. Eröffnung einer neuen Seilbahn in Österreich (Kanzelbahn). Bautechn. 1928.
497. Levy-Lambert: La funiculaire aérien pour voyageurs de Chamonix à la montagne du Brévent. Génie civil 1928.
498. Boskamp: Die geplante Seilschwebebahn auf die Zugspitze. Zg. V. Eisenb.-Verw. 1928.
499. The Chamonix Aerial Mountain Railway. The Railway Gazette Bd. 48. 1928.
500. Hennig: Die deutsche Zugspitzbahn. Verkehrstechn. 1928.
501. List: Die Personenseilschwebebahn Mariazell—Bürgeralpe. Z. öst. Ing.-V. 1928.
502. Die Seilbahnen auf den Patscher-Kofel und die Nordkette bei Innsbruck. Bautechn. 1928.
503. Aerial ropeway at Carrara, Italy. Engg. Bd. 126. 1928.
504. Vallecchi u. Carretto: Il calcolo delle funivie. Rivista tecnica delle ferrovie Italiane. 1928.
505. Lévy-Lambert: Le funiculaire aérien pour voyageurs de l'Aiguille du Midi, près de Chamonix. Génie civil 1929.
506. Bing: Die Abnützung der Tragseile. Wasserwirtschaft 1929.
507. Hanker: Über den Verkehr auf den Personenseilschwebebahnen in Österreich. Wasserwirtschaft 1929.
508. Czitary: Ein Beitrag zur Bestimmung der Zugkraft bei Seilschwebebahnen. Wasserwirtschaft 1929.
509. Wallmannsberger: Umsteigen in der Luft. Wasserwirtschaft 1929.
510. Ettmayer: Förderung schwerster Lasten mittels Drahtseilschwebebahnen. Wasserwirtschaft 1929.
511. Armbruster: Neue Bergbahnen im Werdenfelser Land. Wasserwirtschaft. 1929.
512. Nevrlý: Personen-Seilschwebebahn Johannisbad—Schwarzenberg im Riesengebirge. Prag 1929.
513. Woernle: Ein Beitrag zur Klärung der Drahtseilfrage. Z. V. d. I. 1929.
514. Woernle: Drahtseilforschung. Z. V. d. I. 1929.
515. Findeis: Über die Wirkung des Zugseils bei Seilschwebebahnen. Wasserwirtschaft 1929.
516. Schneider u. Zahn: Personenseilschwebebahnen mit zwei Zugseilen. System „Rudolph". Wasserwirtschaft 1929.
517. Stelling: Neue Personenschwebebahnen Bleichert-Zuegg. Wasserwirtschaft 1929.
518. Selzer: Betriebserfahrungen an der Seilschwebebahn auf den Feuerkogel. Wasserwirtschaft 1929.
519. Frank: Wirtschaftlichkeit im Bau und Betrieb von Personenseilschwebebahnen. Wasserwirtschaft 1929.
520. Ettmayer: Die Personenschwebebahn Fenestrelle. Wasserwirtschaft 1929.
521. Wrabetz: Stand- und Schwebeseilbahnen. Wasserwirtschaft 1929.
522. Zeeh: Der elektrische Antrieb von Personenseilschwebebahnen in Österreich. Wasserwirtschaft 1929.
523. Bemerkungen zur Linienführung bei Personenseilschwebebahnen (Patscherkofelbahn). Wasserwirtschaft 1929.
524. Die Seilschwebebahn auf den Schauinsland. Wasserwirtschaft 1929.
525. Weinberg: Die Materialbahn der Seilschwebebahn auf den Hahnenkamm bei Kitzbühel in Tirol. Wasserwirtschaft 1929.

Namen- und Sachverzeichnis.

Die Drahtseilbahnen (Schwebebahnen) einschließlich der Kabelkrane und Elektrohängebahnen. Von Professor Dipl.-Ing. **P. Stephan.** Vierte, verbesserte Auflage. Mit 664 Textabbildungen und 3 Tafeln. XII, 572 Seiten. 1926. Gebunden RM 33.—

Eisenbahn-Hochbauten. Von **C. Cornelius**, Regierungs- und Baurat in Berlin. (Handbibliothek für Bauingenieure, II. Teil: Eisenbahnwesen und Städtebau, 6. Band.) Mit 157 Textabbildungen. VIII, 128 Seiten. 1921. Gebunden RM 6.40

Der Bau langer tiefliegender Gebirgstunnel. Von Professor **C. Andreae**, Zürich. Mit 83 Textabbildungen. VI, 152 Seiten. 1926. RM 13.20

Statische Probleme des Tunnel- und Druckstollenbaues und ihre gegenseitigen Beziehungen. Gleichgewichtsverhältnisse im massiven und kreisförmig durchörterten Gebirge und deren Folgeerscheinungen. Spannungsverhältnisse unterirdischer Gewölbebauten. Von Dr. sc. techn. **Hanns Schmid**, Ingenieur E. T. H., Chur. Mit 36 Textabbildungen. VI, 148 Seiten. 1926. RM 8.40

Studienbericht über die Abdichtung von wasserdurchlässigem Fels und Mauerwerk in Eisenbahntunnels. Von Professor **K. E. Hilgard**, Ingenieur, Mitglied der Abdichtungskommission des Schweizerischen Wasserwirtschaftsverbandes. III, 15 Seiten. 1928. RM 1.20

Oberbau und Gleisverbindungen. Von Dr.-Ing. **Adolf Bloß**, Dresden. (Handbibliothek für Bauingenieure, II. Teil: Eisenbahnwesen und Städtebau, 4. Band.) Mit 245 Textabbildungen. VII, 174 Seiten. 1927. Gebunden RM 13.50

Unterbau. Von Professor **W. Hoyer**, Hannover. (Handbibliothek für Bauingenieure, II. Teil: Eisenbahnwesen und Städtebau, 3. Band.) Mit 162 Textabbildungen. VIII, 187 Seiten. 1923. Gebunden RM 8.—

Linienführung. Von Professor Dr.-Ing. **Erich Giese**, Hannover, Professor Dr.-Ing. **Otto Blum**, Hannover, und Professor Dr.-Ing. **Kurt Risch**, Hannover. (Handbibliothek für Bauingenieure, II. Teil: Eisenbahnwesen und Städtebau, 2. Band.) Mit 184 Textabbildungen. XII, 435 Seiten. 1925. Gebunden RM 21.—

Linienführung elektrischer Bahnen. Von Oberingenieur **Karl Trautvetter**, Hilfsarbeiter im Ministerium der öffentlichen Arbeiten. VI, 184 Seiten. 1920. RM 4.80

GPSR Compliance

The European Union's (EU) General Product Safety Regulation (GPSR) is a set of rules that requires consumer products to be safe and our obligations to ensure this.

If you have any concerns about our products, you can contact us on ProductSafety@springernature.com

In case Publisher is established outside the EU, the EU authorized representative is:

Springer Nature Customer Service Center GmbH
Europaplatz 3
69115 Heidelberg, Germany

Batch number: 10683531

Printed by Printforce, the Netherlands